全国高等职业教育技能型紧缺人才培养培训推荐教材

建筑装饰工程计量与计价

（建筑装饰工程技术专业）

本教材编审委员会组织编写

主编　李成贞
主审　袁建新

U0195742

中国建筑工业出版社

图书在版编目（CIP）数据

建筑装饰工程计量与计价/李成贞主编. —北京：中
国建筑工业出版社，2006
全国高等职业教育技能型紧缺人才培养培训推荐教材．
（建筑装饰工程技术专业）
ISBN 978-7-112-07181-4

Ⅰ. 建… Ⅱ. 李… Ⅲ. 建筑装饰-工程造价-高等
学校：技术学校-教材 Ⅳ. TU723.3

中国版本图书馆 CIP 数据核字（2006）第 001343 号

全国高等职业教育技能型紧缺人才培养培训推荐教材
建筑装饰工程计量与计价
（建筑装饰工程技术专业）
本教材编审委员会组织编写
主编　李成贞
主审　袁建新

*

中国建筑工业出版社出版、发行（北京西郊百万庄）
各地新华书店、建筑书店经销
霸州市顺浩图文科技发展有限公司制版
廊坊市海涛印刷有限公司印刷

*

开本：787×1092 毫米 1/16 印张：14½ 字数：347千字
2006年1月第一版 2018年12月第十次印刷
定价：**25.00** 元
ISBN 978-7-112-07181-4
（20802）

本书按照教育部、建设部颁布的高等职业学校建筑装饰装修专业领域技能型紧缺人才培养培训指导方案的要求，在教材编写上打破传统学科体系，以项目教学法要求，综合相关专业知识，着重讲解编制工程量清单计价的规范要求、操作思路以及计算方法。本书共分两个单元，10个课题，包括：建筑装饰工程量清单概述，工程量清单编制，装饰装修工程量清单项目及工程量计算，工程量清单计价及其编制，装饰装修工程消耗量定额，装饰装修工程量清单计价软件等。本书既适用于建设行业技能型紧缺人才培养培训工程高职建筑装饰装修专业的学生使用，同时也可作为相应专业岗位培训教材。

*　　*　　*

责任编辑：朱首明　陈　桦
责任设计：郑秋菊
责任校对：王雪竹　孙　爽

本教材编审委员会

主　任： 张其光

副主任： 杜国城　陈　付　沈元勤

委　员： (按姓氏笔画为序)

马小良　马松雯　王　萧　冯美宇　江向东　孙亚峰

朱首明　陆化来　李成贞　李　宏　范庆国　武佩牛

钟　建　赵　研　高　远　袁建新　徐　辉　诸葛棠

韩　江　董　静　魏鸿汉

序

改革开放以来，我国建筑业蓬勃发展，已成为国民经济的支柱产业。随着城市化进程的加快、建筑领域的科技进步、市场竞争的日趋激烈，急需大批建筑技术人才。人才紧缺已成为制约建筑业全面协调可持续发展的严重障碍。

面对我国建筑业发展的新形势，为深入贯彻落实《中共中央、国务院关于进一步加强人才工作的决定》精神，2004 年 10 月，教育部、建设部联合印发了《关于实施职业院校建设行业技能型紧缺人才培养培训工程的通知》，确定在建筑施工、建筑装饰、建筑设备和建筑智能化等四个专业领域实施技能型紧缺人才培养培训工程，全国有 71 所高等职业技术学院、94 所中等职业学校、702 个主要合作企业被列为示范性培养培训基地，通过构建校企合作培养培训人才的机制，优化教学与实训过程，探索新的办学模式。这项培养培训工程的实施，充分体现了教育部、建设部大力推进职业教育改革和发展的办学理念，有利于职业院校从建设行业人才市场的实际需要出发，以素质为基础，以能力为本位，以就业为导向，加快培养建设行业一线迫切需要的高技能人才。

为配合技能型紧缺人才培养培训工程的实施，满足教学急需，中国建筑工业出版社在跟踪"高等职业教育建设行业技能型紧缺人才培养培训指导方案"编审过程中，广泛征求有关专家对配套教材建设的意见，组织了一大批具有丰富实践经验和教学经验的专家和骨干教师，编写了高等职业教育技能型紧缺人才培养培训"建筑工程技术"、"建筑装饰工程技术"、"建筑设备工程技术"、"楼宇智能化工程技术" 4 个专业的系列教材。我们希望这4 个专业的系列教材对有关院校实施技能型紧缺人才的培养培训具有一定的指导作用。同时，也希望各院校在实施技能型紧缺人才培养培训工作中，有何意见及建议及时反馈给我们。

建设部人事教育司

2005 年 5 月 30 日

前　言

本教材根据 2004 年建设部高等职业学校建筑装饰装修领域技能型紧缺人才培养培训指导方案中的教学与训练项目相应课题编写，包含了所要求的内容，是建筑装饰装修专业技能型紧缺人才培养培训系列教材之一。

本书以培养适应生产、管理、服务第一线需要的高等技术应用型人才为目标，依据 2002 年建设部颁发的《全国统一建筑装饰装修工程消耗量定额》（GYD 901—2002）以及 2003 年建设部、财政部颁发的《建筑安装工程费用项目组成》（建标〔2003〕206 号）、《建筑工程工程量清单计价规范》（GB 50500—2003）和《建筑工程建筑面积计算规范》（GB/T 50353—2005）编著的。

本书主要介绍了建筑装饰工程定额计量与计价，建筑装饰工程工程量清单编制，建筑装饰工程工程量清单计价文件编制，建筑装饰工程工、料、机单价计算等内容，并配有较多的实例，具有很强的针对性和实践性。本书针对高职高专教育的特点，从本专业培养、培训技能型紧缺人才出发，以必需够用为度，强调应用能力的培养，突出以建筑装饰工程造价文件编制为重点，力求简明直观，通俗易懂。

本书为高职高专院校建筑装饰装修专业的系列教材之一，也可作为工程造价专业、建设管理等专业的教材和工程造价管理人员、企业管理人员业务学习的参考书。

本教材按照建筑装饰装修领域技能型紧缺人才培养培训指导方案中"工作导向"的课题模式与训练项目相应课题编写，比较适宜采用"项目教学法"进行教学。

本教材主编为湖南城建职业技术学院李成贞，副主编为石家庄职业学院匙静，主审为四川建筑职业技术学院袁建新。参编人员为湖南城建职业技术学院赵杰英，沈阳建筑大学职业技术学院黄富勇。其中李成贞编写了单元 1 中课题 2，单元 2 中课题 6、7，课题 5、8 中部分；匙静编写了单元 2 中课题 1、2 和课题 4、8 中的部分；赵杰英编写了单元 1 中课题 1，单元 2 中课题 5 中部分；黄富勇编写了单元 2 中课题 3、4。另外，湖南省建筑三公司曹圣成为本教材的资料收集和例图的整理做了大量工作。

限于编者水平，书中错误在所难免，敬请各位同行专家和广大读者批评指正。

编　者
2005 年 11 月

目　　录

绪　　论

(1) 建筑装饰的概念

建筑装饰是房屋建筑工程的装饰与装修的简称，建筑装饰工程是指使用建筑装饰材料对建筑物、构筑物的外表和内部进行美化装饰处理的建造活动，是工程建设工作的重要组成部分。

建筑装饰工程按其装饰效果和建造阶段的不同，可分为前期装饰和后期装饰：

前期装饰是指在房屋建筑工程的主体结构完成后，按照建筑、结构设计图纸的要求，对有关工程部位（墙柱面、楼地面、顶棚）和构配件的表面以及有关空间进行装修的一个分部工程。通常称之为"一般装修"或称之为"粗装修"。

后期装饰是指在建筑工程交付给使用者以后，根据业主（用户）的具体要求，对新建房屋或旧房屋进行再次装修的工程内容。一般称它为"高级装饰工程"或"精装饰"；目前社会上泛称的装饰工程即指后期装饰工程。装饰工程把美学与建筑融合为一体，形成一个新型的"建筑装饰工程技术专业"。对于从属这种专业的工程，通称为建筑装饰工程。

随着国民经济的不断发展，时代与科学的不断进步，人们物质生活水平的不断提高，对环境美化的要求也越来越受到重视，因而对建筑装饰工程费用的投资也越来越大。据有关方面的资料统计，在一些高档装饰工程中，如国家重点建筑工程、高级饭店、商业用房和涉外工程等，其建筑装饰工程费用投资达到总投资的 50% 左右；在居室装饰工程中，装饰投资达到和超过购房投资的现象已为多数。由此，将对建筑装饰工程计量与计价工作提出更高要求，同时也将为装饰工程计价与装饰工程造价管理工作创造广阔就业前景。

(2) 本课程的研究对象与任务

　1）本课程性质

建筑装饰工程计量与计价系建筑装饰专业的一门主干专业课程；是研究建筑装饰工程产品生产和建筑装饰工程造价之间的内在关系，将工程技术和经济法规融为一体，并为科学管理和控制工程投资提供重要依据的一门综合课程；是建筑装饰工程施工企业实行科学管理的重要基础。

　2）本课程主要研究对象

建筑装饰工程计量与计价主要包括建筑装饰工程消耗量定额和建筑装饰工程造价两个组成部分，分别从两个不同的角度反映同一个规律——建筑装饰工程产品生产与生产消耗之间的内在关系。

物质资料的生产是人类赖以生存延续和发展的基础，物质生产活动必须消耗一定数量的活劳动与物化劳动，这是任何社会都必须遵循的基本规律。建筑装饰工程作为一项重要的社会物质生产活动，在其产品的形成过程中必然要消耗一定数量的资源，反映产品的实物形态在其建造过程中"投入与产出"之间的数量关系以及影响"生产消耗"的各种因素；客观地、全面地研究两者之间的关系，找出它们的构成因素和相应的规律性；应用社会主义市场的经济规律与价值规律，按照国家和地方行政主管部门的有关规定和当地当期建筑装饰市场状况，正确确定建筑装饰工程产品价格；从而实现对工程造价的有效控制和管理，以求达到控制生产投入、降低工程成本、提高建设投资效果、增加社会财富之目的。

3）本课程的主要任务和内容

（a）建筑装饰工程消耗量定额。其主要任务是：研究建筑装饰产品的实物形态在其建造过程中投入与产出之间的数量关系，采用科学的方法，合理制定建筑装饰工程产品生产的消耗量标准（消耗量定额）。其主要内容包括：建筑装饰工程消耗量定额的基本知识，建筑装饰工程施工消耗量定额与预算消耗量定额的编制（编制原则、编制依据、编制程序与编制方法）和应用。

（b）建筑装饰工程计价。其主要任务是：根据国家的有关政策、地方行政主管部门的有关规定、以及现行的全国统一建筑装饰工程消耗量定额和相应的装饰工程取费标准，按照各地建筑装饰市场的信息状况，合理计算确定工程造价与建设项目投资额。其主要内容包括：建筑装饰工程造价基本概念、建筑装饰工程造价费用、建筑装饰工程材料价格的制定、建筑装饰工程造价文件的编制（编制原理、编制依据、编制程序与方法）。

(3) 本课程与相邻学科的关系

建筑装饰工程计量与计价属综合性应用学科，它集技术技能、法律法规、经济政策以及一系列的技术、组织和管理因素于一体。作为一门应用学科，它需要综合许多学科知识，同时要求应具备相应的实践应用基础；它与政治经济学、建筑经济学、建设法规、建筑工程制图与识图、建筑装饰工程材料、房屋构造、建筑装饰设计、建筑装饰构造、建筑装饰工程施工、房屋装饰水卫与装饰电气设备基本知识等课程具有十分紧密的联系；同时本课程将为建筑装饰工程施工组织设计、建筑装饰工程施工项目管理、建筑施工企业经营与管理应用计算机编制工程造价等课程学习提供良好的条件，为学生毕业后从事建筑装饰工程计量与计价，建筑装饰工程施工项目管理和建筑装饰施工企业经营管理工作奠定良好的基础。

(4) 本课程学习中应注意的问题

1）本课程教学应达到的基本要求

（a）掌握装饰工程消耗量定额与装饰工程计量与计价的基本知识，理解建筑装饰工程定额计价与工程量清单计价的基本原理；

（b）掌握建筑装饰工程消耗量定额和建筑装饰工程取费标准的基本内容、一般形式和基本应用法则；

（c）掌握建筑装饰工程定额计价文件与清单计价文件的编制方法，包括：人工单价、装饰材料单价、机械台班单价的计算确定，建筑装饰分项工程综合单价的组价方式，有关价格的调整与价差处理办法，装饰工程预、结算表格填制与资料整理。

2）本课程学习中应注意的问题

（a）抓住教学主线、把握学习重点、掌握学习主动权。根据本课程教学内容，按照实用型分块组合法可划分为：建筑装饰工程消耗量定额应用与单位建筑装饰工程定额计价文件编制；建筑装饰工程消耗量定额应用与单位建筑装饰工程工程量清单计价文件编制，并以装饰工程消耗量定额与工程造价基本知识、装饰工程消耗量定额与单位装饰工程工程量计算表编制、装饰工程工程量清单编制和建筑装饰工程工程量清单报价的编制构成教学主线，而重点是建筑装饰工程消耗量定额应用与单位建筑装饰工程工程量清单报价的编制。

（b）坚持实事求是与理论联系实际的原则。学科的经济型与政策性要求本专业的从业人员必须坚持实事求是的办事原则，学科的应用型则要求在学习本课程时必须坚持理论联系实际的原则，强调基本方法的学习、基本技能的训练与综合素质的提高。

（c）采用本教材学习本课程时，必须紧密结合地方造价管理方面有关规定进行教与学。本教材编写中，采用新编《全国统一建筑装饰装修工程消耗量定额》、《全国统一建筑工程基础定额》、《建设工程工程量清单计价规范》和《建筑工程建筑面积计算规范》以及有关地方的"工程量清单计价暂行办法"。由于目前，一方面建筑装饰工程工程量清单计价办法的实施在各省、市和各地区实际情况尚未完全同步；另一方面各个地方建筑装饰市场状况、地区经济环境存在较大差别（包括人工工资单价、装饰材料单价、机械台班使用费单价等）。因此，在教学过程中，希望能按照本教材所讨论的原理和方法，按照不同地区制定的具体办法进行教与学。从而使本学科的讨论更为广泛、更加深入，以适应建筑装饰工程造价管理工作改革的要求，早日实现建筑装饰工程施工和造价管理与国际惯例接轨的思路。

单元 1 建筑装饰工程计量

知 识 点：建筑装饰工程消耗量定额及其应用，工程资源需用量的确定。

教学目标：通过教学使学生具备以下两个方面的能力：

（1）根据装饰施工图，按照装饰施工过程及构成关系，计算确定装饰分部分项工程人工、材料、机械台班消耗量指标；

根据工程量应用消耗量定额，计算装饰工程人工、材料、机械台班需用量。

（2）根据装饰工程施工图，应用装饰工程计算规划、计算装饰工程数量。

课题 1 建筑装饰工程消耗量定额

1.1 建筑装饰工程消耗量定额概述

1.1.1 装饰工程消耗量定额的概念与作用

（1）建筑装饰工程消耗量定额的概念

消耗量定额是指在一定的生产条件下，完成单位合格产品所必须消耗的资源（人工、材料、机械台班）的额度。消耗量定额反映出在一定的社会生产力水平条件下，完成单位合格产品与各种生产资源消耗之间特定的数量关系。

1）建筑工程消耗量定额

建筑工程消耗量定额是指在正常的施工条件下，为完成单位合格的建筑产品所必需消耗的人工、材料、机械台班及资金的数量标准。

建筑工程消耗量定额是在建筑安装活动中进行计划、设计、施工、预结（决）算等各个阶段工作中的有效工具，又是衡量、考核建筑安装施工企业工作效率的尺度，在建筑安装企业管理中占有十分重要的地位。

2）建筑装饰工程消耗量定额

建筑装饰工程消耗量定额是指在正常的施工条件下，为了完成一定计量单位的合格的建筑装饰工程产品所必需消耗的人工、材料（或构、配件）、机械台班的数量标准。

随着社会经济的发展，人们的生活水平和人们对生活环境要求的不断提高，建筑装饰工程的标准也随之提升。建筑装饰工程已从建筑安装工程中分离出来，成为一个独立的建筑装饰工程设计与施工行业，具备进行独立招标投标的条件。现有的建筑装饰工程消耗量定额的制定颁布正是为适应建筑装饰工程设计与施工行业的快速发展，以满足建筑装饰工程造价管理（确定与控制）的需要。因此，在国家的《建筑工程工程量清单计价规范》中将建筑装饰工程单独作为一个部分，并以附录 B 列入。

（2）建筑装饰工程消耗量定额的作用

长期以来，消耗量定额在我国各行各业的生产与管理工作中都起到了极其重要的作用，建筑装饰工程消耗量定额在我国的建筑装饰工程建设中具有十分重要的地位和作用，其主要作用有：

1）作为编制工程计划、组织和管理施工的重要依据

为了更好地组织和管理施工生产，必须编制施工进度计划。在编制计划和组织管理施工生产中，直接或间接地要以各种消耗量定额来作为计算人力、物力和资金需要量的依据。

2）作为评定优选建筑装饰工程设计方案的依据

各个不同的国家在不同经济发展时期，对于建设工程项目设计都具有明确的方针政策。在我国现行的建筑设计方针是："适用、经济，在可能的条件下注意美观。"工程项目设计是否经济，可以依据工程消耗量定额来确定该项工程设计的技术经济指标，通过对建筑装饰工程的多个设计方案的技术经济指标的比较，确定设计方案的经济合理性，择优选用方案。

3）作为编制建筑装饰工程分项单价的依据

建筑装饰工程消耗量定额中规定了工程分项划分原则、方法及其分项人工、材料、机械设备的消耗量标准。当建筑装饰工程设计文件完成以后，即明确规定了建筑装饰工程分项的特征。考虑装饰工程施工方法和建筑市场供应状况，依据相应的消耗量定额中所规定的人工、材料、机械设备的消耗量标准，按照各地现行的人工、材料、机械台班单价和各种工程费用的标准来确定各建筑装饰工程分项的单位价格。

4）作为建筑企业和工程项目部实行经济责任制的重要依据

建设工程项目承包责任制是实行工程建设管理体制改革的突破口。建筑装饰工程施工企业对外必须通过投标承揽工程任务，编制装饰工程投标报价；对内实施内部发包、计算发包标底，工程施工项目部编制进度计划和进行工程进度控制，工程成本计划和成本控制以及办理工程竣工结算等工作，均以建筑装饰工程消耗量定额为依据。

5）是施工生产企业总结先进生产方法的手段

工程消耗量定额是一定条件下，通过对施工生产过程的观测、分析综合制定的。从而比较科学地反映出生产技术和劳动组织的先进合理程度。因此，我们可以利用消耗量定额的标定方法，对同一工程产品在同一施工操作条件下的不同生产方式的过程进行观测、分析和总结，从而找到比较先进的生产方法；或者对某种条件下形成的某种生产方法，通过对过程消耗量状态的比较来确定它的先进性；特别是对于建筑装饰工程施工过程新材料、新方法、新工艺应用极为频繁。

1.1.2　建筑装饰工程消耗量定额的性质

消耗量定额的性质决定于消耗量定额的编制目的和编制过程。建筑装饰工程消耗量定额的编制目的是为了加强工程建设的管理，促进工程建设高速高效低耗发展，满足整个社会不断增长的物质和文化生活的需要。我国建筑装饰工程消耗量定额与通常所说的消耗量定额性质基本雷同，主要是：

（1）消耗量定额的科学性

消耗量定额的科学性主要表现在两个方面：一是它的编制坚持在自觉遵循客观规律的基础上，采用科学的方法确定各分项项目的资源消耗量标准。消耗量定额标定在技术方法上吸取了现代科学管理方法，具有一套严密而科学的确定消耗量标准水平的手段和方法。

二是它的编制依据资料来源是广泛而真实的。各项消耗指标的确定是在认真研究和总结广大工人生产实践基础上，实事求是地广泛收集资料，经过科学分析研究得出的。消耗量定额中所列出的各项消耗量指标，正确地反映当前社会或者行业、企业的生产力水平。

（2）消耗量定额的权威性

消耗量定额的权威性是指消耗量定额一经国家、地方主管部门或授权单位或者生产单位制定颁发，即具有相应的权威性和调控功能，对产品生产过程的消耗量具有实际指导意义，并为全社会或者一定区域所公认。在市场经济条件下，消耗量定额体现市场经济的特征，反映市场经济条件下的生产规律，具备一定范围内的可调整性，以利于根据市场供求状况，合理确定工程造价。建筑装饰工程消耗量定额的权威性保证了建筑装饰工程有统一的建筑装饰工程计量规则、工程计价方法和工程成本核算的尺度。

（3）消耗量定额的群众性

消耗量定额的群众性主要表现在它的拟定是在工人群众直接参与下进行的，其中各分项项目的消耗量标准都是生产工人、技术人员、管理人员、消耗量定额管理工作专职人员在施工生产实践中确定的，保证拟定的消耗量标准能够从实际出发，反映产品生产的实际水平，并保持一定的先进性。并且，消耗量定额标定后又经生产实践检验，使其水平是大多数施工企业和职工经过努力能够达到的水平。消耗量定额的拟定来源于群众，消耗量定额的执行服务于群众，体现从群众中来到群众中去的原则。

（4）消耗量定额的相对稳定性

消耗量定额反映一定时期的生产力水平。社会的不断发展，生产力水平总是不断提高。所以，任何消耗量定额都具有时效性，作为消耗量标准按照工程的使用情况每隔一段时期就应修订或编制新的消耗量定额。当然也应当在一段时期内保持一个相对稳定的状态。

建筑装饰工程消耗量定额的时效性尤为突出，建筑装饰工程相对来说寿命期短，消耗量标准的适应范围变化也就很大。尽管建筑装饰工程计量规则和计价方法都已有相应的规范，但建筑装饰工程设计标准变化快，补充内容多，新材料、新工艺、新方法等方面都发展迅速。而建筑装饰工程分项项目的工作内容变化很大，因此，建筑装饰工程分项工程消耗量的调整换算也就比较频繁，应用中必须引起重视。

1.1.3　消耗量定额的分类

消耗量定额根据其概念，按照不同的划分方式具有不同的消耗量标准，常用的分类方法有以下四种：

（1）按生产要素分

物质资料生产的三要素是指劳动者、劳动手段和劳动对象。劳动者是指生产工人，劳动手段是指生产工具和机械设备，劳动对象是指产品生产过程中所需消耗的材料（原材料、成品、半成品和各种构、配件）。按此三要素分类可分为人工消耗量定额、材料消耗量定额、机械台班消耗量定额。

1）人工消耗量定额

人工消耗量定额又称劳动消耗量标准，它反映生产工人的劳动生产率水平。根据其表示形式可分成时间定额和产量定额。

（a）时间定额

时间定额又称时间消耗量标准，是指在合理的劳动组织与合理使用材料的条件下，为完成质量合格的单位工程产品所必需消耗的劳动时间。时间标准通常以"工日"（工时）为单位。

（b）产量定额

产量定额又称每工产量；是指在合理的劳动组织与合理使用材料的条件下，规定某工种某等级的工人（或工人小组）在单位工作时间内应完成质量合格的工程产品的数量标准。产量标准通常以"m/工日"、"m² /工日"、"m³ /工日"、"t/工日"、"台/工日"、"组/工日"、"套/工日"等等表示。

2）材料消耗量定额

材料消耗量定额又称材料消耗量标准，是指在节约的原则和合理使用材料的条件下，生产质量合格的单位工程产品所必需消耗的一定规格的质量合格的材料（原材料、成品、半成品、构配件、动力与燃料）的数量标准。

3）机械台班消耗量定额

机械台班消耗量定额又称机械台班使用标准，简称机械消耗标准。它是指在机械正常运转的状态下，合理地、均衡地组织施工和正确使用施工机械的条件下，某种机械在单位时间内的生产效率。按其表示形式的不同亦可分成机械时间定额（标准）和机械产量定额（标准）。

（a）机械时间定额（标准）

机械时间定额又称机械时间消耗量标准，是指在施工机械运转正常时，合理组织和正确使用机械的施工条件下，某种类型机械为完成符合质量要求的单位工程产品所必需消耗的机械工作时间。机械时间定额（标准）的单位以"台班"（台时）表示。

（b）机械产量定额（标准）

机械产量定额又称机械产量标准，是指在施工机械正常运转时，合理组织和正确使用机械的施工条件下，某种类型的机械在单位机械工作时间内，应完成符合质量要求的工程产品数量。机械产量定额（标准）单位以"产品数量/台班"表示。

（2）按消耗量定额编制程序与用途划分

消耗量定额按性质和用途可分成："生产型定额（标准）"和"计价型定额（标准）"两大类。建筑装饰工程消耗量定额可分为：施工消耗量定额、预算消耗量定额、概算消耗量定额及概算指标。

1）施工消耗量定额

施工消耗量定额是指在正常施工条件下，为完成单位合格的施工产品（施工过程）所必需消耗的人工、材料和机械台班的数量标准。

施工消耗量定额以同一性质的施工过程为对象，通过技术测定、综合分析和统计计算确定。它是施工企业组织施工生产和加强企业内部管理使用的一种消耗量定额，是一种生产型的消耗量标准，是指导现场施工生产的重要依据。施工定额也是工程量清单报价的依据。

2）预算消耗量定额

预算消耗量定额是指在正常施工条件下，为完成一定计量单位的分项工程或结构（构造）构件所需消耗的人工、材料、机械台班的数量标准。

预算消耗量定额是一种计价性的消耗量定额，是计算工程招标标底和确定投标报价的主要依据。《全国统一建筑装饰装修工程消耗量定额》，就是属于预算消耗量定额，是计算确定建筑装饰工程预算造价的主要依据。

3）概算消耗量定额

概算消耗量定额又称为扩大结构消耗量定额。它是指在正常施工条件下，为完成一定计量单位的扩大结构构件、扩大分项工程或分部工程所需消耗的人工、材料和机械台班消耗的数量标准。它也属于计价型的消耗量定额，是计算确定建筑装饰工程设计概算造价的主要依据。

4）概算指标

概算指标是指在正常施工条件下，为完成一定计量单位的建筑物或构筑物所需消耗的人工、材料、机械台班的资源消耗指标量和造价指标量。如每 100m² 某种类型建筑物所需消耗某种资源的数量指标或者造价指标。概算指标较概算消耗量定额更综合扩大，故有扩大结构消耗量定额之称。其本质属于计价型的消耗量定额，是计算确定建筑装饰工程设计概算造价的主要依据。

（3）按主编单位及执行范围划分

消耗量定额按主编单位及执行范围可分为：全国统一消耗量定额，地方统一消耗量定额，专业专用消耗量定额，企业消耗量定额。

1）全国统一消耗量定额

全国统一消耗量定额是由国家或国家行政主管部门综合全国建筑安装工程施工生产技术和施工组织管理水平而编制的，在全国范围内执行。如《全国建筑安装工程统一劳动定额》、《全国统一安装工程预算定额》、《全国统一建筑装饰装修工程消耗量定额》等。

2）地区统一消耗量定额

地区统一消耗量定额是由国家授权地方政府行政主管部门参照全国消耗量定额的水平，考虑本地区的特点（气候、经济环境、交通运输、资源供应状况等条件）编制的，在本地区范围内适用的消耗量定额。如各省编制的建筑工程预算消耗量定额。

3）专业专用消耗量定额

专业专用消耗量定额是由国家授权各专业主管部门，根据本专业生产技术特点，结合基本建设的特点，参照全国统一消耗量定额的水平编制的，在本专业范围内执行的消耗量定额。如水利水电工程消耗量定额、公路工程消耗量定额、矿山建筑工程消耗量定额等。

4）企业消耗量定额

企业消耗量定额是由生产企业参照国家统一消耗量定额的水平，考虑地方特点，根据工程项目的具体特征，按照本企业的生产技术应用与经营管理经验的实际情况编制的，在本企业内部或在批准的一定范围内执行的消耗量标准。

企业消耗量定额充分反映生产企业的技术应用与经营管理水平的实际情况，其消耗量标准更切合工程施工过程的实际状况，更有利于推动企业生产力的发展，在市场经济条件下，推行企业消耗量定额意义尤为重要。建设部颁布的《建筑工程工程量清单计价规范》的"工程量清单计价"条款中明确规定：企业定额作为投标单位编制建设工程投标报价的依据。

（4）按工程费用性质划分

消耗量定额按费用性质可分为：直接费消耗量定额、间接费消耗量定额、其他费用消耗量定额。

1）直接费消耗量定额

直接费定额实质就是消耗量定额，可表述为用来计算分部分项工程项目和施工措施项目直接工程费的消耗量标准。在工程计价过程中，利用消耗量标准计算确定人工、材料、机械台班的消耗量，计算分部分项工程项目和施工措施项目的直接工程费以及分项人工费、分项材料费、分项机械使用费。人们通常所说的计价型消耗量定额属于直接费定额，如《建筑工程预算定额》、《全国统一建筑装饰装修工程消耗量定额》、《建筑工程概算定额》等。

2）间接费消耗量定额

间接费消耗量定额又称间接费取费标准，是指用来计算工程项目直接工程费以外的有关工程费用的费率标准。直接工程费和施工技术措施项目费是根据分部分项工程和施工技术措施项目的分项人工、材料、机械消耗量标准计算而得。而工程其他的有关费用（如施工管理费、规费等）则不能。此类费用通常都采用规定的计算基数乘以相应的费率来确定，所以各类工程间接费的费率被称为"取费标准"。

3）其他费用消耗量定额

其他费用消耗量定额又称其他费用取费标准，是指用来确定各项工程建设其他费用（包括土地征用、青苗补贴、建设单位管理费等）的计费标准。

1.2　建筑装饰工程消耗量定额的组成和应用

1.2.1　装饰工程消耗量定额的组成

（1）装饰工程消耗量定额的组成

《全国统一建筑装饰装修工程消耗量定额》的基本内容，由目录表、总说明、分章说明及分项工程量计算规则、消耗量定额项目表和附录等组成。

1）总说明

《全国统一建筑装饰装修工程消耗量定额》的总说明，实质是消耗量定额的使用说明。在总说明中，主要阐述建筑装饰工程消耗量定额的用途和适用范围，编制原则和编制依据，消耗量定额中已经考虑的有关问题的处理办法和尚未考虑的因素，使用中应注意的事项和有关问题的规定等。

2）分章说明

《全国统一建筑装饰装修工程消耗量定额》将单位装饰工程按其不同性质、不同部位、不同工种和不同材料等因素，划分为以下七章（分部工程）：楼地面工程，墙柱面工程，顶棚工程，门窗工程，油漆、涂料、裱糊工程，其他工程，垂直运输；分部以下按工程性质、工作内容及施工方法、使用材料不同等，划分成若干节。如墙、柱面工程分为装饰抹灰面层、镶贴块料面层、墙柱面装饰、幕墙等四节。在节以下按材料类别、规格等不同分成若干分项工程项目或子目。如墙柱面装饰抹灰分为水刷石、干粘石、斩假石等项目，水刷石项目又分列墙面、柱面、零星项目等子项。

章（分部）工程说明，它主要说明消耗量定额中各分部（章）所包括的主要分项工程，以及使用消耗量定额的一些基本规定，并列出了各分部中各分项工程的工程量计算规则和方法。

3）消耗量定额项目表

消耗量定额项目表是具体反映各分部分项工程（子目）的人工、材料、机械台班消耗量指标的表格，通常以各分部工程、按照若干不同的分项工程（子目）归类、排序所列的项目表，它是消耗量定额的核心，其表达形式如表 1-1 所示。消耗量定额项目表一般来说都包括以下方面：

水磨石   表 1-1

工作内容包括清理基层、刷素水泥浆、调配石子浆、找平抹面、嵌玻璃条、磨石抛光。   计量单位：m²

定 额 编 号			1-058	1-059	1-60	1-061
项 目			水磨石楼地面		彩色镜面水磨石楼地面	
			带嵌条	带艺术型嵌条分色	带嵌条	带艺术型嵌条分色
			15mm		20mm	
名 称	单位	代码	数		量	
人工 综合人工	工日	000001	0.5890	0.6380	0.9840	1.0300
材料 水泥	kg	AA0000	0.2650	0.2650	0.2650	0.2650
平板玻璃 3mm 厚	m²	AH0020	0.0517	0.0517	0.0635	0.0635
油石	块	AN5380	—	—	0.6300	0.6300
棉纱头	kg	AQ1180	0.0110	0.0110	0.0110	0.0110
水	m³	AV0280	0.0560	0.0560	0.0890	0.0890
金刚石（三角形）	块	AV0680	0.3000	0.3000	0.4500	0.4500
金刚石 200mm×75mm×50mm	块	AV0690	0.0300	0.0300	0.0500	0.0500
素水泥浆	m³	AX0720	0.0010	0.0010	0.0010	0.0010
白水泥白石子浆 1：2.5	m³	AX0782	0.0173	—	—	—
白水泥色石子浆 1：2.5	m³	AX0792	—	0.0173	0.0245	0.0245
清油	kg	HA1000	0.0053	0.0053	0.0053	0.0053
煤油	kg	JA0470	0.0400	0.0400	0.0400	0.0400
油漆溶剂油	kg	JA0541	0.0053	0.0053	0.0053	0.0053
草酸	kg	JA0770	0.0100	0.0100	0.0100	0.0100
硬白蜡	kg	JA2930	0.0265	0.2650	0.2650	0.2650
机械 灰浆搅拌机 200L	台班	1M0200	0.0031	0.0031	0.0043	0.0043
平面磨石机 3kW	台班	TM0600	0.1078	0.1078	0.2805	0.2805

注：本表摘自 2002 年《全国统一建筑装饰装修工程消耗量定额》。

（a）表头：项目表的上部为表头，实质为消耗量标准的分节内容，包括分节名称、分节说明（分节内容），主要说明该节的分项工作内容。

（b）项目表的分部分项消耗指标栏

表的右上方为分项名称栏，其内容包括分项名称、定额编号、分项做法要求，其中右上角表明的是分项计量单位。

项目表的左下方为工、料、机名称栏，其内容包括：工料名称、工料代号、材料规格及质量要求。

项目表的右下方为分部分项工、料、机消耗量指标栏，其内容表明完成单位合格的某分部分项工程所需消耗的工、料、机的数量指标。

项目表的底部为附注，它是分项消耗量定额的补充，具有与分项消耗量指标同等的地位。

4）附录

消耗量定额附录，本身并不属于消耗量定额的内容，而是消耗量定额的应用参考资料。它一般包括装饰工程材料损耗率表、装饰砂浆（混合料）配合比表、装饰工程机械台班单价和装饰工程材料单价表等。附录通常列在消耗量定额的最后，作为消耗量定额换算和编制补充消耗量定额的基本参考资料。

（2）建筑装饰工程消耗量定额的编号

编制消耗量定额时，为规范消耗量定额的排版与方便消耗量定额应用的要求，必须对消耗量定额的分部分项项目进行编号，通常采用的编号类型有："数码型"、"数符型"。其中数符型又有"单符型"、"多符型"之分。现行《全国统一建筑装饰装修工程消耗量定额》中，其分部分项项目的编号采用的是"数符型"编号法。在数符型编码中，通常前面的数字表示章（分部）工程的顺序号，后一组数据表示该分部（章）工程中某分项工程项目或子目的顺序号，中间由一个短线相隔。其表达形式如下：

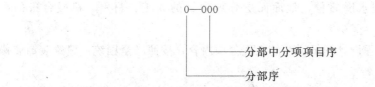

例如：某装饰工程楼、地面装饰为整体水磨石楼面 1：2.5 水泥白石子浆 15mm 厚，带玻璃嵌条。

查《全国统一建筑装饰装修工程预算消耗量定额》得：楼、地面装饰工程：水磨石楼、地面项目的消耗量定额编号为：1-058。

1.2.2 装饰工程消耗量定额的应用

建筑装饰工程预算消耗量定额是确定装饰工程预算造价，办理装饰工程结算，处理承发包双方经济关系的主要依据之一。消耗量定额应用的正确与否，直接影响到建筑装饰工程造价的准确计算。因此，工程造价工作人员必须熟练掌握建筑装饰工程预算消耗量定额的应用法则。必须认真学习其全部内容，熟悉各分部分项（章节）消耗量定额的工程内容和项目表的结构形式，正确理解建筑装饰工程的工程量计算规则，明确消耗量定额换算范围，掌握一般工程项目换算和调整办法的规定。建筑装饰工程预算消耗量定额应用方法主要有直接套用法和分项换算法两个方面。

（1）直接套用法

建筑装饰工程消耗量定额的直接套用，当建筑装饰工程设计施工图纸所确定的工程项目特征（施工内容、材料品种、规格、工程做法等），与所选套的相应消耗量定额分项子目的内容一致时，或者虽有局部不同但规则规定不能调整者，则可直接套用消耗量定额。

在编制建筑装饰工程施工图预算和确定建筑装饰工程各生产要素需用量时，绝大部分都属于这种情况。直接套用法应用的主要步骤如下：

1）根据建筑装饰工程设计施工图纸，按照装饰工程分项内容排列分项项目，并从消耗量定额目录中查出该项目所在消耗量定额中的排序，确定工程分项项目的编号。

2）明确装饰工程项目与消耗量定额子目规定的内容是否一致。当完全一致或虽然不完全一致，但消耗量定额规定不允许换算或调整时，即可直接套用消耗量定额指标。

在套用消耗量定额之前，应当注意复核分项工程的名称、分项做法、用料规格、计量单位与消耗量定额分项子目规定的是否相符。

3）根据选套的消耗量定额编号查得消耗量定额中分项子目的人工、材料和机械台班消耗量标准，将其分别列入建筑装饰工程资源耗量计算表内。

4）计算确定建筑装饰工程项目所需人工、材料、机械台班的消耗量。其计算公式如下：

$$工程分项人工需用量＝装饰分项工程量×相应分项人工消耗指标 \qquad (1-1)$$

$$工程分项某种材料需用量＝装饰分项工程量×相应分项某种材料消耗指标 \qquad (1-2)$$

$$工程分项某种机械台班量＝装饰分项工程量×相应某种机械台班消耗指标 \qquad (1-3)$$

【例 1-1】 某工程建筑装饰施工图标明：水磨石楼、地面做法为：1：3 水泥砂浆找平层 15mm 厚；1：2.5 水泥白石子浆 15mm 厚；带 3mm 厚玻璃嵌条；工程量为：345.88m^2，试确定该工程水磨石楼、地面面层分项项目的人工、材料、机械台班的需用量。

【解】 根据该装饰工程设计图纸说明的工程分项内容，按照《全国统一建筑装饰装修工程消耗量定额》：

① 从《全国统一建筑装饰装修工程消耗量定额》目录中查得：水磨石楼、地面装饰分项项目在第一章第三节楼、地面装饰工程，分部分项排序为：该分部的第 58 子项。

② 装饰工程分项项目的工作内容分析：查《全国统一建筑装饰装修工程消耗量定额》并核实设计施工图纸及设计说明，该工程水磨石楼、地面，面层分项工程内容与消耗量定额分部分项项目规定的内容完全符合，即可直接套用消耗量定额项目。

③ 从《全国统一建筑装饰装修工程消耗量定额》项目表中查得：该项目消耗量定额编号为 1—058，每平方米水磨石楼地面面层、分项消耗量指标如表 1-1 所示。

④ 计算确定该工程水磨石楼、地面装饰分项工程人工、材料、机械台班的需用量。

根据分项工程的工程数量，按照消耗量定额查得的消耗量指标，分别代入计算公式

人工需用量： $345.88×0.589＝203.72$ 工日

水泥需用量： $345.88×0.265＝91.66kg$

3mm 厚平板玻璃需用量：$345.88×0.0517＝17.88m^2$

由此类推，计算所有分项工程的工、料、机需用量。通常可采用分析计算表（表1-2）进行计算：

同理，对拟建工程所有分项工程进行统计计算，累计汇总，则得到整个建筑装饰工程项目的人工、材料、机械台班的需用量。

【例 1-2】 某工程建筑装饰施工图标明：楼、地面铺贴陶瓷地板砖，陶瓷地砖的规格为：600mm×600mm（单色），工程量为 345.88m^2，试确定该项目的人工、材料、机械台班的消耗量。

【解】 以《全国统一建筑装饰装修工程消耗量定额》为依据：

序 号	定额编号	1-058		水 磨 石 楼 地 面		
	工料名称	工程量		单 位	消 耗 量	合 计 量
1	综合人工	345.88		工日	0.5890	203.72
2.1	水泥			kg	0.2650	91.66
2.2	平板玻璃 3mm 厚			m²	0.0517	17.88
2.3	棉纱头			kg	0.0110	3.8
2.4	水			m³	0.0560	19.37
2.5	金刚石(三角形)			块	0.3000	103.76
2.6	金刚石 200mm×75mm×50mm			块	0.0300	10.38
2.7	素水泥浆	345.88		m³	0.0010	0.346
2.8	白水泥白石子浆 1:2.5			m³	0.0173	5.984
2.9	清油			kg	0.0053	1.83
2.10	煤油			kg	0.0400	13.84
2.11	油漆溶剂油			kg	0.0053	1.833
2.12	草酸			kg	0.0100	3.46
2.13	硬白蜡			kg	0.0265	9.17
3.1	灰浆搅拌机 200L	345.88		台班	0.0031	1.072
3.2	平面磨石机 3kW			台班	0.1078	37.29

① 从建筑装饰工程消耗量定额目录中，查得楼、地面铺贴陶瓷地板砖的消耗量定额项目在第一章第四节，分部分项排序为该分部的第 66 子项目。

② 装饰工程分项项目的工作内容分析：楼、地面铺贴陶瓷地板砖分项工程内容符合消耗量定额规定的内容，即可直接套用消耗量定额项目。

③ 从建筑装饰工程消耗量定额项目表中查得：该项目消耗量定额编号为 1-066，每平方米铺贴陶瓷地砖楼、地面消耗指标如下：综合人工为 0.249 工日；白水泥 0.103kg、陶瓷地砖 1.025m²、石料切割锯片 0.0032 片、棉纱头 0.01kg、水 0.026m³、锯木屑 0.006m³、水泥砂浆（1:2.5）0.0101m³、素水泥浆 0.001m³；灰浆搅拌机（200L）0.0017 台班、石料切割机 0.0151 台班。

④ 计算确定该工程陶瓷楼地面分项人工、材料、机械台班的需用量。

综合人工：　　　　　　0.249×345.88＝86.12 工日

白水泥：　　　　　　　0.103×345.88＝35.63kg

陶瓷地砖：　　　　　　1.025×345.88＝354.53m²

石料切割锯片：　　　　0.0032×345.88＝1.11 片

棉纱头：　　　　　　　0.0100×345.88＝3.46kg

水：　　　　　　　　　0.026×345.88＝8.99m³

锯木屑：　　　　　　　0.006×345.88＝2.07m³

水泥砂浆（1:2.5）：　0.0101×345.88＝3.49m³

素水泥浆：　　　　　　0.001×345.88＝0.35m³

灰浆搅拌机：　　　　　0.0017×345.88＝0.59 台班

石料切割机：　　　　　0.0151×345.88＝5.22 台班

【例 1-3】 某建筑装饰工程施工图标明：外墙水刷石砖、混凝土墙面，1:3 水泥砂浆打底 12mm 厚；1:1.5 水泥白石子浆 10mm 厚；工程量为 2250.0m²。试确定该工程分项项目的人工、水泥、白石子、机械台班的需用量。

【解】 ① 查《全国统一建筑装饰装修工程消耗量定额》目录，根据工程分项内容选定：砖、混凝土结构墙面水刷石分项消耗量定额编号：2-005。

② 查建筑装饰工程消耗量定额项目表得：该项目消耗量定额每平方米砖、混凝土结构墙、柱面水刷石分项消耗量指标如表 1-3 所示：

水刷石 表 1-3

工作内容：1. 清理、修补、湿润墙面、堵墙眼、调运砂浆、清扫落地灰。

2. 分层抹灰、刷浆、找平、起线拍平、压实、刷面（包括门窗侧壁抹灰）。 计量单位：m²

定 额 编 号			2-005	2-006	2-007	2-008
项 目			水 刷 白 石 子			
			砖、混凝土墙面(12+10)mm	毛石墙面(20+10)mm	柱面	零星项目
工料名称	单位	代码	数 量			
人工	综合人工	工日	000001	0.3669	0.3818	0.4899	0.9051
材料	水	m³	AV0280	0.0283	0.0300	0.0283	0.0283
	水泥砂浆 1：3	m³	AX0684	0.0139	0.0232	0.0133	0.0283
	水泥白石子浆 1：1.5	m³	AX0780	0.0116	0.0116	0.0112	0.0112
	108 胶素水泥浆	m³	AX0840	0.0010	0.0010	0.0010	0.0010
机械	灰浆搅拌机 200L	台班	TM0200	0.0042	0.0058	0.0041	0.0041

注：本表摘自 2002 年《全国统一建筑装饰装修工程消耗量定额》。

③ 计算确定外墙（砖、混凝土墙）面水刷石分项工程人工、材料、机械台班的需用量。

综合人工：　　　　　　0.3669×2250.0＝825.525 工日

水：　　　　　　　　　0.0283×2250.0＝63.675m³

水泥砂浆 1：3：　　　　0.0139×2250.0＝31.275m³

水泥白石子浆 1：1.5：　0.0116×2250.0＝26.10m³

108 胶素水泥浆：　　　0.001×2250.0＝2.25m³

灰浆搅拌机 200L：　　 0.0042×2250.0＝9.45 台班

混合料组成材料定额消耗量为：查水泥砂浆配合比表，见表 1-4

水泥定额消耗量为：0.0139×408.00＋0.0116×945.00＋0.001×1696.00＝18.33kg

白石子定额消耗量为：　1189.00×0.0116＝13.79kg

过筛中砂定额消耗量为：　1.22×0.0139＝0.017m³

水定额消耗量为：　　0.0139×0.3＋0.0116×0.3＋0.001×0.34＝0.008m³

（2）建筑装饰工程消耗量定额的换算方法

建筑装饰工程消耗量定额换算的条件是：当建筑装饰工程设计施工图纸中标明的工程项目内容与所选套的建筑装饰工程消耗量定额的分项子目规定的内容不相同时，且消耗量定额规则规定允许换算或调整者，则应对消耗量定额项目的分项消耗量标准进行换算，并采用换算后的消耗量作为分项项目的消耗量标准。

建筑装饰工程消耗量定额换算的基本思路是：根据装饰工程设计施工图纸标明的装饰分项工程的实际内容，选定某一消耗量定额子目（或者相近的消耗量定额子目），按消耗量定额规定换入应增加的资源，换出应扣除的资源。对于所有的建筑装饰分项工料换量都可以用计算通式表述如下：

分项换算后资源消耗量＝分项消耗量定额资源量＋换入资源量－换出资源量

$$(1-4)$$

建筑装饰工程消耗量定额换算应注意的问题是：一是建筑装饰工程消耗量定额的换算，必须在消耗量定额规则规定的范围内进行换算或调整。现行建筑装饰工程消耗量定额的总说明、分章说明及附注内容中，对消耗量定额换算的范围和方法都有具体的规定。例如，《全国统一建筑装饰装修工程消耗量定额》总说明中规定：本消耗量定额所采用的材料、半成品、成品的品种、规定型号与设计不符时，可按各章规定调整。消耗量定额中的规定是进行消耗量定额换算的根本依据，应当严格执行。二是当建筑装饰工程分项消耗量定额换算后，表示方法上应在其消耗量定额编号右下角注明"换"字，以示区别，如2-005换。

按照现行的《全国统一建筑装饰装修工程消耗量定额》，现就装饰工程预算造价编制中常见的有关消耗量定额换算的几种情形与方法进行相关的讨论。

1）系数换算

系数换算是指根据消耗量定额中规定的系数，对其分项的人工、材料、机械等消耗指标进行调整的方法。其换算的计算公式为：

分项换算后资源耗量＝分项定额资源消耗量＋$(K-1)$×被调组分消耗量　　（1-5）

此类换算在工程计价过程中用得比较多，方法比较简单，但在使用时应注意以下几个问题：

（a）要严格按照消耗量定额规定的系数进行换算；

（b）要注意正确区分消耗量定额换算系数所指的换算范围，换算消耗量定额分项中的全部或工、料、机的局部指标量；

（c）正确确定项目换算的计算基数。

【例1-4】 沿用例1-3，当设计图示为：外墙面为锯齿形，试计算外墙水刷石的分项工料消耗量。

【解】 ① 查《全国统一装饰装修工程预算消耗量定额》选定装饰分项项目2-005，该分项消耗量指标如表1-3所示。

② 查分项说明规定：圆弧形、锯齿形等不规则墙面抹灰、镶贴块料按相应项目人工乘以系数1.15，材料乘以系数1.05。根据表1-3中的有关数据作如下计算：

③ 计算换算后分项定额工、料消耗量标准

人工（$N_{人工换}$）	$0.3669×1.15＝0.422$ 工日
水泥砂浆 1：3	$0.0139×1.05＝0.0146m^2$
水泥白石子浆 1：1.5	$0.0116×1.05＝0.01218m^2$
108胶素水泥浆	$0.0010×1.05＝0.00105m^2$
水	$0.0283×1.05＝0.02972m^2$
灰浆搅拌机 200L	$0.0042×1.05＝0.00441$ 台班

【例1-5】 沿用工程实例中营业厅墙裙面积为$42.23m^2$，假设设计变更为墙裙做法

如下：杉木龙骨基层（40mm×30mm木方单向布置，中距300mm），胶合板（3mm）面层。试计算该墙裙装饰所需人工、杉木锯材、胶合板及聚醋酸乙烯乳液胶粘剂的消耗量。

【解】 ① 查《全国统一装饰装修工程消耗量定额》选定分项项目2-168、2-209，工料消耗量指标如下：

分项名称	人工消耗量	杉木锯材消耗量	胶合板消耗量	聚醋酸乙烯乳液消耗量
2-168	0.1173	0.0121		
2-209	0.1495		1.1000	0.4211

② 依据《全国统一装饰装修工程消耗量定额》说明规定：木龙骨基层是按双向计算的，如设计为单向时，材料、人工用量乘以系数0.55，墙裙胶合板若钉在木龙骨上，聚醋酸乙烯乳液减少0.2807kg。

③ 计算工程分项人工、材料的消耗量如下：

人工消耗量：　　　$42.23×(0.1173×0.55+0.1495)=9.04$工日

杉木锯材消耗量：　　$42.23×0.0121×0.55=0.281m^3$

胶合板消耗量：　　　$42.23×1.1000=46.45m^2$

聚醋酸乙烯乳液消耗量：　　$42.23×(0.4211-0.2807)=5.93kg$

应该说明的是，上述换算实例侧重于"三量"的调整，对于"三价"则应按地区单位估价表取定的价格为准。实际编制工程报价时，应根据当时当地市场价格信息进行计算，使分项单价符合实际。

2）材料配合比不同的换算

配合比材料，包括混凝土、砂浆、保温隔热材料等，这里主要指用于装饰工程的抹灰砂浆。由于装饰砂浆配合比的不同，引起相应某些资源的变化而导致直接工程费发生变化时，消耗量定额规定通常都是可以进行换算的。其换算的计算公式为：

$$分项换算后资源消耗量=分项资源消耗量+配合料消耗量×$$

$$(换入材料单位用量-换出材料单位用量) \qquad (1-6)$$

【例1-6】 某工程建筑装饰施工图标明：外墙水刷石砖、混凝土墙面，1：3水泥砂浆打底12mm厚；1：2.5水泥白石子浆10mm厚；工程量为2250.0m²，试确定该工程分项项目的人工、水泥、白石子、机械台班的需用量。

【解】 ① 查《全国统一建筑装饰装修工程消耗量定额》目录，根据工程分项内容选定：砖、混凝土结构墙面水刷石分项．消耗量定额编号：2-005

② 查建筑装饰工程消耗量定额项目表得：该项目消耗量定额每平方米砖、混凝土结构墙、柱面水刷石分项消耗量指标如表1-3所示；

③ 计算确定外墙（砖、混凝土墙）面水刷石分项工程水泥、白石子、过筛中砂的定额用量。

混合料组成材料定额消耗量为：查水泥砂浆配合比表，见表1-4

水泥定额消耗量为：$0.0139×408.00+0.0116×945.00+0.001×1696.00=18.33kg$

白石子定额消耗量为：$1189.00×0.0116=13.79kg$

过筛中砂定额消耗量为：1.22×0.0139＝0.017m³

水定额消耗量为：0.0139×0.3＋0.0116×0.3＋0.001×0.34＝0.008m³

④ 复核、分析：根据本装饰工程分项项目的工作内容，砖、混凝土结构墙柱面水刷石分项工程内容与消耗量定额分项项目规定的工程内容相比较，面层水泥白石子浆的配比不同，按照消耗量定额规则规定，该项目当材料配比不同时允许调整。

由于水泥白石子浆的配比不同，导致其中的组成材料水泥和白石子的用量发生变化，故需要调整原材料的消耗量标准，工程分项中采用的1：2.5水泥白石子浆，而选定的消耗量定额项目2-005所考虑的面层材料为：1：1.5水泥白石子浆；其他材料的配合比与消耗量定额的规定相同，确定换算消耗量定额编号为2-005换。

查：《全国统一建筑装饰装修工程消耗量定额》1：1.5水泥白石子浆的消耗量定额为0.0116m³。

查：湖南现行《建筑装饰工程预算消耗量定额单位估价表》附录：抹灰砂浆配合比表（表1-4），得1：1.5水泥白石子浆和1：2.5水泥白石子浆的配合比。

抹灰砂浆配合比   表1-4

单位：m³

定　额　号			P07030	P07031	P07032	P07033
项　　目			水泥白石子浆			
			1：1.5	1：2	1：2.5	1：3
材料名称	单位	单价（元）	数		量	
水泥	kg	0.464	945.00	709.00	567.00	473.00
白石子	kg	0.206	1189.00	1376.00	1519.00	1600.00
水	m³	2.12	0.30	0.30	0.30	0.30
基价	元		684.05	613.07	576.64	549.71

注：本表摘自现行湖南《建筑装饰工程预算消耗量定额单位估价表》（附录）。

计算换算材料消耗量，根据上述工程计算资料，应用公式（1-6），组成材料换算消耗量，由上述计算有：水泥、白石子、过筛中砂的定额消耗量分别为：18.33kg、13.79kg、0.017m³，查：水泥砂浆配合比表，见表1-4；查得有关数据代入计算公式（1-6）

换算后水泥消耗量标准为：$C＝18.33＋0.0116×(567.00－945.00)$

$＝18.33－4.38＝13.95kg$

换算后白石子消耗量标准为：$S＝1189.00×0.0116＋0.0116×(1519.00－1189.00)$

$＝13.79＋3.83＝17.62kg$

过筛中砂定额消耗量为：1.22×0.017＝0.021m³

水定额消耗量为：0.0139×0.3＋0.0116×0.3＋0.001×0.34＝0.008m³

⑤ 计算确定外墙（砖、混凝土墙）面（1：2.5水泥白石子浆）水刷石分项工程的人工、水泥、白石子、过筛中砂、灰浆搅拌机台班的需用量。

综合人工：   0.3669×2250.0＝825.525工日

水：   0.0283×2250.0＝63.675m³

水泥：   13.95×2250.0＝31387.5kg

白石子：	$17.62 \times 2250.0 = 39645.0$ kg
过筛中砂：	$0.021 \times 2250.0 = 47.25$ m³
灰浆搅拌机 200L：	$0.0042 \times 2250.0 = 9.45$ 台班

3）装饰抹灰厚度不同的换算

对于装饰抹灰砂浆的厚度，如设计与消耗量定额取定不同时，消耗量定额规定可以换算抹灰砂浆的用量，其他不变。其换算公式为：

$$分项资源换算消耗量 = 分项某资源消耗标准量 + (k-1) \times 配合比料消耗量标准$$

$$(1-7)$$

式中　k——表示装饰抹灰厚度调整系数；

　　　k＝设计抹灰厚度/消耗量定额取定的抹灰厚度。

【例 1-7】　某工程建筑装饰施工图标明：外墙水刷石砖、混凝土墙面，1：3 水泥砂浆打底 12mm 厚，1：1.5 水泥白石子浆 12mm 厚，工程量为 2250.0m²。试确定该工程分项项目的换算后的分项资源量人工、水泥、白石子、机械台班的需用量。

【解】　① 查《全国统一建筑装饰装修工程消耗量定额》目录，根据工程分项内容选定：砖、混凝土结构墙面水刷石分项，消耗量定额编号：2-005。

② 查建筑装饰工程消耗量定额项目表得：该项目消耗量定额每平方米砖、混凝土结构墙、柱面水刷石分项消耗量指标如表 1-3 所示：

③ 复核、分析：根据本装饰工程分项项目的工作内容：砖、混凝土结构墙柱面水刷石分项工程内容与消耗量定额分项项目规定的工程内容相比较，面层水泥白石子浆的厚度不同，按照消耗量定额规则规定，该项目当制作厚度不同时允许调整。

由于水泥白石子浆的厚度不同，导致其中的组成材料水泥白石子浆的用量发生变化，故需要调整原材料的消耗量标准，工程分项中采用的 1：1.5 水泥白石子浆厚 12mm，而选定的消耗量定额项目 2-005 所考虑的面层材料为：1：1.5 水泥白石子浆厚 10mm；其他材料的配合比与消耗量定额的规定相同，确定换算消耗量定额编号为 2-005换。

④ 查：湖南现行《建筑装饰工程预算消耗量定额单位估价表》附录：抹灰砂浆配合比表（参见表 1-4），得：1：1.5 水泥白石子浆的组成材料用量为：装饰工程消耗量定额取定水刷白石子面层厚度为 10mm（参见表 1-1～1-4）。1：1.5 水泥白石子浆的消耗量定额为 0.0116m³。水泥定额消耗量为：18.33kg/m²，白石子消耗量标准为：13.79kg/m²，将有关数据分别代入计算公式（1-7）。

⑤ 计算换算后强度等级为 325 级普通水泥、白石子的消耗量（$C_换$、$G_换$）。

$$C_换 = 18.33 + [(12/10)-1] \times 0.0116 \times 945.00 = 20.52 \text{kg/m}^2$$

$$G_换 = 13.79 + [(12/10)-1] \times 0.0116 \times 1189.00 = 16.55 \text{kg/m}^2$$

⑥ 计算分项工程人工、水泥、白石子、机械台班的需用量。

| 水泥需用量： | $C = 20.52 \times 2250.0 = 46170.0$ kg |
| 白石子需用量： | $G = 16.55 \times 2250.0 = 37237.50$ kg |

⑦ 分项工程中人工和机械台班的需用量，同【例 1-4】中的计算结果。

4）材料用量不同的换算

材料用量的换算，主要是由于施工图纸设计采用的装饰材料的品种、规格与选套消耗量定额项目取定的材料品种、规格不同所致。换算时，应先计算装饰材料的用量差，然后再换算基价。其计算公式为：

$$换算后材料消耗量定额量 = 消耗量定额指标量 + (某材料实际用量 -$$
$$该材料消耗量定额用量) \qquad (1-8)$$

式中，某材料实际用量应根据设计图示工程量及该材料实际耗用量按下式计算。

$$定额单位材料实际耗量 = \frac{分项定额计量单位 \times 材料实际用量}{工程分项项目工程量} \times (1 + 材料定额消耗率)$$

$$(1-9)$$

【例1-8】 某单位工程制作安装铝合金地弹门3.0樘，根据施工图大样地弹门为：双扇带上亮无侧亮，门洞尺寸（宽×高）为1800mm×3000mm，上亮高600mm，框料规格为101.6mm×44.5mm×2mm，按框外围尺寸（1750mm×2975mm，$a = 2400mm$）计算得型材实际净用量为105.40kg，试计算确定该地弹门制作工程分项的消耗量标准。

【解】 ① 查《全国统一建筑装饰装修工程预算消耗量定额》4-004有：带上亮无侧亮双扇地弹门每平方米洞口面积制作安装的消耗量标准为：铝合金型材（框料规格101.6mm×44.5mm×1.5mm）消耗量定额用量为6.328kg，查消耗量定额材料损耗率表铝合金型材损耗率为6%，型材单价为19.24元/kg。

② 计算消耗量定额单位铝合金型材实际用量。

地弹门工程量（S）：

$$S = 1.8 \times 3.0 \times 3.0 = 16.2m^2$$

每1m²洞口面积型材实际用量G：

根据题意，按照设计图纸计算的结果，将有关数据代入公式（1-9），有：

$$定额单位型材实际用量 = [(1 \times 105.4)/16.2] \times (1 + 6.0\%) = 6.897kg$$

每1m²洞口面积换算后型材用量（G）：

根据题意，按照设计图纸计算以及以上计算结果，将有关数据代入公式（1-8），有：

$$换算后定额单位型材耗量 = 6.328 + (6.897 - 6.328) = 6.897kg$$

5）消耗量定额项目的补充

当工程施工图纸中的某些项目，由于采用了新结构、新材料和新工艺等原因，在编制预算消耗量定额时尚未列入，也没有类似消耗量定额项目可供借鉴。在这种情况下，必须编制补充消耗量定额项目，可由施工企业根据施工过程的实际消耗状况，编制新的分项工程消耗量指标，报请工程造价管理部门审批后执行。

编制补充消耗量定额的方法通常有两种：一种是按照本节所述装饰工程预算消耗量定额的编制方法，计算人工、材料和机械台班消耗量指标；另一种是对补充项目的人工、机械台班消耗量，套用同类工序、同类型产品消耗量定额的人工、机械台班消耗指标，而材料消耗量则按装饰工程设计图纸进行计算或按施工过程进行实际测定。

在编制装饰工程造价时，由于工程设计人的思想和观点的变化，各工程建设地区技术与经济条件的差别通常都会遇到《全国统一建筑装饰装修工程消耗量定额》缺项的情况。推行工程量清单计价办法，各承包单位必须根据工程实际和建筑市场的变化，按照企业自身技术应用与经济管理的水平自主定价。它要求承包商建立企业消耗量标准和工料价格信息网，编制确定各分项工程单价，以满足工程造价编制的需要。

企业消耗量标准的作用、编制方法、内容及表达形式等与统一消耗量定额雷同，具体内容将在本课题 1.3 中进行相应的讨论。

1.2.3 建筑装饰工程分项单价的确定

(1) 装饰分项工程单价的计算

建筑装饰工程分项单价系指完成单位装饰分项工程所应支付的费用。按照工程费用内容不同，通常有直接工程费单价、综合单价和完全单价之分。而分项直接工程费单价就是由分项人工费、分项材料费和分项机械费组成；工程实际中按照建筑装饰装修工程消耗量定额，根据工程建设地的当期人工、材料和施工机械台班单价，计算确定装饰工程的分项直接工程费单价。其计算公式如下：

$$分项工程单价＝分项人工费＋分项材料费＋分项机械费 \tag{1-10}$$

式中
$$分项人工费＝定额分项综合用工量×人工日工资标准 \tag{1-11}$$

$$分项材料费＝\sum（定额分项材料用量×材料预算价格）＋其他材料费 \tag{1-12}$$

$$分项机械费＝\sum（定额分项机械台班用量×机械台班单价） \tag{1-13}$$

(2) 装饰分项工程单价的编制方法与步骤

1) 工程分项单价编制准备工作

编制工程分项单价的准备工作包括拟订工作计划，收集编制资料，了解编制地区的工程类别、结构特点、材料及构件生产、供应和运输等方面的情况，提出编制方案。

2) 分项单价编制方法与步骤

(a) 选定工程项目

装饰工程分项单价编制应根据工程设计图纸所标明的工程内容，选用《全国统一建筑装饰装修工程消耗量定额》或者地区补充消耗量定额中的相应分项项目，对于本工程需要而定额缺项的工程分项，应编制新的补充项目，确定人、料、机耗用量指标，将所选定的分项工程项目的人工、材料、机械台班消耗量指标，抄录在空白单价表内。

(b) 人工、材料、机械台班单价的取定

合理取定工程实际中人工日工资单价、材料预算价格和机械台班费单价，是正确确定分项工程单位价格的关键，人工、材料、机械台班单价的取定，应根据工程建设地的建筑市场资源供求状况，同时考虑企业资源管理与供求渠道的实际情况。

(c) 计算结果，填制分项单价计算表

根据选定的分项工程项目的人工、材料、机械台班消耗量指标，工程人工、材料、机械台班单价，按照计算公式（1-10）～公式（1-13）分别计算出每一项目的人工费、材料费、机械费和分项工程单价，并核定结果，填制分项单价计算表。

(d) 编写使用说明

分项单价计算表编制完毕后，编写文字说明，包括总说明、分部、分章说明各节工作内容说明及附注等，以方便使用。

3）审核复查

分项单价计算表的初稿编制完成后，必须进行全面审核，并向有关部门征求意见后进行修改补充。定稿后再报主管部门批准，在批准的范围内执行。

（3）建筑装饰工程分项单价的编制实例

【例1-9】 水磨石楼、地面分项单价的确定

某企业根据工程承包实际需要，编制本企业适用的建筑装饰单价表。现以水磨石楼、地面面层分项工程的单价确定为例，讨论建筑装饰装修工程分项单价的确定方法。

【解】 根据该装饰工程分项单价表编制方案的说明规定：根据企业现已有的工程资源供应的实际情况；按照《全国统一建筑装饰装修工程消耗量定额》，编制建筑装饰企业的装饰工程直接工程费单价表。

（1）确定装饰工程分项：从《全国统一建筑装饰装修工程消耗量定额》项目表中，查得：现浇整体水磨石楼、地面面层消耗量定额编号为：1-058～1-061，其分项工程消耗量指标如表1-1所示。

（2）根据企业以往工程承包实际情况，按照装饰工程分项项目的工作内容分析；由《全国统一建筑装饰装修工程消耗量定额》查得水磨石楼、地面，面层分项工程所需工料的品类、规格，采用本企业适应的建筑装饰工程人工、材料、机械台班单价表；取定工、料、机参考单价。如表1-5所示：

工、料、机参考单价表（元）   表1-5

类别	工 料 名 称	单位	单价	类别	工 料 名 称	单位	单价
人工	综合人工	工日	22.00	机械	灰浆搅拌机200L	台班	42.51
					平面磨石机3kW	台班	22.28
材	水泥	kg	0.464	材	白水泥白石子浆1：2.5	m³	576.64
	平板玻璃3mm厚	m²	10.30		白水泥色石子浆1：2.5	m³	857.66
	油石	块	4.50		清油	kg	15.14
	棉纱头	kg	5.68		煤油	kg	4.35
	水	m³	2.12		油漆溶剂油	kg	3.12
料	金刚石（三角形）	块	4.60	料	草酸	kg	9.00
	金刚石200mm×75mm×50mm	块	13.00		硬白蜡	kg	4.68
	素水泥浆	m³	704.99				

（3）分项单价表格设计：根据分项单价表所必须反映的内容，参照《全国统一建筑装饰装修工程消耗量定额》的格式，设计装饰工程分项单价计算表。如表1-5所示。

（4）计算确定工程分项单价，填制分项单价表：根据装饰分项工程内容，按照消耗量定额查得的消耗量指标和取定的工料单价，分别填入分项单价计算表中，并计算其结果。

由此，对所有装饰装修工程的分项工程进行单价计算，并建立建筑装饰装修工程分项直接工程费单价表。通常把这种形式的单价表称为基价表，如表1-6所示。

1.3 装饰工程消耗量标准的确定

1.3.1 人工消耗量标准的确定

（1）装饰工程施工消耗量定额概述

水磨石

工作内容：清理基层、刷素水泥浆、调配石子浆、找平抹面、嵌玻璃嵌条、磨石抛光。

表 1-6

（计量单位：m²）

定额编号			1-058		1-059		1-60		1-061	
			水磨石楼地面				彩色镜面水磨石楼地面			
项目			带嵌条		带艺术型嵌条分色		带嵌条		带艺术型嵌条分色	
			15mm		15mm		20mm		20mm	
基价（元）			29.26		35.20		56.86		57.87	
其中 人工费（元）			12.96		14.04		21.65		22.66	
其中 机械费（元）			2.53		2.53		6.43		6.43	
工料名称	单位	单价（元）	消耗量	合价（元）	消耗量	合价（元）	消耗量	合价（元）	消耗量	合价（元）
人工 综合人工	工日	22.00	0.5890	12.96	0.6380	14.04	0.9840	21.65	1.0300	22.66
材料 水泥	kg	0.464	0.2650	0.123	0.2650	0.123	0.2650	0.123	0.2650	0.123
平板玻璃 3mm 厚	m²	10.30	0.0517	0.53	0.0517	0.53	0.0635	0.65	0.0635	0.65
油石	块	4.50	—	—	—	—	0.6300	2.84	0.6300	2.84
棉纱头	kg	5.68	0.0110	0.06	0.0110	0.06	0.0110	0.06	0.0110	0.06
水	m³	2.12	0.0560	0.12	0.0560	0.12	0.0890	0.19	0.0890	0.19
金刚石（三角型）	块	4.60	0.3000	1.38	0.3000	1.38	0.4500	2.07	0.4500	2.07
金刚石 200mm×75mm×50mm	块	13.00	0.0300	0.39	0.0300	0.39	0.0500	0.65	0.0500	0.65
素水泥浆	m³	704.99	0.0010	0.71	0.0010	0.71	0.0010	0.71	0.0010	0.71
白水泥白石子浆 1:2.5	m³	576.64	0.0173	9.98	—	—	0.0245	21.01	—	—
白水泥色石子浆 1:2.5	m³	857.66	—	—	0.0173	14.84	—	—	0.0245	21.01
清油	kg	15.14	0.0053	0.08	0.0053	0.08	0.0053	0.08	0.0053	0.08
煤油	kg	4.35	0.0400	0.17	0.0400	0.17	0.0400	0.17	0.0400	0.17
油漆溶剂油	kg	3.12	0.0053	0.02	0.0053	0.02	0.0053	0.02	0.0053	0.02
草酸	kg	9.00	0.0100	0.09	0.0100	0.09	0.0100	0.09	0.0100	0.09
硬白蜡	kg	4.68	0.0265	0.12	0.0265	0.12	0.0265	0.12	0.0265	0.12
机械 灰浆搅拌机 200L	台班	42.51	0.0031	0.13	0.0031	0.13	0.0043	0.18	0.0043	0.18
平面磨石机 3kW	台班	22.28	0.1078	2.40	0.1078	2.40	0.2805	6.25	0.2805	6.25

注：本表根据 2002 年《全国统一建筑装饰装修工程预算消耗量定额》的格式制作。

22

1) 装饰施工消耗量定额的概念

装饰工程施工消耗量定额是规定在正常的施工生产条件下，为完成单位合格建筑装饰工程施工产品所需消耗的人工、材料和机械台班的数量标准。它包括劳动消耗量定额、材料消耗量定额、机械台班消耗量定额三部分。

建筑装饰工程施工消耗量定额属于生产性消耗量定额。为了组织施工生产，很好地进行成本管理、经济核算和劳动工资的管理，施工消耗量定额划分很细，它是建筑装饰工程消耗量定额中分项最细、消耗量定额子目最多的一种消耗量定额。

2) 装饰施工消耗量定额的作用

装饰施工消耗量定额是用于企业内部施工管理的消耗量定额。其作用主要表现在合理组织施工生产和推行按劳分配原则两个方面。其作用具体表现在以下几个方面：

(a) 作为施工企业编制施工组织设计，制订施工作业计划，人工、材料、机械台班使用计划的依据。

(b) 作为施工单位进行施工项目管理的主要依据。如项目部向施工班组签发施工任务单和限额领料单的主要依据。

(c) 作为实行按劳分配，加强成本管理和经济核算的依据。

(d) 作为施工企业组织劳动竞赛、进行劳动考核和衡量装饰施工企业工人劳动生产率水平的依据。

(e) 作为装饰施工企业编制装饰施工预算的主要依据。

(f) 作为编制建筑装饰工程预算消耗量定额的基础资料。

(2) 装饰施工消耗量定额的编制原则与编制依据

1) 编制原则

(a) 坚持定额水平的平均先进性原则

消耗量定额水平是指规定消耗在单位建筑装饰工程产品上工、料、机的数量多少。平均先进水平是指在正常施工条件下，具备一般知识水平和生产技能的施工班组和生产工人经过努力能够达到和超过的水平。

(b) 坚持内容和形式简明适用的原则

在确定施工消耗量定额的内容和形式的时候，必须以有利于消耗量定额的执行和使用为基本原则，做到消耗量定额项目齐全、项目划分合理、消耗量定额步距适当。既满足组织施工生产和计算工人劳动报酬等不同用途的需要，又要容易为工人所掌握，简单明了，便于使用。

(c) 坚持"专群结合"的原则

工程消耗量定额的编制具有很强的政策性、技术性和实践性。不但要有专门的机构和专业人员把握方针政策，经常性地积累消耗量定额资料，还要坚持专群结合，吸取群众参与积累消耗量定额资料，使消耗量定额反映群众自己的劳动成果，同时让群众了解消耗量定额在执行过程中的情况和存在的问题。

2) 主要编制依据

(a) 现行的全国统一建筑安装工程劳动消耗量定额、材料消耗量定额、施工机械台班消耗量定额。

(b) 现行的建筑安装工程施工验收规范、工程质量检查评定标准、技术安全操作规程。

（c）有关的建筑装饰工程历史资料及消耗量定额测定资料。

（d）建筑安装工人技术等级资料。

（e）有关建筑装饰标准设计图集，典型设计图纸。

（3）编制方法和步骤

施工消耗量定额的组成：施工消耗量定额由劳动消耗量定额、材料消耗量定额、机械台班消耗量定额三部分指标组成。

1）施工消耗量定额分项项目的划分

施工消耗量定额分项项目一般是按施工项目的具体内容和工效差别划分，通常可按施工方法、构件类型及形体、建筑材料的品种和规格、构件做法和质量标准以及工程施工高度等因素来划分。

2）确定消耗量定额项目的计量单位

消耗量定额项目计量单位要能够最确切地反映工日、材料以及建筑产品的数量，便于工人掌握，应尽可能同建筑产品的计量单位一致并采用它们的整数倍为消耗量定额单位。如墙面抹灰项目的计量单位，就要同抹灰墙面的计量单位一致，按面积计算，即按1、10、100m^{2}计。

3）消耗量定额的册、章、节的编排

施工消耗量定额册、章、节的编排主要是依据《全国统一建筑安装劳动定额》编制的，故施工消耗量定额的册、章、节的编排与劳动消耗量定额编排类似。

1.3.2 装饰工程劳动消耗量定额

（1）装饰工程劳动消耗量定额的概念

装饰工程劳动消耗量定额，亦称装饰工程人工消耗量定额。它反映出大多数装饰工程施工企业和职工经过努力能够达到的平均先进水平。装饰劳动消耗量定额有两种基本的表现形式：即时间消耗量定额和产量消耗量定额。

1）时间消耗量定额

时间消耗量定额是指某工种某专业的工人或工人班组，在合理的劳动组织与正确使用材料的条件下，完成单位质量合格的装饰工程施工产品所必须的工作时间。计量单位为工日。每个工日工作时间，按法定制度规定为8小时。时间消耗量定额计算公式如下：

$$时间消耗量定额（工日）= \frac{1}{每工产量}$$

$$时间消耗量定额 = \frac{小组成员工日数总和}{台班产量（班组完成产品数量）}$$

2）每工产量标准

每工产量标准是指某工种某专业的工人或工人班组，在合理的劳动组织与正确使用材料的条件下，在单位工作时间内应完成符合质量要求的产品数量。其计量单位通常以所完成合格产品的单位表示。每工产量定额计算公式如下：

$$每工产量 = \frac{1}{单位产品时间定额}$$

$$台班产量 = \frac{小组成员工日数总和}{单位产品时间定额}$$

3）时间消耗量定额与每工产量定额的关系

时间消耗量定额与产量消耗量定额是对同一产品所需劳动量的两种表示形式，在数值上互为倒数关系。即：

$$时间消耗量定额 \times 每工产量标准 = 1$$

（2）劳动消耗量定额形式与应用

1）装饰工程劳动消耗量定额的形式

装饰工程劳动消耗量定额，通常有单式与复式两种表示形式：

（a）单式指在消耗量定额的消耗量指标栏中只有一个数据的形式，此数值表示的是时间消耗量定额。

（b）复式指在消耗量定额的消耗量指标栏中同时反映两个数据的形式，其中分子数值表示时间消耗量定额，分母数值表示每工产量标准如表 1-7 所示。固定式不拼花地毯铺设：消耗量定额计量单位 $10m^2$，综合消耗量定额量为 0.77/1.3，即装饰时间消耗量定额为 0.77，表示完成质量合格的每 $10m^2$ 固定式不拼花地毯铺设需人工 0.77 工日；装饰产量消耗量定额为 1.3，表示每工日应完成 $1.3m^2$ 的地毯铺设任务。

2）劳动消耗量定额的应用

时间消耗量定额与每工产量定额作为劳动消耗量定额的不同表示形式其用途如下，时间消耗量定额，以计算分部分项工程所需的工日数和编制施工进度计划（表 1-7）。每工产量定额以施工班组分配施工任务，考核工人或工人小组的劳动生产率。

每 $10m^2$ 铺设地毯劳动消耗量定额

表 1-7

项　　目	铺　　地　　毯				序　　号
	固　定　式		活　动　式		
	不拼花	拼花	不拼花	拼花	
综合	$\frac{0.77}{1.3}$	$\frac{1.04}{0.962}$	$\frac{0.324}{3.09}$	$\frac{0.432}{2.31}$	一
打压条	$\frac{0.05}{20}$	$\frac{0.05}{20}$	—	—	二
铺胶毯	$\frac{0.06}{16.7}$	$\frac{0.06}{16.7}$	$\frac{0.06}{16.7}$	$\frac{0.06}{16.7}$	三
铺面毯	$\frac{0.66}{1.52}$	$\frac{0.93}{1.08}$	$\frac{0.264}{3.79}$	$\frac{0.372}{2.69}$	四
编号	19	20	21	22	

注：1. 室内地面面积在 $10m^2$ 以内者，按时间消耗量定额乘以 1.25；

2. 活动式地毯，如面毯不需裁剪者，其铺面毯时间消耗量定额乘以 0.87。

【例 1-10】　某宾馆楼地面铺设固定式不拼花地毯，10 层，每层工程量相等，工程量总面积为 $3680m^2$，试编制施工进度计划。

【解】　① 求劳动量

查劳动消耗量定额，其时间消耗量定额为 0.77，

劳动量 $N = 0.77 \times 3680/10 = 283.4$ 工日

则每层劳动量为 $d_i = 283.4/10 = 28.3$ 工日

② 进度计划安排

因不受工作面影响，每天安排 28 人，则每层施工时间 $d_i = 28.3/28 = 1.01$ 天，取 1 天。

1.3.3 材料消耗量定额

(1) 材料消耗量定额的概念

材料消耗量定额是指在节约的原则和合理使用材料的条件下，生产质量合格的单位产品所必须消耗的一定品种规格的原材料、成品、半成品、构件和动力燃料等资源的数量标准。

材料消耗量定额可分成两部分：一部分是直接用于建筑装饰工程的材料，称为材料净用量；另一部分是生产操作过程中不可避免的废料和不可避免的损耗，称为材料损耗量。材料损耗量用材料损耗率表示，即材料的损耗量与材料消耗量比值的百分率表示。其数学表达式

$$材料消耗量＝净用量×(1＋材料损耗率) \tag{1-14}$$

$$材料损耗率＝材料的损耗量 / 材料消耗量 \tag{1-15}$$

材料损耗率通常按工程施工中的损耗情况进行统计，通过综合分析计算，并列出材料损耗率表，如表 1-8 所示。

材料、成品、半成品损耗率参考表　　　　　　　　　　表 1-8

材料名称	工程项目	损耗率(%)	材料名称	工程项目	损耗率(%)
标准砖	基础	0.4	石灰砂浆	抹墙及墙裙	1
标准砖	实砖墙	1	水泥砂浆	抹顶棚	2.5
标准砖	方砖柱	3	水泥砂浆	抹墙及墙裙	2
白瓷砖		1.5	水泥砂浆	地面、屋面	1
陶瓷锦砖		1	混凝土(现浇)	地面	1
铺地砖(缸砖)		0.8	混凝土(现浇)	其余部分	1.5
砂	混凝土工程	1.5	混凝土(预制)	桩基础、梁、柱	1
砾石		2	混凝土(预制)	其余部分	1.5
生石灰		1	钢筋	现、预制混凝土	4
水泥		1	铁件	成品	1
砌筑砂浆	砖砌体	1	钢材		6
混合砂浆	抹墙及墙裙	2	木材	门窗	6
混合砂浆	抹顶棚	3	玻璃	安装	3
石灰砂浆	抹顶棚	1.5	沥青	操作	1

(2) 材料消耗量定额的制定

材料消耗量定额的制定方法有：观察法、实验法、统计法、计算法等。

1) 观察法

观察法是指通过对装饰工程施工工程中，实际完成的建筑装饰工程施工产品数量与所

消耗的材料数量进行现场观察和测定，通过分析整理和计算确定建筑装饰材料消耗量定额和装饰材料损耗消耗量定额的方法。

2）实验法

实验法是指采用实验仪器和实验设备，在实验室或施工现场内，通过对工程材料进行试验测定并通过资料整理计算制定材料消耗量定额的方法。此法适用于测定混合材料（如混凝土、砂浆、沥青膏、油漆涂料等材料）的消耗量定额。

3）统计法

统计法是指通过对各类已完建筑装饰工程施工过程的装饰分部分项工程拨付材料数量，竣工后的装饰材料剩余数量，完成装饰工程产品数量的统计、分析、计算，确定装饰材料消耗量定额的方法。

4）理论计算法

理论计算法是指根据装饰工程施工图，按照设计所确定的装饰工程构件的类型、所采用材料的规格和其他技术资料，通过理论计算来制定材料消耗量标准的方法。

（3）常用装饰材料消耗量定额的确定

确定各种材料的消耗量，先计算净用量，后计算损耗量，最后求得材料消耗量。

1）每立方米墙体材料消耗量计算

$$砖块消耗量 = \frac{墙厚砖数 \times 2}{墙厚 \times (砖长 + 灰缝) \times (砖厚 + 灰缝)} \times (1 + 损耗率) \qquad (1\text{-}16)$$

$$砂浆消耗量(m^3) = (1 - 砖净用量 \times 单块砖体积) \times (1 + 损耗率) \qquad (1\text{-}17)$$

【例 1-11】 确定 120 炉渣砖装饰隔墙每立方米砌体砖和砂浆的消耗量。

【解】 查墙体材料规格表：炉渣砖的规格为：240mm×115mm×53mm

① 计算炉渣砖用量：由已知条件代入式（1-16）

$$砖净用量 = \frac{0.50 \times 2}{0.115 \times (0.24 + 0.01) \times (0.053 + 0.01)} \times (1 + 1.0\%) = 557.63块$$

② 计算砌筑砂浆用量：将已知条件代入式（1-17）

$$砂浆消耗量 = (1 - 552.11 \times 0.24 \times 0.115 \times 0.053) \times (1 + 1.0\%) = 0.1943m^3$$

2）块料面层材料消耗量计算

块料面层一般指瓷砖、锦转、缸砖、预制水磨石块、大理石、花岗石板。块料面层消耗量定额，通常以 100m² 为计量单位。

$$面层块材用量 = \frac{100}{(块料长 + 灰缝)(块料宽 + 灰缝)} \times (1 + 损耗率) \qquad (1\text{-}18)$$

$$灰缝砂浆用量 = (100 - 块料净用量 \times 块料长 \times 块料宽) \times h_{缝} \times (1 + 损耗率) \quad (1\text{-}19)$$

【例 1-12】 釉面砖规格为 150mm×150mm×5mm，其损耗率为 1.5%，试计算 100m² 墙面釉面砖消耗量。

$$釉面砖消耗量 = \frac{100}{(0.15 + 0.001) \times (0.15 + 0.001)} \times (1 + 0.015) = 4452块$$

$$灰缝砂浆消耗量=[100-(4452/1.015)\times0.15\times0.15]\times0.005=1.31\times0.005=0.0066m^3$$

$$结合层砂浆用量=100\times0.005=0.5m^3$$

$$装饰砂浆总用量=0.5+0.0066=0.5066m^3$$

3）普通抹灰砂浆配合比用料量计算

$$砂消耗量(m^3)=\frac{砂比例数}{配合比总比例数-砂比例数\times砂空隙率}\times(1+损耗率) \qquad (1\text{-}20)$$

$$水泥消耗量(kg)=\frac{水泥比例数\times水泥密度}{砂比例数}\times砂用量\times(1+损耗率) \qquad (1\text{-}21)$$

$$石灰膏消耗量(m^3)=\frac{石灰膏比例数}{砂比例数}\times砂用量\times(1+损耗率) \qquad (1\text{-}22)$$

【例 1-13】 计算每立方米配合比为 1：1：3 混合砂浆材料消耗量。

【解】 查有关材料手册和材料损耗率：砂的密度 2650kg/m³，表观密度 1550kg/m³，水泥表观密度 1200kg/m³。砂损耗率 1%，水泥、石灰膏损耗率各为 1%。

根据已知条件求砂的空隙率

$$砂空隙率=\left(1-\frac{砂表观密度}{砂密度}\right)\times100\%=\left(1-\frac{1550}{2650}\right)\times100\%=41\%$$

由已知条件计算砂子、水泥、石灰膏消耗量

$$砂的消耗量=\frac{3}{(1+1+3)-3\times0.41}\times(1+0.02)=0.81m^3$$

$$水泥消耗量=\frac{1\times1200}{3}\times0.81\times(1+0.01)=327kg$$

$$石灰膏消耗量=\frac{1}{3}\times0.81\times(1+0.01)=0.27m^3$$

4）周转性材料消耗量的计算

周转性材料是施工过程中多次使用，属于工具性材料，如模板、挡土板、脚手架料等。制定周转性材料消耗量，应当按照多次使用，分期摊销方法进行计算。

现浇混凝土构件模板用量计算：

（a）周转材料的一次使用量指在不重复使用条件下，周转性材料的一次性用量

$$现浇混凝土模板一次使用量=单位构件模板接触面面积\times$$

$$单位接触面积模板需用量\times(1+损耗率)$$

$$(1\text{-}23)$$

（b）材料周转使用量

材料周转使用量指完成一定计量单位的混凝土结构构件或混凝土装饰构件所需消耗的周转材料的数量，一般按材料周转次数和每次周转应发生的补损量等因素进行计算。其计算公式为：

$$周转使用量=\frac{一次用量+\left[一次使用量\times(周转次数-1)\times补损率\right]}{周转次数}=一次使用量\times k_1$$

$$(1-24)$$

式中 k_1——周转使用系数， $k_1=\dfrac{1+(周转次数-1)\times补损率}{周转次数}$

（c）周转性材料摊销量

周转性材料在重复使用条件下，通常采用摊销的办法进行计算，分摊到每一个计量单位结构构件的材料消耗量。其计算公式为：

$$周转性材料摊销量=一次使用量\times k_2 \qquad (1-25)$$

式中 k_2——摊销系数， $k_2=k_1-\dfrac{(1-补损率)\times回收折价率}{周转次数\times(1+间接费率)}$

其中 k_1、 k_2 值见表1-9。

k_1、 k_2 值表

表 1-9

模板周转次数	每次补损率（%）	k_1	k_2
4	15	0.3625	0.2726
5	10	0.2800	0.2039
5	15	0.3200	0.2481
6	10	0.2500	0.1866
6	15	0.2917	0.2318
8	10	0.2125	0.1649
8	15	0.2563	0.2114
9	15	0.2444	0.2044
10	10	0.1900	0.1519

注：表中系数的回收折价率按50%计算，间接费率按18.2%计算。

【例 1-14】 现浇钢筋混凝土过梁模板摊销量的确定。有关资料如下：

根据选定的现浇钢筋混凝土过梁模板设计图纸，经计算每 $10m^3$ 混凝土模板接触面积 $96m^2$，按照模板规格要求计算每 $10m^2$ 接触面积需木方板材 $0.705m^3$，由统计资料确定其损耗率为5%，周转次数8，每次周转补损率10%。

【解】 ① 一次使用量 $=0.705\times96/10\times(1+0.05)=7.106m^3$

② 模板周转使用量 $=$ 一次使用量 $\times k_1$（查表 $k_1=0.2125$） $=7.106\times0.2125=1.51m^3$

③ 模板摊销量 $=$ 一次使用量 $\times k_2$（查表 $k_2=0.1649$） $=7.106\times0.1649=1.17m^3$

（4）预制构件模板计算

预制构件模板按照其过程消耗状况分析，通常被认为使用过程损耗量很少，则可以不考虑每次周转补损，直接采用平均分摊的办法计算。其计算公式表示为：

$$摊销量=\frac{一次使用量}{周转次数} \qquad (1-26)$$

【例 1-15】 预制钢筋混凝土过梁，根据选定的设计图纸每 $10m^3$ 模板的接触面积为 $88m^2$，每 $10m^2$ 所需木材用量为 $1.074m^3$，模板周转次数为30次，模板损耗率为5%，摊销量计算如下：

【解】 一次使用量 $=88\times0.1074\times1.05=9.924m^3$

$$摊销量=\frac{9.924}{30}=0.331m^3$$

(5) 脚手架料用量计算

工程中脚手架料采用钢管、脚手架板等，其消耗量标准可以根据脚手架料使用期与耐用期之间的比例关系，采用平均分摊的办法计算。其计算公式表示如下：

$$摊销量=一次使用量\times(1-残值率)\times\frac{使用期限}{耐用期限} \tag{1-27}$$

1.3.4 机械台班消耗量标准的确定

(1) 装饰机械台班消耗量定额

装饰机械台班消耗量定额，是指在正常的装饰机械生产条件下，为生产单位合格装饰工程产品所必须消耗机械的工作时间，或者在单位时间内应用施工机械所应完成的合格装饰产品数量。按其表现形式可分成为机械时间消耗量定额和机械产量消耗量定额。其表现形式：

$$机械台班消耗量=\frac{1}{机械台班产量}$$

(2) 装饰机械台班消耗量定额的确定

装饰工程机械台班消耗量定额的确定

1) 拟定机械正常工作条件

拟定机械正常工作条件，包括施工现场的合理组织和合理的工人编制。

施工现场的合理组织，是指对机械的放置位置、机械工作场地与工人的操作场地等做出合理的布置，最大限度地发挥机械的工作性能。

合理的工人编制，通过计时观察、理论计算和经验资料来确定。拟定的工人编制，应保持机械的正常生产率和工人正常的劳动效率。

2) 确定机械纯工作小时（台班）的正常生产率

机械纯工作的时间包括机械的有效工作时间、不可避免的无负荷工作时间和不可避免的中断时间。

机械纯工作小时台班的正常生产率，就是在机械正常工作条件下，由具备必需的知识与技能的技术工人操作机械工作1小时（台班）的生产效率。

工作时间能生产的产品数量以及工作时间的消耗，可以通过多次现场测定并参考机械说明书确定。

3) 确定施工机械的正常利用系数

施工机械的正常利用系数又称机械时间利用系数，是指机械纯工作时间占机械消耗量定额时间的百分数。

施工机械消耗量定额时间包括机械纯工作时间、机械台班准备与结束时间、机械维护时间等，不包括迟到、早退、返工等非消耗量定额时间。

$$施工机械正常利用系数(K_B)=\frac{工作班工作时间}{工作班的延续时间} \tag{1-28}$$

【例 1-16】 某地由某年度各类工程机械施工情况统计，有某种机械台班内工作时间

为 7.2 个小时，则机械正常利用系数

$$K_B = \frac{7.2}{8} = 0.9$$

4）计算装饰机械台班消耗量定额

（a）装饰机械台班产量消耗量定额计算：

装饰机械台班产量定额＝机械纯工作小时正常生产率×台班延续时间×机械正常利用系数

(1-29)

（b）装饰机械时间消耗量定额，根据机械台班产量定额由计算公式表示为

$$机械时间定额 = \frac{1}{机械产量定额}$$

(1-30)

思考题与习题

1. 何谓建筑装饰装修工程定额？它具有哪些性质？

2. 建筑装饰装修定额如何分类？

3. 何谓建筑装饰装修工程消耗量定额？其消耗标准组成如何？

4. 建筑装饰工程消耗量定额的编制依据有哪些？

5. 试说明《全国统一建筑装饰装修工程消耗量定额》的组成形式？

6. 试举例说明《全国统一建筑装饰装修工程消耗量定额》的套用方法。

7. 试举例说明《全国统一建筑装饰装修工程消耗量定额》的基本换算方法。

8. 试用理论计算法计算 $100m^2$ 地面块料面层所需规格为 800mm×800mm×10mm 的地板砖净用量（灰缝为 1mm）。

9. 沿用例 1-3，若设计采用 1：2 水泥白石子浆，面层厚度为 15mm。试根据本地区的装饰材料价格，计算该工程墙面水刷石的分项单价和直接工程费。

课题 2 建筑装饰工程工程量计算

2.1 工程量计算概述

2.1.1 工程量的概念与意义

（1）工程量的概念

工程量是指以自然计量单位或物理计量单位所表示各建筑装饰分项工程或装饰构、配件的实物数量。

物理计量单位是指物体的物理法定计量单位。如建筑装饰工程中，墙面贴壁纸以"m^2"为计量单位，楼梯栏杆扶手以"m"为计量单位等，自然计量单位是以物体自身的组合单位。如装饰灯具安装以"套"为计量单位，装饰卫生器具安装以"组"为计量单位等。

（2）工程量计算的意义

正确计算建筑装饰工程工程量，是编制建筑装饰工程预算的一个重要环节。其主要意义在于：

1）建筑装饰工程工程量计算的准确与否，直接影响着建筑装饰工程的预算造价，从而影响着整个建筑工程的预算造价。

2）建筑装饰工程工程量是建筑装饰施工企业编制施工作业计划，合理安排施工进度，组织劳动力、材料和机械的重要依据。

3）建筑装饰工程工程量是基本建设财务管理和会计核算的重要指标。

2.1.2　工程量计算的一般方法

（1）工程量计算的一般方法

为便于装饰工程工程量的计算和审核，防止重算和漏算，进行工程量计算时必须按照一定的顺序和方法来进行。

1）分部工程（章）工程量计算的顺序，有：

（a）消耗量定额顺序法。即完全按照装饰工程预算消耗量定额各分部分项工程的编排顺序进行工程量的计算。

此法主要优点是：能依据消耗量定额项目划分的顺序逐项计算，通过工程项目与消耗量定额项目间的对照，能清楚地反映出已算和未算项目，防止漏项，并有利于工程量的整理与报价。

（b）施工顺序法。即根据各装饰工程项目的施工工艺特点，按其施工的先后顺序，同时考虑到计算的方便，由基层到面层或从下至上逐层计算。

此法主要优点是：它打破了消耗量定额分章分节的界限，比较直观地反映出施工分项项目之间的内在关系，计算工作比较流畅，但对使用者的专业技能要求较高。

（c）统筹原理计算法。即通过对预算消耗量定额的项目划分和工程量计算规则进行分析，找出各分项项目之间的内在联系，运用统筹法原理，合理安排计算顺序，从而达到以点带面、简化计算、节省时间的目的。此法通过统筹安排，使各分项项目的计算结果互相关联，并将后面要重复使用的基数先计算出来，避免了计算时的"卡壳"现象。比如，为了便于计算墙面装饰工程量时扣除门窗洞口面积，可以先计算门窗工程量；顶棚面工程量的计算时则可以楼、地面工程量为基础进行等等。

实际工作中，往往综合应用上述三种方法。装饰工程中各分部工程量计算顺序可参考：门窗工程→楼地面工程→顶棚工程→墙柱面工程→油漆、涂料、裱糊工程→其他工程。

2）同一分部不同分项子目之间的计算顺序，一般按消耗量定额编排顺序或按施工顺序计算。

3）同一分项工程分布在不同部位时的计算顺序，有：

（a）按顺时针方向计算。即从施工平面图左上角开始，由左而右、先外后内顺时针环绕一周，再回到起点，这一方法适用于计算外墙面、楼地面、顶棚等项目。如图 1-1 所示。

（b）按先横后竖、先上后下、先左后右的顺序计算。这种方法适用于计算内墙面等项目。见图 1-2。

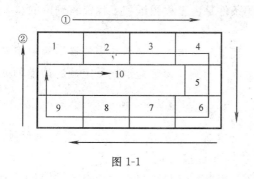
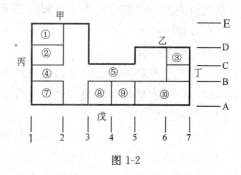

图 1-1   图 1-2

（c）按图纸上注明的轴线或构件的编号依次计算。这种方法适用于计算门窗、墙面、油漆等项目。如铝合金门制作安装其编号 M_1、M_2……M_n 依次计算，独立柱面装修按其编号 Z_1、Z_2……Z_n 依次计算等等。见图 1-3。

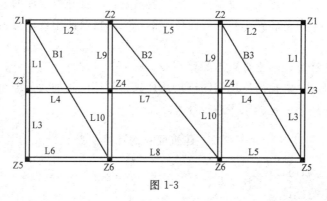

图 1-3

总之，合理的工程量计算顺序不仅能防止错算、重算或漏算，还能加快计算速度。预算人员应在实践中不断探索，总结经验，形成适合自己特点的工程量计算顺序，以达到事半功倍的效果。

（2）工程量计算的基本步骤

建筑装饰工程量计算是指根据建筑装饰工程施工图纸和有关工程资料，按照建筑装饰工程消耗量定额中的工程量计算规则，逐项计算分部分项装饰工程的数量的过程。实际工作中就是填写工程量计算表的过程。工程量计算表的格式填写步骤如下：

1）填写工程项目名称。为了便于正确套用消耗量定额或换算基价，此栏除了应填写装饰分项工程的名称外，还应注明该分项工程的主要做法及所用装饰材料的品种、规格等内容。

2）填写计量单位。按相应项目消耗量定额的计量单位填写。

3）填写计算式。为便于计算和复核，对算式中某些数据的来源或计算方法可加括号简要说明，并尽可能列出多步工程量计算式。

4）计算结果，填写工程分部分项实物数量。

2.1.3 工程量计算中应注意的问题

（1）全面熟悉工程资料

工程量计算时，根据工程施工图和有关工程资料列出的工程分项必须确切反映工程实际，其分项名称、工程做法应尽可能与选定的消耗量定额的分项子目相一致，建筑装饰工程分项项目的工作内容与做法特征和施工现场的条件是由工程图纸和工程资料确定的。

（2）计量单位要一致

按施工图纸计算工程量时，各分项工程的工程量计量单位，必须与消耗量定额中相应项目的计算单位一致，不能凭个人主观臆断随意改变。例如窗帘盒消耗量定额的计量单位是延长米，则工程量也应按规则计算其长度。

（3）严格执行工程计量规则

在计算装饰工程量时，必须严格执行现行《全国统一建筑装饰装修工程消耗量定额》所规定的工程量计算规则。例如楼、地面块料装饰面层按实铺面积计算，不扣除 $0.1m^2$ 以内的孔洞所占面积；拼花部分按实贴面积计算。因此在划分项目时一定要熟悉消耗量定额中该项目所包括的工程内容。

（4）计算精确度统一

在计算工程量时，计算底稿要整洁，数字要清楚，项目部位要注明，计算精确度要一致。工程量的数据一般精确到小数点后两位，钢材、木材及使用贵重材料的项目可精确到小数点后三位。

（5）必须准确计算，不重算、不漏算

在计算工程量时，必须严格按照图示尺寸计算，不得任意加大或缩小。另外，为了避免重算和漏算，应按照一定的顺序进行计算。

2.2 建筑面积的计算

2.2.1 建筑面积的概述

（1）建筑面积的概论

建筑面积是表示建筑物平面特征的几何参数，是指建筑物各层水平平面面积之和，包括使用面积、交通面积和结构面积。单位通常用"m^2"。

（2）建筑面积在工程计价中的作用

建筑面积在建筑装饰工程预算中的作用，主要有以下几个方面：

1）建筑面积是计算建筑装饰工程以及有关分部分项工程量的依据。如脚手架和楼地面的工程量的大小均与建筑面积有关。

2）建筑面积是反映国家或地方国民经济发展的重要指标，也是编制、控制与调整基本建设投资的重要指标。

3）建筑面积是编制、控制与调整工程施工进度计划和竣工验收的重要指标。

4）建筑面积是确定建筑装饰工程技术经济指标的重要依据。

（3）建筑面积计算规范的有关说明

1）建筑工程建筑面积计算规范颁布与实施

《建筑工程建筑面积计算规范》GB/T 50353—2005，是中华人民共和国国家标准，由中华人民共和国建设部组织制订，并于 2005 年 4 月颁布，2005 年 7 月 1 日实施。

2）《建筑工程建筑面积计算规范》制订依据

根据建设部《关于印发〈2004 年工程建设国家标准制订、修订计划〉的通知》（建标〔2004〕67 号）的要求，本规范是在 1995 年建设部发布的《全国统一建筑工程预算工程量计算规则》的基础上修订而成的。为满足工程造价计价工作的需要，本规范在修订过程中充分反映出新的建筑结构和新技术等对建筑面积计算的影响，考虑了建筑面积计算的习惯和国际上通用的做法，同时与《住宅设计规范》和《房产测量规范》的有关内容做了协调。本规范反复征求了有关地方及部门专家和工程技术人员的意见，先后召开多次讨论会，并经过专家审查定稿。

3）建筑工程建筑面积计算规范的主要内容

建筑工程建筑面积计算规范主要内容有：总则、术语、计算建筑面积的规定以及条文说明。条文说明是为便于准确理解和应用《建筑工程建筑面积计算规范》、而对建筑面积计算规范的有关条文进行的说明。

4）本规范由建设部负责管理，建设部标准定额研究所负责具体技术内容的解释。

2.2.2 建筑面积计算规范的总则

（1）制定《建筑工程建筑面积计算规范》的目的

制定《建筑工程建筑面积计算规范》目的：为规范工业与民用建筑工程的面积计算，统一计算方法。

我国的《建筑面积计算规则》是在 20 世纪 70 年代依据前苏联的做法结合我国的情况制订的。1982 年国家经委基本建设办公室印发的（82）经基设字 58 号《建筑面积计算规则》是对 20 世纪 70 年代制订的《建筑面积计算规则》的修订。1995 年建设部发布《全国统一建筑工程预算工程量计算规则》，其中含"建筑面积计算规则"（以下简称"原面积计算规则"），是对 1982 年的《建筑面积计算规则》的修订。

《建筑面积计算规则》在建筑工程造价管理方面一直起着非常重要的作用，它是建筑房屋计算工程量的主要指标，是计算单位工程每平方米预算造价的主要依据，是统计部门汇总发布房屋建筑面积完成情况的基础。

（2）《建筑工程建筑面积计算规范》的适用范围

《建筑工程建筑面积计算规范》适用于新建、扩建、改建的工业与民用建筑工程的面积计算。其适用范围包括：工业厂房、仓库、公共建筑、居住建筑，农业生产使用的房屋、粮种仓库、地铁车站等的建筑面积的计算。

（3）建筑面积计算应遵循科学、合理的原则

随着我国建筑市场的发展，建筑的新结构、新材料、新技术、新的施工方法层出不穷，为了解决建筑技术的发展产生的面积计算问题，使建筑面积的计算更加科学合理，完善和统一建筑面积的计算范围和计算方法，使其在建筑市场中发挥更大的作用，因此，对原《建筑面积计算规则》予以修订。考虑到《建筑面积计算规则》的重要作用，将修订后的《建筑面积计算规则》更名为《建筑工程建筑面积计算规范》。

（4）建筑面积计算除应遵循本规范，尚应符合国家现行的有关标准规范的规定

目前，建设部和国家质量技术监督局颁发的《房产测量规范》的房产面积计算，以及《住宅设计规范》中有关面积的计算，均依据的是《建筑面积计算规则》，因此，建筑面积计算除应遵循《建筑工程建筑面积计算规范》外，还应符合国家现行的有关标准规范的规定。

2.2.3 计算建筑面积的规定

（1）计算建筑面积的项目

1）单层建筑物，其建筑面积按建筑物外墙勒脚以上的结构外围水平面积计算，如图1-4、图1-5所示。并应符合下列规定：

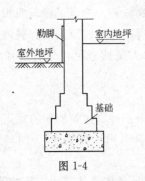
图 1-4

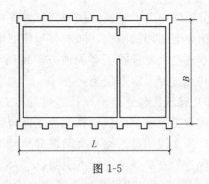
图 1-5

（a）单层建筑物高度在 2.20m 及以上者应计算全面积；高度不足 2.20m 者应计算1/2面积。

（b）利用坡屋顶内空间时净高超过 2.10m 的部位应计算全面积；净高在 1.20m 至 2.10m 的部位应计算 1/2 面积；净高不足 1.20m 的部位不应计算面积。

2）单层建筑物内设有局部楼层者，局部楼层的二层及以上楼层，有围护结构的应按其围护结构外围水平面积计算，无围护结构的应按其结构底板水平面积计算。层高在 2.20m 及以上者应计算全面积；层高不足 2.20m 者应计算 1/2 面积。见图 1-5～图 1-7。

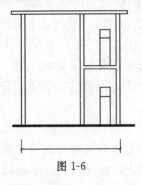
图 1-6

图 1-7

3）多层建筑物首层应按其外墙勒脚以上结构外围水平面积计算；二层及以上楼层应按其外墙结构外围水平面积计算。层高在 2.20m 及以上者应计算全面积；层高不足 2.20m 者应计算 1/2 面积。如图 1-7。

4）多层建筑坡屋顶内和场馆看台下，当设计加以利用时净高超过 2.10m 的部位应计算全面积；净高在 1.20m 至 2.10m 的部位应计算 1/2 面积；当设计不利用或室内净高不足 1.20m 时不应计算面积。见图 1-8、图 1-9。

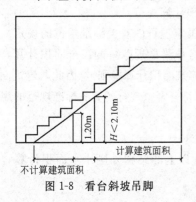
图 1-8　看台斜坡吊脚

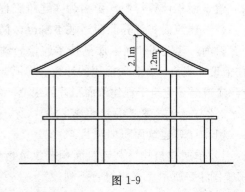
图 1-9

5）地下室、半地下室（车间、商店、车站、车库、仓库等），包括相应的有永久性顶盖的出入口，应按其外墙上口（不包括采光井、外墙防潮层及其保护墙）外边线所围水平面积计算。层高在2.20m及以上者应计算全面积；层高不足2.20m者应计算1/2面积。见图1-10。

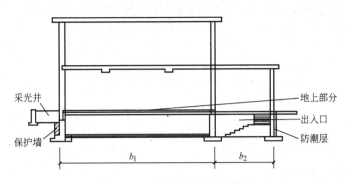

图1-10 地下室建筑物示意图

6）坡地的建筑物吊脚架空层、深基础架空层，设计加以利用并有围护结构的，层高在2.20m及以上的部位应计算全面积；层高不足2.20m的部位应计算1/2面积。设计加以利用、无围护结构的建筑吊脚架空层，应按其利用部位水平面积的1/2计算；设计不利用的深基础架空层、坡地吊脚架空层、多层建筑坡屋顶内、场馆看台下的空间不应计算面积。见图1-11、图1-12。

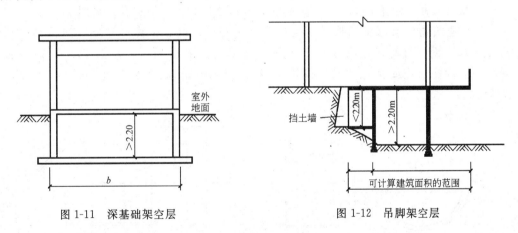

图1-11 深基础架空层　　　　　图1-12 吊脚架空层

7）建筑物的门厅、大厅按一层计算建筑面积。门厅、大厅内设有回廊时，应按其结构底板水平面积计算。层高在2.20m及以上者应计算全面积；层高不足2.20m者应计算1/2面积。见图1-13。

8）建筑物间有围护结构的架空走廊，应按其围护结构外围水平面积计算。层高在2.20m及以上者应计算全面积；层高不足2.20m者应计算1/2面积。有永久性顶盖无围护结构的应按其结构底板水平面积的1/2计算。见图1-14。

9）立体书库、立体仓库、立体车库，无结构层的应按一层计算，有结构层的应按其结构层面积分别计算。层高在2.20m及以上者应计算全面积；层高不足2.20m者应计算1/2面积。见图1-15。

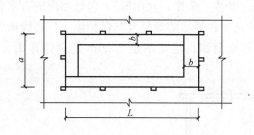
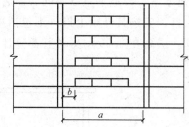

图 1-13　门厅、大厅内回廊

图 1-14　有顶盖架空走廊

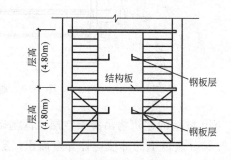

图 1-15　书架、仓库结构层

　　10) 有围护结构的舞台灯光控制室，应按其围护结构外围水平面积计算。层高在 2.20m 及以上者应计算全面积；层高不足 2.20m 者应计算 1/2 面积。见图 1-16。

　　11) 建筑物外有围护结构的落地橱窗、门斗、挑廊、走廊、檐廊，应按其围护结构外围水平面积计算。层高在 2.20m 及以上者应计算全面积；层高不足 2.20m 者应计算 1/2 面积。有永久性顶盖无围护结构的应按其结构底板水平面积的 1/2 计算。见图 1-17。

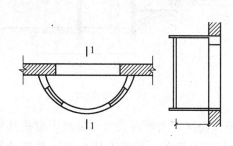

图 1-16　舞台灯光控制室

图 1-17　挑廊、有柱有盖走廊、檐廊

　　12) 有永久性顶盖无围护结构的场馆看台应按其顶盖水平投影面积的 1/2 计算。

　　13) 建筑物顶部有围护结构的楼梯间、水箱间、电梯机房等，层高在 2.20m 及以上者应计算全面积；层高不足 2.20m 者应计算 1/2 面积。见图 1-18。

　　14) 设有围护结构不垂直于水平面而超出底板外沿的建筑物，应按其底板面的外围水平面积计算。层高在 2.20m 及以上者应计算全面积；层高不足 2.20m 者应计算 1/2 面积。见图 1-19。

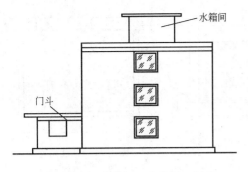

图 1-18　屋顶梯间、水箱间、门斗

图 1-19　眺望间

15）建筑物内的室内楼梯间、电梯井、观光电梯井、提物井、管道井、通风排气竖井、垃圾道、附墙烟囱应按建筑物的自然层计算。见图 1-20、图 1-21。

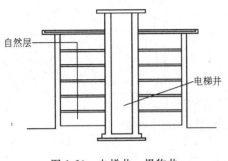

图 1-20　电梯井、提物井

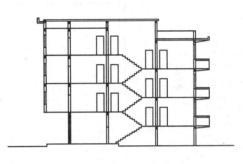

图 1-21　楼梯

室内楼梯间的面积计算，应按楼梯依附的建筑物的自然层数计算并在建筑物面积内。遇跃层建筑，其共用的室内楼梯应按自然层计算面积；上下两错层户室共用的室内楼梯，应选上一层的自然层计算面积。见图 1-21。

16）雨篷结构的外边线至外墙结构外边线的宽度超过 2.10m 者，应按雨篷结构板的水平投影面积的 1/2 计算，有柱雨篷和无柱雨篷计算应一致。见图 1-24。

17）有永久性顶盖的室外楼梯，应按建筑物自然层的水平投影面积的 1/2 计算。见图 1-22。

18）建筑物的阳台（不论是凹阳台、挑阳台、封闭阳台、不封闭阳台）均应按其水平投影面积的 1/2 计算。见图 1-19、图 1-23。

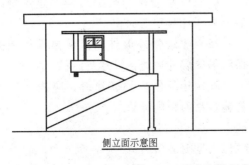

侧立面示意图　　　　正立面示意图

图 1-22　有永久性顶盖室外楼梯

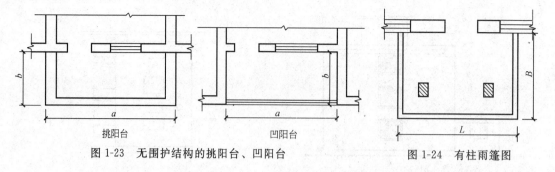

挑阳台	凹阳台

图 1-23　无围护结构的挑阳台、凹阳台

图 1-24　有柱雨篷图

19）有永久性顶盖无围护结构的车棚、货棚、站台、加油站、收费站等，应按其顶盖水平投影面积的 1/2 计算。见图 1-25（a）、（b）。

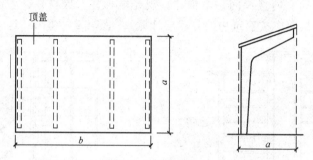

图 1-25（a）　单排柱的车棚、货棚、站台示意图

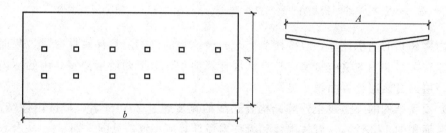

图 1-25（b）　有柱车棚、货棚、站台示意图

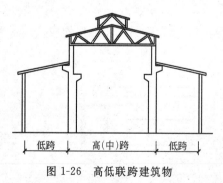

图 1-26　高低联跨建筑物

20）高低联跨的建筑物，应以高跨结构外边线为界分别计算建筑面积；其高低跨内部连通时，其变形缝应计算在低跨面积内。见图 1-26。

21）以幕墙作为围护结构的建筑物，应按幕墙外边线计算建筑面积。

22）建筑物外墙外侧有保温隔热层的，应按保温隔热层外边线计算建筑面积。

23）建筑物内的变形缝，应按其自然层合并在建筑物面积内计算。

（2）不应计算建筑面积的项目

1）建筑物通道（骑楼、过街楼的底层），见图 1-27。

2）建筑物内的设备管道夹层，见图 1-28。

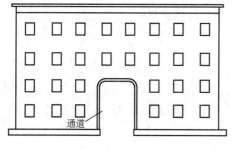

图 1-27　建筑物通道

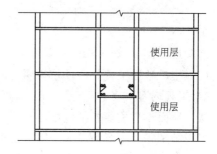

图 1-28　设备、管道夹层示意

3）建筑物内分隔的单层房间舞台及后台悬挂幕布布景的天桥、挑台等。

4）屋顶水箱、花架、凉棚、露台、露天游泳池。

5）建筑物内的操作平台、上料平台、安装箱和罐体的平台，见图1-29、图1-30。

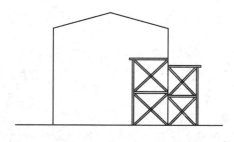

图 1-29　操作平台

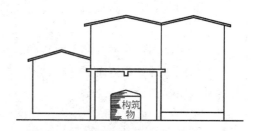

图 1-30　构筑物

6）勒脚、附墙柱、垛、台阶、墙面抹灰、装饰面、镶贴块料面层、装饰性幕墙、空调室外机搁板（箱）、飘窗、构件、配件、宽度在2.10m及以内的雨篷以及与建筑物内不相连通的装饰性阳台、挑廊，见图1-31。

7）无永久性顶盖的架空走廊、室外楼梯和用于检修、消防等的室外钢楼梯、爬梯，见图1-32。

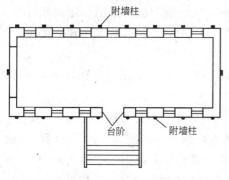

图 1-31　附墙柱、垛、台阶示意图

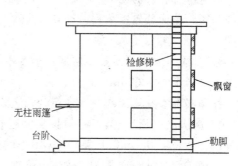

图 1-32　室外检修爬梯

8）自动扶梯、自动人行道。

9）独立烟囱、烟道、地沟、油（水）罐、气柜、水塔、贮油（水）池、贮仓、栈桥、地下人防通道、地铁隧道。

2.3 建筑装饰分部分项工程量计算

2.3.1 楼、地面工程量计算

(1) 楼、地面工程定额计量说明

1) 工程内容

楼、地面工程主要包括地面、楼面、楼梯、台阶、零星项目等面层装饰及扶手、栏杆、栏板等工程。本章消耗量定额未列项目（如找平层、垫层、木地板填充材料等），则按照《全国统一建筑工程基础消耗量定额》相应项目执行。

2) 消耗量定额的有关规定

（a）同一铺贴面上有不同种类、材质的材料，应分别按楼地面工程相应子目执行。

（b）整体面层除水泥砂浆楼梯包括抹水泥砂浆踢脚线外，其他整体面层、块料面层均不包括踢脚线（板）工料。

（c）踢脚线（板）高度按30cm以内综合，超过30cm者，按墙裙相应消耗量定额执行。

（d）楼、地面嵌金属分隔条及楼梯、台阶做防滑条时，按相应消耗量定额分项计算。

（e）现浇水磨石整体面层、材料面层均不包括酸洗打蜡，如设计要求酸洗打蜡者，按相应消耗量定额执行。

（f）大理石、花岗石楼、地面拼花按成品考虑。

（g）消耗量定额中扶手、栏杆、栏板适用于楼梯、走廊、回廊及其他装饰性栏杆、栏板。

（h）零星项目面层适用于楼梯、台阶的侧面、牵边，小便池、蹲位、池槽以及面积在1m² 以内且消耗量定额未列项目的工程。

(2) 楼、地面工程工程量计算规则

1) 楼、地面装饰面层，其工程量按饰（贴）面净面积以"m²"计算，不扣除0.1m²以内孔洞所占面积；拼花部分按实贴面积计算。

计算实例参见本课题2.5建筑装饰工程实例"装饰工程量计算表"序号2、3。

2) 楼梯面层，其工程量按楼梯（包括楼梯踏步板、歇台板）水平投影面积计算，按楼梯与楼、地面分界以最后一个踏步板外沿为界，不扣除宽度小于50mm的楼梯井所占面积。

3) 台阶，其工程量按台阶实铺的水平投影面积以"m²"计算，台阶与楼地面分界以最上一级踏步外沿300mm计算。

计算实例参见本课题2.5建筑装饰工程实例"装饰工程量计算表"序号1。

4) 踢脚线（板），其工程量按实贴踢脚线（板）长度乘高度以"m²"计算。成品踢脚线按实贴长度以"m"计算，楼梯踢脚线按相应定额乘以系数1.15。

计算实例参见本课题2.5建筑装饰工程实例"装饰工程量计算表"序号4。

5) 点缀，其工程量按设计图示数量以"个"计算。计算主体铺贴地面面积时，不扣除点缀所占面积。

6) 零星项目，其工程量按实铺面积以"m²"计算。

7) 栏杆、栏板、扶手，其工程量均按其中心线长度以"m"计算，计算扶手时不扣除弯头所占的长度。

8）弯头，其工程量按设计图示数量以"个"计算。

9）石材底面刷养护液，其工程量按其底面面积加四个侧面面积，以"m²"计算。

2.3.2 墙、柱面工程量计算

（1）墙、柱面工程计量说明

1）工程内容

墙柱面工程内容包括装饰抹灰、镶贴块料、饰面及幕墙等，其操作方法均为手工操作。本章未列项目（如一般抹灰工程等）均按《全国统一建筑工程基础消耗量定额》相应项目执行。

2）消耗量定额的有关规定

（a）本章消耗量定额凡注明砂浆种类、配合比、饰面材料及型材的型号规格与设计不同时，可按设计规定调整，但人工、机械消耗量不变。

（b）抹灰砂浆厚度，如设计与消耗量定额取定不同时，除消耗量定额有注明厚度的项目（见表 1-10）可以换算外，其他一律不作调整。抹灰厚度，按不同的砂浆分别列在消耗量定额项目中，同类砂浆列总厚度，不同砂浆分别列出厚度，如消耗量定额项目中 12＋12mm 即表示两种不同砂浆的各自厚度。

装饰抹灰消耗量定额厚度取定表 表 1-10

消耗量定额编号	项　目	砂　　浆	厚度（mm）
2-001	水刷豆石	水泥砂浆 1:3	12
		水泥豆石浆 1:1.25	12
2-002		水泥砂浆 1:3	18
		水泥豆石浆 1:1.25	12
2-005	水刷白石子	水泥砂浆 1:3	12
		水泥白石子浆 1:1.5	10
2-006		水泥砂浆 1:3	20
		水泥白石子浆 1:1.5	10
2-009	水刷玻璃渣	水泥砂浆 1:3	12
		水刷玻璃渣浆 1:1.25	12
2-010		水泥砂浆 1:3	18
		水刷玻璃渣浆 1:1.25	12
2-013	干粘白石子	砖、混凝土墙面 水泥砂浆 1:3	18
2-014		毛石墙面 水泥砂浆 1:3	30
2-017	干粘玻璃渣	砖、混凝土墙面 水泥砂浆 1:3	18
2-018		毛石墙面 水泥砂浆 1:3	30
2-021	斩假石	水泥砂浆 1:3	12
		水泥白石子浆 1:1.5	10
2-022		水泥砂浆 1:3	18
		水泥白石子浆 1:1.5	10

消耗量定额编号	项 目		砂 浆	厚度(mm)
2-025	墙、柱面拉条	砖墙面	混合砂浆 1:0.5:2	14
			混合砂浆 1:0.5:1	10
2-026		混凝土墙面	水泥砂浆 1:3	14
			混合砂浆 1:0.5:1	10
2-027	墙、柱面甩毛	砖墙面	混合砂浆 1:1:6	12
			混合砂浆 1:1:4	6
2-028		混凝土墙面	水泥砂浆 1:3	10
			水泥砂浆 1:2.5	6

（c）圆弧形、锯齿形等不规则墙面抹灰、镶贴块料按相应项目人工乘以系数 1.15，材料乘以系数 1.05。

（d）外墙贴面砖灰缝宽分 5mm 以内、10mm 以内和 20mm 以内列项，其人工、材料已综合考虑。如灰缝不同或灰缝超过 20mm 以上者，其块料及灰缝材料（水泥砂浆 1:1）用量允许调整，其他不变。

（e）镶贴块料和装饰抹灰的"零星项目"适用于挑檐、天沟、腰线、窗台线、门窗套、压顶、扶手、雨篷周边等。

（f）木龙骨基层是按双向计算的，如设计为单向时，其材料、人工用量乘以系数 0.55。

（g）消耗量定额木材种类除注明者外，均以一、二类木种为准，如采用三、四类木种时，人工及机械乘以系数 1.3。木种分类规定如下：

第一、二类：红松、水桐木、樟树松、白松、（云杉、冷杉）、杉木、杨木、柳木、椴木。

第三、四类：青松、黄花松、秋子木、马尾松、东北榆木、柏木、苦楝木、梓木、黄菠萝、椿木、楠木、柚木、樟木、栎木（柞木）、檀木、色木、槐木、荔木、麻栗木（麻栎、青刚）、桦木、荷木、水曲柳、华北榆木、榉木、橡木、枫木、核桃木、樱桃木。

（h）面层、隔墙（间壁）、隔断（护壁）消耗量定额内，除标明者外均未包括压条、收边、装饰线（板），如设计要求时，应按本消耗量定额"其他工程"相应子目执行。

（i）面层、木基层均未包括刷防火涂料，如设计要求时，应按本消耗量定额"油漆、涂料、裱糊工程"相应子目执行。

（j）玻璃幕墙设计有平开、推拉窗者，仍执行幕墙消耗量定额，窗型材、窗五金相应增加，其他不变。

（k）玻璃幕墙中的玻璃按成品玻璃考虑，幕墙中的避雷装置、防火隔离层消耗量定额已综合，但幕墙的封边、封顶的费用另行计算。

（l）一般抹灰工程"零星项目"，适用于各种壁柜、碗柜、过人洞、暖气壁龛、池槽、花台以及 1m² 以内的其他各种零星抹灰。抹灰工程的"装饰线条"适用于门窗套、挑檐、腰线、压顶、遮阳板、楼梯边梁、宣传栏边框等凸出墙面或抹灰面展开宽度在 300mm 以内的竖、横线条抹灰。超过 300mm 的线条抹灰按"零星项目"执行。

（2）墙、柱面工程工程量计算规则

1）内墙面抹灰

内墙面、墙裙抹灰面积，应扣除门窗洞口和 $0.3m^2$ 以上的空圈所占的面积，且门窗洞口、空圈、孔洞的侧壁面积亦不增加，不扣除踢脚线、挂镜线及 $0.3m^2$ 以内的孔洞和墙与构件交接处的面积。附墙柱的侧面抹灰应并入墙面、墙裙抹灰工程量内计算。墙面、墙裙的长度以主墙间的图示净长计算，墙面高度按室内地坪至顶棚底面净高计算，墙裙抹灰高度按室内地坪以上的图示高度计算。墙面抹灰面积应扣除墙裙抹灰面积。

（a）钉板顶棚（不包括灰板条顶棚）下的内墙抹灰，其高度按室内地面或楼面至顶棚底面另加 100mm 计算。

（b）砖墙中的钢筋混凝土梁、柱侧面抹灰，按砖墙面抹灰消耗量定额计算。

2）外墙面抹灰

（a）外墙面抹灰面积，按外墙面的垂直投影面积以"m^2"计算，应扣除门窗洞口、外墙裙和孔洞所占的面积，不扣除 $0.3m^2$ 以内的孔洞所占的面积，门窗洞口及孔洞侧壁面积亦不增加。附墙柱侧面抹灰面积，应并入外墙面抹灰工程量内。

（b）外墙裙抹灰，其工程量按展开面积计算，扣除门窗洞口和孔洞所占的面积，但门窗洞口及孔洞侧壁面积也不增加。

（c）一般抹灰工程装饰线条，其工程量按设计图示长度以"m"计算。门窗套、挑檐、遮阳板等展开宽度在 300mm 以内者，不论多宽均不调整。展开宽度超过 300mm 者，按图示尺寸展开面积以"m^2"计算，执行"零星项目"消耗量定额。

3）栏板、栏杆（包括立柱、扶手或压顶等）抹灰按立面垂直投影面积乘以系数 2.2 以"m^2"计算。

4）墙面勾缝，其工程量按垂直投影面积以"m^2"计算，应扣除墙裙和墙面抹灰的面积，不扣除门窗洞口、门窗套、腰线等零星抹灰所占的面积，附墙柱和门窗洞口侧面的勾缝面积亦不增加。独立柱、房上烟囱勾缝，按图示尺寸以"m^2"计算。

5）女儿墙（包括泛水、挑砖）内侧抹灰按垂直投影面积乘以系数 1.10，带压顶者乘以系数 1.30 按墙面消耗量定额执行。

6）墙面墙裙贴块料面层，其工程量按实贴面积计算，墙面墙裙饰面按墙的净长乘净高以"m^2"计算，扣除门窗洞口及 $0.3m^2$ 以上的孔洞所占面积。墙面贴块料、饰面高度在 300mm 以内者，按踢脚板消耗量定额执行。

计算实例参见本课题 2.5 建筑装饰工程实例"装饰工程量计算表"序号 6。

7）独立柱

（a）柱面抹灰，其工程量按设计图示尺寸结构断面周长乘高度以"m^2"计算。

（b）柱面镶贴块料及其他饰面装饰工程，其工程量按装饰构造设计图示尺寸外围饰面周长乘以柱的高度以"m^2"计算。

计算实例参见本课题 2.5 建筑装饰工程实例"装饰工程量计算表"序号 24。

（c）消耗量定额中除已列有柱帽、柱墩的项目外，其他项目的柱帽、柱墩工程量并入相应柱面积内，每个柱帽或柱墩另增人工：抹灰 0.25 工日，块料 0.38 工日，饰面 0.5 工日。

8）干挂石板型钢或不锈钢骨架，其工程量按设计图示长度乘以理论重量计算。

9）零星项目抹灰及镶贴块料，其工程量按设计图示尺寸以展开面积"m²"计算。

10）挂贴大理石、花岗石其他零星项目，花岗石、大理石按成品考虑，花岗石、大理石柱墩、柱帽按设计图示最大外径周长以"m"计算。

11）隔断，其工程量按设计图示尺寸以隔断墙的净长乘净高以"m²"计算，扣除门窗洞口及 0.3m² 以上的孔洞所占面积。

计算实例参见本课题 2.5 建筑装饰工程实例"装饰工程量计算表"序号 9～12。

12）全玻璃隔断不锈钢边框，其工程量可按边框的展开面积以"m²"计算。

13）玻璃幕墙，其工程量按设计图示尺寸框外围面积以"m²"计算。

计算实例参见本课题 2.5 建筑装饰工程实例"装饰工程量计算表"序号 31。

2.3.3 顶棚工程

(1) 顶棚工程定额说明

1) 工程内容

顶棚工程内容包括吊顶顶棚的龙骨、基层、面层及其他内容的装饰，按其造型的不同划分为平面顶棚、叠级顶棚及艺术造型顶棚。龙骨区别不同材质分为木龙骨、轻钢龙骨和铝合金龙骨，面层区别不同饰面材料而分别列项。本章未列项目（如顶棚抹灰等）按《全国统一建筑工程基础消耗量定额》相应项目执行。

2) 消耗量定额的有关规定

(a) 本消耗量定额除部分项目为龙骨、基层、面层合并列项外，其余均为顶棚龙骨、基层、面层分别列项编制的。

(b) 本消耗量定额龙骨的种类、间距、规格和基层的型号、规则是按常用材料和常用做法考虑的。如设计要求不同时，材料可以调整，但人工、机械不变。

(c) 轻钢龙骨、铝合金龙骨消耗量定额中为双层结构（即中、小龙骨紧贴大龙骨底面吊挂），如为单层结构时（大、中龙骨底面在同一水平上），人工乘以系数 0.85。叠级顶棚由双层结构改为单层结构时，轻钢龙骨人工乘以系数 0.87，铝合金龙骨人工乘以系数 0.84。

(d) 顶棚面层在同一标高者为平面顶棚，顶棚面层不在同一标高者为叠级顶棚（叠级顶棚，其面层人工乘以系数 1.10）。

(e) 本消耗量定额中平面顶棚和叠级顶棚，不包括灯光槽的制作安装，灯光槽制安应按本章相应子目执行。艺术造型顶棚项目中包括灯光槽的制安。

(f) 叠级顶棚与艺术造型顶棚的区分：叠级顶棚指形状比较简单，不带灯槽、一个空间内有一个"凸"或"凹"形状的顶棚；艺术造型顶棚是指面层为锯齿形、阶梯形、吊挂式、藻井式等构造形式的顶棚。

(g) 木龙骨、基层、面层的防火处理，应按本消耗量定额"油漆、涂料、裱糊工程"的相应子目执行。

(h) 顶棚检查孔、检修走道的工料已包括在消耗量定额项目内，不另计算。

(i) 本章项目中未包括灯具、电器设备等安装所需的吊挂件。

(j) 顶棚抹灰厚度，消耗量定额是按表 1-11 取定的，如设计与消耗量定额规定不同时除消耗量定额项目有注明可以换算外，其他一律不作调整。

(2) 顶棚工程工程量计算规则

顶棚抹灰厚度（单位：mm）   表 1-11

项　目		基　层		中　层		面　层	
		砂浆配合比	厚度	砂浆配合比	厚度	砂浆配合比	厚度
石灰砂浆二遍	钢板网	混合砂浆 1:2:1	7	—	—	纸筋灰浆	2
	板条	石灰麻刀砂浆	8	—	—	纸筋灰浆	2
石灰砂浆三遍	现浇混凝土	混合砂浆 1:0.5:1	6	混合砂浆 1:3:9	6	纸筋灰浆	2
	预制混凝土	混合砂浆 1:0.5:1	8	混合砂浆 1:3:9	7	纸筋灰浆	2
	钢板网	混合砂浆 1:2:1	7	混合砂浆 1:3:9	7	纸筋灰浆	2
	板条	石灰麻刀砂浆	3	石灰砂浆 1:2.5	6	纸筋灰浆	2
石灰砂浆四遍	钢板网	混合砂浆 1:2:1	9	混合砂浆 1:0.5:4	9	纸筋灰浆	2
	板条	石灰麻刀砂浆	6	石灰砂浆 1:2.5	7	纸筋灰浆	2
石灰砂浆装饰线	三道	石灰麻刀砂浆 1:3	13	—	—	纸筋灰浆	2
	五道	石灰麻刀砂浆 1:3	18	—	—	纸筋灰浆	2
水泥砂浆	现浇混凝土	水泥砂浆 1:3	7	—	—	水泥砂浆 1:2.5	7
	预制混凝土	水泥砂浆 1:3	9	—	—	水泥砂浆 1:2.5	8
石灰砂浆拉毛	现浇混凝土	混合砂浆 1:3:9	8	—	—	纸筋灰浆	5
	预制混凝土	混合砂浆 1:3:9	9	—	—	纸筋灰浆	6
混合砂浆拉毛	现浇混凝土	混合砂浆 1:3:9	8	—	—	混合砂浆 1:2:1	7
	预制混凝土	混合砂浆 1:3:9	9	—	—	混合砂浆 1:1:6	9

1）各种吊顶顶棚龙骨其工程量按主墙间净空面积计算，不扣除间壁墙、检查洞、附墙烟囱、柱、垛和管道所占面积。

计算实例参见本课题 2.5 建筑装饰工程实例"装饰工程量计算表"序号 16。

2）顶棚基层，其工程量按展开面积以"m²"计算。

计算实例参见本课题 2.5 建筑装饰工程实例"装饰工程量计算表"序号 17。

3）顶棚装饰面层，其工程量按主墙间实钉（胶）面积以平方米计算，顶棚面层中的折线、跌落、拱形等应展开计算面积。不扣除间壁墙、检查口、附墙烟囱、柱垛和管道所占面积，但应扣除 0.3m² 以上的孔洞、独立柱及与顶棚相连的窗帘盒所占的面积。

计算实例参见本课题 2.5 建筑装饰工程实例"装饰工程量计算表"序号 18。

4）本章消耗量定额中，龙骨、基层、面层合并列项的子目，工程量计算规则同第 1 条。

5）楼梯底面装饰工程量，按其水平投影面积乘以系数 1.15 计算。

6）镶贴镜面，其装饰工程量按实际镶贴面面积以"m²"计算。

7）灯光槽装饰，其工程量按设计图示尺寸灯光槽的长度以"m"计算。

计算实例参见本课题 2.5 建筑装饰工程实例"装饰工程量计算表"序号 20。

8）顶棚抹灰，其工程量按主墙间净空面计算，不扣除间壁墙、检查洞、附墙烟囱、柱、垛和管道所占面积；檐口抹灰顶棚、带梁（包括密肋梁和井字梁）顶棚两侧的抹灰，按展开面积计算并入相应顶棚面积内。顶棚抹灰如带有装饰线者，分别按三道线以内或五道线以内以"m"计算，线角的道数，以每一个突出的棱角为一道线。

9）阳台底面抹灰，其工程量按水平投影面积以平方米计算，并入相应顶棚抹灰面积内。阳台如带悬臂梁者，乘以系数 1.3。

10）雨篷底面或顶面抹灰，其工程量分别按水平投影面积以"m²"计算，并入相应顶棚抹灰面积内。雨篷顶面带反沿或反梁者，乘以系数1.2，底面带悬臂梁者，其工程量乘以系数1.2。雨篷外边线按相应装饰或零星项目执行。

2.3.4　门、窗工程量计算

（1）门、窗工程计量说明

1）工程内容

门窗工程包括铝合金门窗、彩板组角钢门窗、塑钢门窗、防盗门窗、卷闸门、防火门、实木门、电动门等装饰性门窗及其他装饰配件与附件的制作与安装。本章未列项目（如普通木门窗、钢门窗、铝合金门窗五金配件等）均按《全国统一建筑工程基础消耗量定额》相应项目执行。

2）消耗量定额的有关规定

（a）铝合金门窗制作、安装项目不分现场或施工企业附属加工厂制作，均执行本消耗量定额。

（b）铝合金地弹门制作型材（框料）按101.6mm×44.5mm、厚1.5mm方管制定，单扇平开门、双扇平开窗按38系列制定，推拉窗按90系列（厚1.5mm）制定。如实际采用的型材断面及厚度与消耗量定额取定规格不符者，可按图示尺寸乘以线密度加6％的施工损耗计算型材重量。

（c）装饰板门扇制作，按木骨架、基层、饰面板面层分别考虑。

（d）大理石、花岗石门套不分成品或现场加工，均执行本消耗量定额。

（2）门、窗工程工程量计算规则

1）铝合金门窗（如图1-33所示）、彩板组角钢门窗、塑钢门窗安装，均按洞口面积以平方米计算。纱扇制作安装按扇外围面积计算。

2）卷闸门安装按其安装高度乘以门的实际宽度以"m²"计算。安装高度算至滚筒顶点为准。带卷筒罩的按展开面积增加。电动装置安装以套计算，小门安装以个计算，小门面积不扣除。见图1-34。

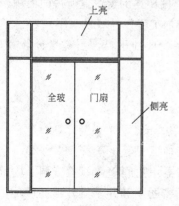

图1-33　铝合金门窗

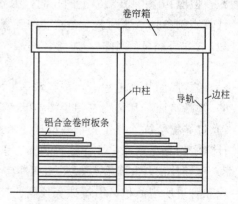

图1-34　卷闸门

在编制工程预算时，如设计对卷闸门安装高度未作具体要求，其卷闸门面积可按（洞口高＋600mm）×洞口宽计算，办理工程结算时，按消耗量定额规定计算。

3）防盗门、防盗窗、不锈钢格栅门按框外围面积以"m²"计算。

防盗门、不锈钢格栅门计算实例分别参见本课题2.5建筑装饰工程实例"装饰工程量计算表"序号 34、32。

4）成品防火门以框外围面积计算，防火卷帘门从地（楼）面算至端板顶点乘以设计宽度。防火卷帘门手动装置安装以套计算。

5）实木门框制作安装以延长米计算。实木门扇制作安装及装饰门扇制作按扇外围面积计算。装饰门扇及成品门扇安装按扇计算。

6）木门扇包皮制隔声和装饰板隔声面层，其工程量按装饰面单面面积以"m²"计算。

7）不锈钢板包门框、门窗套、花岗石门套、门窗筒子板，其工程量按设计图示展开面积以"m²"计算。门窗贴脸、窗帘盒、窗帘轨按设计图示长度以"m"计算。

不锈钢板包门框计算实例参见本课题 2.5 建筑装饰工程实例"装饰工程量计算表"序号 29。

8）窗台板。其工程量按台板实铺面积以"m²"计算。

9）电子感应门及转门，其工程量按设计图示尺寸区别不同规格，以"樘"计算。

10）不锈钢电动伸缩门按设计图示拉伸长度乘高度以"m²"计算。伸缩门电动控制装置以"套"计算。

11）无框全玻门扇，其工程量按设计图示门扇外围面积以"m²"计算。

计算实例参见本课题 2.5 建筑装饰工程实例"装饰工程量计算表"序号 30。

12）固定无框玻璃窗按设计图示尺寸洞口面积以"m²"计算。

13）其他门窗工程，除说明者外，其制作、安装工程量，均按设计图示尺寸，门窗洞口面积以"m²"计算。

14）普通木窗顶部带有半圆窗的工程量应分别按半圆窗和普通窗计算，其分界线以两者之间的横框上裁口线为准，如图 1-35 所示。

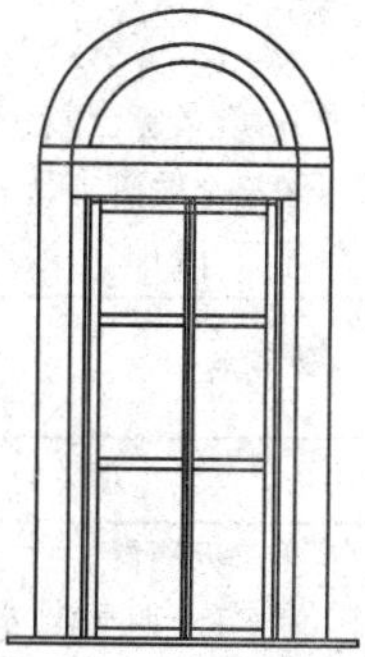

图 1-35 顶部半圆窗

2.3.5 油漆、涂料、裱糊工程量计算规则

（1）油漆、涂料、裱糊工程定额计量说明

1）工程内容

油漆、涂料、裱糊饰面工程包括木材面、金属面的各种油漆项目，以及抹灰面的各种油漆、涂料、裱糊项目。本章未列项目（如厂库房大门、钢门窗油漆等）按《全国统一建筑工程基础消耗量定额》相应项目执行。

2）消耗量定额的有关规定

（a）本消耗量定额刷涂、刷油采用手工操作，喷塑、喷涂采用机械操作。操作方法不同时，不予调整。

（b）油漆浅、中、深各种颜色，已综合在消耗量定额内，颜色不同，不另调整。

（c）本消耗量定额在同一平面上的分色及门窗内外分色已综合考虑。如需作美术图案者，另行计算。

（d）消耗量定额内规定的喷、涂、刷遍数与设计要求不同时，按每增加一遍消耗量定额项目进行调整。

（e）喷塑（一塑三油）、底油、装饰漆、面油，其规格划分如下：

大压花：喷点压平、点面积在 1.2cm² 以上。

中压花：喷点压平、点面积在 1～1.2cm² 以内。

喷中点、幼点：喷点面积在 1cm² 以下。

（f）消耗量定额中的双层木门窗（单裁口）是指双层框扇。三层二玻一纱窗是指双层框三层扇。

（g）消耗量定额中的单层木门刷油是按双面刷油考虑的，如采用单面刷油，其消耗量定额含量乘以系数 0.49 计算。

（h）消耗量定额中的木扶手油漆为不带托板考虑。

（2）油漆、涂料、裱糊工程量计算规则

1）木材面油漆，其工程量分别按表 1-12～表 1-15 相应的计算规则计算。

执行木门消耗量定额其工程量系数表　　　　　　　　　　表 1-12

项　目　名　称	系　　数	工程量计算方法
单层木门	1.00	
双层（一玻一纱）木门	1.36	
双层（单裁口）木门	2.00	按单面洞口面积计算
单层全玻门	0.83	
木百叶门	1.25	

执行木窗消耗量定额其工程量系数表　　　　　　　　　　表 1-13

项　目　名　称	系　　数	工程量计算方法
单层玻璃窗	1.00	
双层（一玻一纱）木窗	1.36	
双层框扇（单裁口）木窗	2.00	
双层框三层（二玻一纱）木窗	2.60	按单面洞口面积计算
单层组合窗	0.83	
双层组合窗	1.13	
木百叶窗	1.50	

执行木扶手消耗量定额其工程量系数表　　　　　　　　　　表 1-14

项　目　名　称	系　　数	工程量计算方法
木扶手（不带托板）	1.00	
木扶手（带托板）	2.60	
窗帘盒	2.04	
封檐板、顺水板	1.74	按延长米计算
挂衣板、黑板框、单独木线条 100mm 以外	0.52	
挂镜线、窗帘棍、单独木线条 100mm 以内	0.35	

抹灰面油漆、涂料、裱糊　　　　　　　　　　表 1-15

项　目　名　称	系　　数	工程量计算方法
混凝土楼梯底	1.37	水平投影面积
混凝土花格窗、栏杆花饰	1.82	单面外围面积
楼地面、顶棚、墙、柱、梁面	1.00	展开面积

执行其他木材面消耗量定额其工程量系数表　　　　表 1-16

项 目 名 称	系 数	工程量计算方法
木板、纤维板、胶合板顶棚	1.00	
木护墙、木墙裙	1.00	
窗台板、筒子板、盖板、门窗套	1.00	
清水板条顶棚、檐口	1.07	长×宽
木方格吊顶顶棚	1.20	
吸声板墙面、顶棚面	0.87	
暖气罩	1.28	
木间壁、木隔断	1.90	
玻璃间壁露明墙筋	1.65	单面外围面积
木棚栏、木栏杆(带扶手)	1.82	
衣柜、壁柜	1.00	按实刷面积展开
零星木装修	0.87	展开面积
梁柱饰面	1.00	展开面积

计算实例参见本课题 2.5 建筑装饰工程实例"装饰工程量计算表"序号 41。

2)楼地面、顶棚、墙、柱、梁面的喷(刷)涂料、抹灰面油漆及裱糊工程,均按表 1-16 相应的计算规则计算。

计算实例参见本课题 2.5 建筑装饰工程实例"装饰工程量计算表"序号 37～41。

3)金属构件油漆的工程量按构件重量计算。

4)消耗量定额中的隔墙、护壁、柱、顶棚木龙骨及木地板中木龙骨带毛地板,刷防火涂料工程量计算规则如下:

(a)隔墙、护壁木龙骨,其工程量按其面层正立面垂直投影面积以"m²"计算。

(b)柱木龙骨、木夹板基层,饰面板面层.其工程量按其设计图示尺寸装饰构造面层外围面积以"m²"计算。

计算实例参见本课题 2.5 建筑装饰工程实例"装饰工程量计算表"序号 21～24。

(c)顶棚木龙骨,其工程量按其水平投影面积以"m²"计算。

计算实例参见本课题 2.5 建筑装饰工程实例"装饰工程量计算表"序号 16。

5)木地板中木龙骨及木龙骨带毛地板,其工程量按地板面积以"m²"计算。

6)隔墙、护壁、柱、顶棚面层及木地板刷防火涂料,按其他木材面刷防火涂料相应子目执行。

7)木楼梯(不包括底面)油漆,按木楼梯水平投影面积乘以系数 2.3,按木地板相应子目执行。

2.3.6　其他工程量计算

(1)其他装饰工程定额计量说明

1)工程内容

其他工程包括招牌基层、灯箱面层、美术字、压条、装饰条、暖气罩、镜面玻璃、货架、柜类、拆除等。卫生洁具、装饰灯具、给排水、电气安装按《全国统一安装工程预算消耗量定额》相应项目执行。

2)消耗量定额的有关规定

(a)本章消耗量定额安装项目在实际施工中使用的材料品种、规格与消耗量定额取定不同时，可以换算，但人工、机械不变。

（b）本章消耗量定额中铁件已包括刷防锈漆一遍。如设计需涂刷油漆、防火涂料按本课题第2.3.5节"油漆、涂料、裱糊工程"相应子目执行。

3）招牌基层

（a）平面招牌是指安装在门前的墙面上。箱体招牌、竖式标箱是指六面体固定在墙面上。沿雨篷、檐口、阳台走向立式招牌，按平面招牌复杂项目执行。

（b）一般招牌和矩形招牌是指正立面平整无凸面，复杂招牌和异形招牌是指正立面有凹凸造型。

（c）招牌的灯饰均不包括在消耗量定额内。

4）美术字安装

（a）美术字均以成品安装固定式为准。

（b）美术字不分字体均执行本消耗量定额。

5）装饰线条

（a）木装饰线、石膏装饰线消耗量中均以成品安装为准。

（b）石材装饰线条消耗量中均以成品安装为准。石材装饰线条磨边、磨圆角均包括在成品的单价中，不再另计。

6）石材磨边、磨斜边、磨半圆边及台面开孔子目均为现场磨制。

7）装饰线条以墙面上直线安装为准，如顶棚安装直线型、圆弧型或其他图案者，按以下规定计算：

（a）顶棚面安装直线装饰线条人工乘以系数1.34。

（b）顶棚面安装圆弧装饰线条人工乘以系数1.6，材料乘以系数1.1。

（c）墙面安装圆弧装饰线条人工乘以系数1.2，材料乘以系数1.1。

（d）装饰线条做艺术图案者，人工乘以系数1.8，材料乘以系数1.1。

8）暖气罩挂板式是指钩挂在暖气片上。平墙式是指凹入墙内，明式是指凸出墙面，半凹半凸式按明式消耗量定额子目执行。

9）货架、柜台类消耗量定额中未考虑面板拼花及饰面板上贴其他材料的花饰、造型艺术品。

10）各种装饰线条适用单独的项目，与门窗、顶棚等已综合了线条的项目，不得重复使用。

（2）其他装饰工程工程量计算规则

1）招牌基层

（a）平面招牌基层，其工程量应区别不同造型，按招牌正立面面积以"m²"计算，复杂形的凹凸造型部分亦不增减。

（b）沿雨篷、檐口或阳台走向的立式招牌基层，按平面招牌复杂形执行时，应按展开面积计算。

（c）箱体招牌和竖式标箱的基层，其工程量按设计图示外围体积以"m³"计算。突出箱外的灯饰、店徽及其他艺术装潢等均应另行计算。

计算实例参见本课题2.5建筑装饰工程实例"装饰工程量计算表"序号25。

（d）广告牌钢骨架其工程量按钢骨架的理论重量以"t"计算。

2）招牌面层

（a）灯箱面层，其工程量按设计图示尺寸箱体封面的展开面积以"m²"计算。

（b）招牌面层，按相应顶棚面层项目执行，其人工乘以系数0.8。

计算实例参见本课题2.5建筑装饰工程实例"装饰工程量计算表"序号26。

（c）美术字安装，其工程量区分不同材质和字的最大外围矩形面积，按设计图示数量以"个"计算。如图1-36所示。

图1-36　美术字示意图

3）压条、装饰线条，其工程量均按设计图示尺寸长度以"m"计算。

计算实例参见本课题2.5建筑装饰工程实例"装饰工程量计算表"序号8、12、19、22等。

4）暖气罩（包括脚的高度在内）按边框外围设计尺寸以垂直投影面积"m²"计算。

5）镜面玻璃安装、盥洗室木镜箱工程量，按镜面镜箱正立面面积以"m²"计算。

6）塑料镜箱、毛巾环、肥皂盒、金属帘子杆、浴缸拉手、毛巾杆安装工程量，按图示设计数量以"只"或"付"计算。不锈钢旗杆按设计图示尺寸以旗杆高度"m"计算。大理石洗漱台按设计图示台面水平投影面积以"m²"计算（不扣除孔洞面积）。

7）货架、柜橱类工程量，按照货架、柜橱以正立面的面积，架、柜的高（包括脚的高度在内）乘以宽以"m²"计算。

8）收银台、试衣间等的工程量，按设计图示数量以"个"计算，其他矮柜类工程量，按矮柜的设计长度以"m"为单位计算。

9）装饰工程中相关构件拆除工程量，按相应构件制作安装工程量的计算规则执行。

计算实例"木门拆除工程量"参见本课题2.5建筑装饰工程实例"装饰工程量计算表"序号33。

2.4　技术措施项目工程量计算规则

2.4.1　装饰脚手架工程量计算规则

（1）脚手架工程计量的有关规定

《全国统一建筑装饰装修工程消耗量定额》总说明第九条规定：本消耗量定额均已综合了搭拆3.6m以内简易脚手架用工及脚手架摊销材料，3.6m以上需搭设的室内脚手架时，按《全国统一建筑工程基础消耗量定额》第三章脚手架工程相应子目执行。《全国统一建筑工程基础消耗量定额》第三章有关说明规定如下：

1）本消耗量定额外脚手架、里脚手架，按搭设材料分为木制、竹制、钢管脚手架。烟囱脚手架和电梯井脚手架为钢管式脚手架。

2）外脚手架消耗量定额均综合了上料平台、护卫栏杆等。

3）斜道是按依附斜道编制的，独立斜道按依附斜道消耗量定额项目人工、材料、机械乘以系数1.8。

4）水平防护架和垂直防护架指脚手架以外单独搭设的，用于车辆通道、人行通道、临街防护和施工与其他物体隔离等的防护。

5）架空运输道，以架宽2m为准，架宽超过2m时，应按相应项目乘以系数1.2，超过3m时按相应项目乘以系数1.5。

6）满堂基础套用满堂脚手架基本层消耗量定额项目的50%计算脚手架。

7）外架全封闭材料按竹蓆考虑，如采用竹笆板时，人工乘以系数1.1，采用纺织布时，人工乘以系数0.8。

8）高层钢管脚手架是按现行规范为依据计算的，如地区要求必须分高度不同采用型钢加固脚手架，或使用较牢固的周边立网且与消耗量定额规定不同时，应按实际增加工料或调整消耗量定额项目。

（2）脚手架工程量计算规则

1）脚手架工程量计算的一般规则

（a）建筑物外墙脚手架，凡设计室外地坪至檐口（或女儿墙上表面）的砌筑高度在15m以下的按单排脚手架计算；砌筑高度在15m以上的或砌筑高度虽不足15m，但外墙门窗及装饰面积超过外墙表面积60%以上时，均按双排脚手架计算。采用竹制脚手架时，按双排计算。

（b）建筑物内墙脚手架，凡设计室内地坪至顶板下表面（或山墙高度的1/2处）的砌筑高度在3.6m以下的，按里脚手架计算；砌筑高度超过3.6m以上时，按单排外脚手架计算。

（c）石砌墙体，凡砌筑高度超过1.0m以上时，按外脚手架计算。

（d）计算内、外墙脚手架时，均不扣除门窗洞口、空圈洞口等所占的面积。

（e）同一建筑物高度不同时，应按不同高度分别计算。

（f）现浇钢筋混凝土框架柱、梁按双排外脚手架计算。

（g）围墙脚手架，凡室外自然地坪至围墙顶面的砌筑高度在3.6m以下的，按里脚手架计算；砌筑高度超过3.6m以上时，按单排外脚手架计算。

（h）室内顶棚装饰面距设计室内地坪在3.6m以上时，应计算满堂脚手架，计算满堂脚手架后，墙面装饰工程则不再计算脚手架。

2）砌筑脚手架工程量计算

（a）外脚手架按外墙外边线长度乘以外墙砌筑高度以平方米计算，突出墙外宽度在24cm以内的墙垛、附墙烟囱等不计算脚手架。宽度超过24cm以外时，按图示尺寸展开计算，并入外脚手架工程量之内。

（b）里脚手架按墙面垂直投影面积计算。

（c）独立柱按图示柱结构外围周长另加3.6m，乘以砌筑高度以平方米计算，套用相应外脚手架消耗量定额。

3）现浇钢筋混凝土框架脚手架工程量计算

（a）现浇钢筋混凝土柱，按柱的图示周长尺寸另加3.6m乘以柱高以"m²"计算，套用相应外脚手架消耗量定额。

（b）现浇钢筋混凝土梁、墙，按设计室外地坪或楼板上表面至楼板底之间的高度乘以梁、墙净长以"m²"计算，套用相应双排外脚手架消耗量定额。

4）装饰工程脚手架工程量计算

（a）满堂脚手架，其工程量按室内净面积计算，其高度在 3.6～5.2m 之间时，计算基本层，超过 5.2m 时，每增加 1.2m 按增加层计算，不足 0.6m 的不计。以算式表示如下：

$$满堂脚手架增加层＝（室内净高度－5.2m）/1.2m \qquad (1-31)$$

（b）挑脚手架，其工程量按搭设长度和层数，以延长米"m"计算。

（c）悬空脚手架，其工程量按搭设水平投影面积，以"m²"计算。

（d）高度超过 3.6m 墙面装饰不能利用原砌筑脚手架时，可以计算装饰脚手架。装饰脚手架按双排外脚手架乘以系数 0.3 计算。

5）其他脚手架工程量计算

（a）水平防护架，按实际铺板的水平投影面积，以"m²"计算。

（b）垂直防护架，按自然地坪至最上一层横杆之间的搭设高度乘以实际搭设长度，以"m²"计算。

（c）架空运输脚手架，按搭设长度以延长米"m"计算。管道脚手架，按架空运输道项目执行，其高度超过 3m 时，消耗量定额乘以系数 1.5，高度超过 6m 时乘以系数 2。

（d）电梯井脚手架，按单孔以"座"计算。

（e）斜道，区别不同高度以"座"计算。

（f）建筑物垂直封闭，其工程量按封闭面的垂直投影面积以"m²"计算。

6）安全网工程量计算

（a）立挂式安全网，按架网部分的实挂长度乘以实挂高度以"m²"计算。

（b）挑出式安全网，按挑出的水平投影面积以"m²"计算。

（c）建筑物、构筑物安全网的设置应遵循如下规定：

建筑物高度在 15m 以内，沿建筑物周长设置挑出式安全网（宽度为 3.5m），建筑物高度超过 15m 时，除设置挑出式安全网以外，高度 15m 以上沿建筑物周长设置可移动立挂式安全网。如设置封闭式安全网时，可不设立挂式安全网。

构筑物高度在 15m 以内，设置挑出式安全网（宽度为 3.5m），超过 15m 时，每 20m 增设一层挑出式安全网，并设置封闭式安全网。

【例 1-17】 实例中的门面二次装修（见第 2.5 节建筑装饰工程施工图），装饰工程脚手架工程量的计算。

【解】 ① 因外墙立面装饰高度超过 3.6m，应计算外脚手架，其工程量计算详见本课题 2.5 节"技术措施项目工程量计算表"序号 42。

② 因室内顶棚装饰面距室内地面高度超过 3.6m 且小于 5.2m，故应计算满堂脚手架基本层，其工程量计算详见本课题 2.5 节"技术措施项目工程量计算表"序号 43。

2.4.2 模板工程工程量计算规则

（1）模板工程规定说明

1）现浇混凝土模板按不同构件，分别以组合钢模板、钢支撑、木支撑，复合木模板、钢支撑、木支撑，木模板、木支撑配制，模板不同时，可以编制补充消耗量定额。

2）预制钢筋混凝土模板，按不同构件分别以组合钢模板、复合木模板、木模板、定型钢模、长线台带拉模，并预制相应的砖地模，砖胎模、长线台混凝土地模编制的，使用其他模板时，可以换算。

3）模板工作内容包括：清理、场内运输、安装、刷隔离剂、浇灌混凝土时模板维护、拆模、集中堆放、场外运输。木模板包括制作（预制包括刨光，现浇不刨光），组合钢模板、复合木模板包括装箱。

4）现浇混凝土梁、板、柱、墙是按支模高度、地面至板底 3.6m 编制的，超过 3.6m 时按超过部分工程量另按支模超高项目计算。

5）组合钢模板、复合木模板项目，未包括回库维修费用。应按消耗量定额项目中所列摊销量的模板、零星夹具材料价格的 6% 计入模板预算价格之内。回库维修费的内容包括模板的运输费、维修的人工、机械、材料费用等。

（2）现浇混凝土构件模板工程量

1）现浇混凝土及钢筋混凝土模板工程量，除另有规定者外，均应区别模板的不同材质，按混凝土与模板接触面的面积，以"m²"计算。

2）现浇钢筋混凝土柱、梁、板、墙的支模高度（即室外地坪至板底或板面至板底之间的高度）以 3.6m 以内为准，超过 3.6m 以上部分，应按超过部分计算增加支撑工程量。

3）现浇钢筋混凝土墙、板上单孔面积在 0.3m² 以内的孔洞，不予扣除，洞侧壁模板亦不增加；单孔面积在 0.3m² 以外时，应予扣除，洞侧壁模板面积并入墙、板模板工程量内计算。

4）现浇钢筋混凝土框架模板工程量，分别按梁、板、柱、墙有关规定计算，附墙柱，并入墙内板模工程量计算。

5）柱与梁、柱与墙、梁与梁等连接的重叠部分以及伸入墙内的梁头、板头部分，均不计算模板面积。

6）构造柱、按图示外露部分计算模板面积。构造柱与墙接触部分面不计算模板面。

7）现浇钢筋混凝土悬挑板（雨篷、阳台）模板工程量，按图示外挑部分尺寸的水平投影面积计算。挑出墙外的牛腿梁及板边模板不另计算。

8）现浇钢筋混凝土楼梯模板工程量，以图示露明面尺寸的水平投影面积计算，不扣除小于 500mm 的梯井所占面积。楼梯的踏步、踏步板、平台梁等侧面模板，不另计算。模板工程量按每层水平投影面积之和计算可用下式表示：

$$S = \sum L_i \times B_i - S_b \tag{1-32}$$

式中　L_i——表示图示露明面尺寸楼梯间的进深净长；

　　　B_i——表示图示露明面尺寸楼梯间的开间净宽；

　　　S_b——表示宽度大于 500mm 时，楼梯井的面积。

9）现浇钢筋混凝土小型池槽模板工程量，按构件外围体积计算，池槽内、外侧及底部的模板不应另计算。

（3）预制钢筋混凝土构件模板工程量

1）预制钢筋混凝土构件模板工程量，除另有规定者外均按预制混凝土构件实体体积以"m³"计算。

2）小型池槽模板工程量，按小型池槽外形体积以"m³"计算。

2.4.3 垂直运输机械

(1) 工程量计算一般规定

1) 工程内容，包括单位工程在合理工期内完成全部工程项目所需的垂直运输机械台班，不包括特大型机械进出场费及安拆费。特大型机械进出场费及安拆费另按《全国统一施工机械台班费用消耗量定额》的有关规定执行。

2) 檐高，是指设计室外地坪至檐口的高度，突出主体建筑屋顶电梯间、水箱间等不计入檐口高度之内。

3) 同一建筑物多种用途（或多种结构），按不同用途（或结构）分别计算。分别计算后的建筑物檐高均应以该建筑物总檐高为准。

4) 本消耗量定额中现浇框架系指柱、梁全部为现浇的钢筋混凝土框架结构，如部分现浇时按现浇框架消耗量定额乘以 0.96 系数，如楼板也为现浇混凝土时，按现浇框架消耗量定额乘以 1.04 系数。

5) 预制钢筋混凝土柱、钢屋架的单层厂房，按预制排架消耗量定额计算。

6) 单身宿舍按住宅消耗量定额乘以 0.9 系数。

7) 本消耗量定额是按Ⅰ类厂房为准编制的，Ⅱ类厂房消耗量定额乘以 1.14 系数。厂房分类参见消耗量定额有关说明。

8) 服务用房系指城镇、街道、居民区具有较小规模综合服务功能的设施，其建筑面积不超过 1000m²，层数不超过三层的建筑。如副食、百货、饮食店等。

9) 檐口高度 3.6m 以内的单层建筑物，不计算垂直运输机械费。

10) 本消耗量定额项目划分是以建筑物的檐高和层高两个指标同时界定的。凡檐高达到上限而层高未达到时，以檐高为准；如层高达到上限而檐高未达到时，以层高为准。

(2) 垂直运输工程量计算规则

1) 建筑物垂直运输

建筑物垂直运输机械台班用量，区分不同建筑物的结构类型及高度按建筑面积以"m²"计算。建筑面积按本章 2.2 节"建筑面积计算规范"的规定进行计算。

2) 构筑物垂直运输

构筑物垂直运输机械台班以"座"计算。超过规定高度时再按每增高 1.0m 消耗量定额项目计算，其高度不足 1.0m 时，亦按 1.0m 计算。

3) 装饰楼层（包括楼层所有装饰工程量）区别不同垂直运输高度（单层系檐口高度）分别按装饰工程消耗量定额人工消耗量（工日数）计算。

(3) 垂直运输机械费计算实例

【例 1-18】 某中学教学楼二次装饰，该建筑物檐高 27m，外墙贴 240mm×60mm 面砖，灰缝 10mm，由某施工单位单独承包。已知外墙面砖工程量为 6480m²（其中高度 20m 以下为 4200m²，20m 以上为 2280m²），试计算该外墙装饰工程的垂直运输费。

【解】 以《全国统一建筑装饰装修工程消耗量定额》为依据：

① 计算外墙面砖所需人工工日数和机械台班量

查消耗量定额 2-143，按不同高度计算的人工、机械台班消耗量分别为：

高度 20m 以内：

综合人工用量＝4200×0.5157＝2165.94 工日

$$灰浆搅拌机用量=4200×0.0036=15.12台班$$

$$石料切割机用量=4200×0.0116=48.72台班$$

高度 20m 以上：

$$综合人工用量=2280×0.5157=1175.80工日$$

$$灰浆搅拌机用量=2280×0.0036=8.21台班$$

$$石料切割机用量=2280×0.0116=26.448台班$$

② 计算外墙面砖的垂直运输费

查消耗量定额 8-002、8-003，计算垂直运输机械的消耗量分别为：

施工电梯（单笼，提升高度 75m）：

$$(2165.94/100)×1.46+(1175.80/100)×1.62=50.67台班$$

卷扬机（单筒慢速，牵引力 5t）：

$$(2165.94/100)×1.46+(1175.80/100)×1.62=50.67台班$$

根据本地区某期间施工机械台班单价，可以计算出垂直运输费。

按照湖南省现行《施工机械台班费用消耗量定额》取定单笼施工电梯（提升高度 75m）台班单价为 240.40 元、单筒慢速卷扬机（牵引力 5t）台班单价为 78.15 元。则垂直运输费为：

$$垂直运输费=50.67×240.40+50.67×78.15=16285.86元$$

2.4.4　超高增加费工程量

（1）超高增加费工程量说明

1）本消耗量定额适用于建筑物檐高 20m（层数 6 层）以上的工程。

2）檐高是指设计室外地坪至檐口的高度。突出主体建筑屋顶的电梯间，水箱间等不计入檐高之内。

3）同一建筑物檐口高度不同时，按不同高度的建筑面积，分别按相应项目计算。

（2）超高增加费工程量计算

超高增加费项目工程量，应区别不同的垂直运输高度（檐口高度或层数）分别以建筑物的建筑面积计算。

（3）超高增加费工程量

装饰楼层（包括楼层所有装饰工程量）区别不同的垂直运输高度（单层系檐口高度）以人工费与机械费之和按"元"分别计算。

超高增加费计算实例

【例 1-19】　某中学教学楼二次装饰。檐高为 27m，外墙贴面砖，面砖规格为：240mm×60mm，灰缝宽度为 10mm，由某施工单位单独承包。已知外墙面砖工程量为 4320m²（其中高度 20m 以下为 2880m²，20m 以上为 1440m²），试计算该外墙装饰工程的超高增加费。

【解】　以《全国统一建筑装饰装修工程消耗量消耗量定额》为依据：

① 计算外墙面砖所需人工工日数和机械台班量

查消耗量定额 2-143，按不同高度计算的人工、机械台班消耗量分别为：

高度 20m 以内：

$$综合人工用量＝4200×0.5157＝2165.94 \text{ 工日}$$
$$灰浆搅拌机用量＝4200×0.0036＝15.12 \text{ 台班}$$
$$石料切割机用量＝4200×0.0116＝48.72 \text{ 台班}$$

高度20m以上：

$$综合人工用量＝2280×0.5157＝1175.80 \text{ 工日}$$
$$灰浆搅拌机用量＝2280×0.0036＝8.21 \text{ 台班}$$
$$石料切割机用量＝2280×0.0116＝26.448 \text{ 台班}$$

② 计算外墙面砖装饰工程的超高增加费

先根据本地区某期间基础单价，计算外墙面砖（20m以上部分）的人工费和机械费。

如：湖南省某期间装饰人工工日单价为34.00元，灰浆搅拌机台班单价为42.51元，石料切割机台班单价为52.56元。

则20m以上外墙面砖的人工费与机械费之和为：

$$1175.80×34.00＋8.21×42.51＋26.448×52.56$$
$$＝39977.20＋349.01＋1390.11$$
$$＝41716.32 \text{ 元}$$

再计算外墙面砖超高增加费。

查消耗量定额7-024，计算超高增加费。

按湖南省某期间上述基础单价计算的超高增加费为：

$$41716.32×9.35\%＝3900.48 \text{ 元}$$

2.5 建筑装饰工程实例

2.5.1 工程数量汇总表

根据工程实例工程量计算单计算结果汇总，并填制建筑装饰工程工程量汇总表如下。

工程数量汇总表

第1页 共2页

工程名称：建筑装饰分部分项工程

年 月 日

序号	定额编号	分项工程名称	单位	工程数量	备 注
1	1-034	台阶面贴花岗岩	m²	21.96	
2	1-008	地面贴花岗石板 室外走廊（600mm×600mm）	m²	21.96	
3	1-066	地面贴瓷质地砖 室内（600mm×600mm）	m²	348.96	
4	1-069	釉面砖贴踢脚线 室内	m²	11.14	
5	2-166	内墙裙木龙骨基层 25mm×30mm@300mm	m²	42.23	
6	2-209	内墙裙柚木板面层	m²	42.23	
7	2-191	内墙裙贴油毡	m²	42.23	
8	6-069	内墙裙木装饰线 封口条（30mm）	m²	56.3	
9	2-170	隔断A木龙骨基层（40mm×30mm）	m²	12.96	
10	4-082	隔断A柜上大芯板基层水曲柳面	m²	3.06	
11	4-060	木柜榉木板面层	m²	5.25	
12	6-068	隔断A封口条	m	21	
13	JD5-429	混泥土柱墩	m²	0.08	

序号	定额编号	分项工程名称	单位	工程数量	备注
14	2-248 换	全玻不锈钢栏杆	m²	14.69	
15	5-231	内墙面刮仿瓷涂料二遍	m²	165.5	
16	3-018	顶棚木龙骨(40mm×30mm,双层)	m²	351.86	
17	3-075	顶棚五合板基层	m²	369.5	
18	3-117	顶棚复合铝板面层	m²	334.4	
19	6-061 换	不锈钢角线(30×30)	m²	80.64	
20	3-146	灯槽	m²	70.4	
21	2-273 换	木龙骨9夹板基层饰面夹板包方柱	m²	80.3	
22	6-069	方柱线条(30mm)黑胡桃木线条	m	44.0	
23	参 2-209	A—轴线柱内测贴银灰复合铝板	m²	8.10	
24	2-052	柱面挂贴镜面花岗岩	m²	35.28	
25	6-005 换	招牌基层(L40×40×5角钢骨架)	m²	24.70	
26	3-092	雨篷底复合铝板面层	m²	21.96	
27	3-117	招牌基层 600mm×6001mm 铝板封面	m²	53.22	
28	6-065 换	边框不锈钢压条 80mm	m²	57.68	
29	4-070	镜面不锈钢包门框	m²	17.76	
30	4-071	无框全玻地弹门(12mm 厚钢化玻璃)	m²	9.36	
31	参 B-071	无框玻璃窗(12mm 厚钢化玻璃)	m²	65.44	
32	4-049	不锈钢格栅门	m²	77.76	
33	6-184	木门拆除	m²	1.89	
34	4-047	钢防盗门安装	m²	1.89	
35	4-074	包木门框	m²	1.22	
36	4-077	榉木门套线	m	5.22	
37	5-160	墙裙木龙骨刷防火涂料二遍	m²	55.19	
38	5-168	方柱木龙骨刷防火涂料二遍	m²	80.3	
39	5-176	顶棚木龙骨刷防火涂料	m²	351.9	
40	5-163	基层板面(双)刷防火涂料	m²	482.3	
41	5-064	其他木材面清漆二遍	m²	137.3	

工程数量汇总表

共1页 第1页

工程名称：建筑装工程技术措施项目

年 月 日

序号	定额编号	分项工程名称	单位	工程数量	备注
1	7-001	装饰外脚手架	m²	141.1	
2	7-005	满堂脚手架	m²	351.9	
3	说明	改架工	m²	202.7	

2.5.2 工程数量计算单

根据课题 6.4 建筑装饰工程工程量清单编制实例，某营业厅装饰工程施工图纸，按照

《全国统一建筑装饰装修工程消耗量定额》工程量计算规则计算，并编制装饰工程量计算单。

工程数量计算单

工程名称：

序号	定额编号	分项工程名称	单位	工程数量	计 算 式
1	1-034	台阶面贴花岗石	m²	21.96	$(24.0+0.2\times2)\times0.3\times3)=24.4\times0.9=21.96$
2	1-008	室外走廊地面(600mm×600mm)花岗岩板	m²	21.96	$(24.0+0.2\times2)\times(1.2-0.3)=24.4\times0.9=21.96$
3	1-066	室内地面瓷质地砖(600mm×600mm)	m²	348.96	$(24.0+0.2\times2-0.24\times2)\times(14.7+0.25-0.24)-$ $(0.4\times0.5\times10+0.26\times0.16+0.4\times5+0.16\times0.5\times$ 4个$+0.26\times0.16\times2=351.86-2.9232=348.94$
4	1-069	室内贴釉面砖踢脚线	m²	11.14	$(23.92-0.9+14.46\times2)\times0.15+(0.24\times2\times$ $0.15)+[(0.4+0.5)\times2\times10+0.26\times2\times5$个$+$ $0.16\times2\times4$个$]=7.79+0.07+3.28=11.14$
5	2-166	内墙裙木龙骨基层25mm×30mm@300mm	m²	42.23	$[51.94+0.48+(0.26\times2\times5$个$+0.16\times2$面$\times$ 4个$)]\times(0.9-0.15)=56.3\times0.75=42.232$
6	2-209	内墙裙柚木板面层	m²	42.23	(见序号5)S=42.23
7	2-191	内墙裙贴油毡	m²	42.23	(见序号5)S=42.23
8	6-069	内墙裙木装饰线封口条(30mm)	m²	56.3	(见序号5)L=56.3
9	2-170	隔断A木龙骨基层(40mm×30mm)	m²	12.96	$(14.7-1.5\times2-0.5\times3+0.3\times2)\times$ $(0.5\times2+0.2)=10.8\times1.2=12.96$
10	4-082	隔断A柜上大芯板基层水曲柳面	m²	3.06	$(14.7-1.5\times2-0.5\times3)\times0.3=$ $10.2\times0.3=3.06$
11	4-060	木柜榉木板面层	m²	5.25	隔断A$(10.2+0.3)\times0.5=5.25$
12	6-068	隔断A封口条	m	21	$10.5\times2=21$
13	JD5-429	混凝土柱墩	m²	0.08	隔断A$0.2\times0.2\times0.5\times4$个$=0.08$
14	2-248换	全玻不锈钢栏杆	m²	14.69	隔断A$10.2\times1.44=14.69$
15	5-231	内墙面刮仿瓷涂料二遍	m²	165.5	(见序号8)$56.3\times(3.8-0.9)+$门洞上面 $0.9\times(3.6-2.1)=165.52$
16	3-018	顶棚木龙骨(40mm×30mm,双层)	m²	351.86	$(24.0+0.2\times2-0.24\times2)\times(14.7+0.25-$ $0.24)=23.92\times14.71=351.86$
17	3-075	顶棚五合板基层	m²	369.5	$351.86+[(7.2-1.3\times2)+(14.7-1.5-1.18)+$ $(16.8-1.34)+(14.7-1.5-1.18)]\times2\times$ $0.2=351.86+88.2\times0.2=351.86+17.64=369.5$
18	3-117	顶棚复合铝板面层	m²	334.4	$369.5-[(8.4-0.4\times2+6.3-0.5)\times2\times0.5+1.2\times$ $0.4\times14+1.2\times0.5\times9+1.0\times0.6\times16]=334.38$
19	6-061换	不锈钢角线(30mm×30mm)	m²	80.64	(见序号)$56.3-0.48+0.9+23.92=80.64$
20	3-146	灯槽	m²	70.4	$(8.4-0.4\times2+6.3-0.5)\times2+1.2\times(7\times2+3\times$ $3)+1.0\times(3\times4+2\times2)=70.4$
21	2-273换	木龙骨九合板基层饰面夹板包方柱	m²	80.3	$(0.5+0.6)\times2\times3.8\times10=83.6-3.3=80.3$

工程名称：建筑装饰分部分项工程　　　　　　　　　　　　　　　　年　月　日

序号	定额编号	分项工程名称	单位	工程数量	计　　算　　式
22	6-069	方柱线条（30mm）黑胡桃木线条	m	44.0	$2\times2(0.5+0.6)\times10=11\times4=44$
23	参2-209	A—轴线柱内测贴银灰复合铝板	m²	8.10	$(0.45\times5)\times3.6=8.1$
24	2-052	柱面挂贴镜面花岗岩	m²	35.28	$(0.4+0.5\times2)\times3.6\times7$个$=35.28$
25	6-005换	招牌基层（40mm×40mm×5mm角钢骨架）	m²	24.70	$24.4\times(0.88\times0.3+1.0\times0.4)+10.8\times$ $0.68\times0.4=24.4\times0.664+2.9376=19.14$ 雨篷底$24.4\times(0.6\times0.38)=5.5632$
26	3-092	雨篷底复合铝板面层	m²	21.96	$24.4\times0.9=21.96$
27	3-117	招牌基层600mm×600mm铝板封面	m²	53.22	$24.4\times1.88+10.8\times0.68=53.22$
28	6-065换	边框不锈钢压条80mm	m²	57.68	$(24.4+2.56+1.88)\times2=57.68$
29	4-070	镜面不锈钢包门框	m²	17.76	$(0.2+0.4)\times2\times(1.8+2.8\times2)\times2=17.76$
30	4-071	无框全玻地弹门（12mm厚钢化玻璃）	m²	9.36	$1.8\times2.6\times2=9.36$
31	参B-071	无框玻璃窗（12mm厚钢化玻璃）	m²	65.44	$(24.4-0.4\times7)\times3.6-2.2\times2.8\times$ $2=77.76-12.32=65.44$
32	4-049	不锈钢格栅门	m²	77.76	$21.6\times3.6=77.76$
33	6-184	木门拆除	m²	1.89	$0.9\times2.1=1.89$
34	4-047	钢防盗门安装	m²	1.89	$0.9\times2.1=1.89$（门窗表）
35	4-074	包木门框	m²	1.22	木龙骨基层$S=(2.1\times2+0.9)\times0.24=1.22$ 大芯板面层$S=1.22$
36	4-077	榉木门套线	m	5.22	$L=2.13\times2+0.96=5.22$
37	5-160	墙裙木龙骨刷防火涂料二遍	m²	55.19	$42.23+12.96=55.19$
38	5-168	方柱木龙骨刷防火涂料二遍	m²	80.3	（同序号21）80.3
39	5-176	顶棚木龙骨刷防火涂料	m²	351.9	351.86
40	5-163	基层板面（双）刷防火涂料	m²	482.3	$3.06+5.25\times2+369.5+80.3+17.76+1.22$
41	5-064	其他木材面清漆二遍	m²	137.3	$42.23+3.06+5.25\times2+80.3+1.22$

工程名称：技术措施项目　　　　　　　　　　　　　　　　　　　　年　月　日

序号	定额编号	分项工程名称	单位	工程数量	计　　算　　式
1	7-001	装饰外脚手架	m²	141.1	$(24.0+0.2\times2)\times5.48+10.8\times0.68$ $=133.712+7.344=141.06$
2	7-005	满堂脚手架	m²	351.9	（同序号16）$S=351.86$
3	说明	改架工	m²	202.7	$(23.92+14.71\times2)\times3.8=53.34\times3.8=202.69$

思考题与习题

1. 何谓建筑装饰工程定额工程量？

2. 计算建筑装饰工程量时，应注意哪些事项？

3. 何谓建筑面积？它有何作用？

4. 如何计算坡地吊架空层的建筑面积？

5. 试说明楼、地面装饰整体面层与块料面层工程量计算规则。

6. 怎样计算踏步贴面装饰工程量？

7. 怎样计算栏杆、栏板、扶手工程量？

8. 怎样计算外墙面装饰抹灰工程量？

9. 如何计算柱饰面工程量？

10. 试根据图1-37，计算吊顶装饰定额工程量，吊顶底面标高3.9m。

11. 如何计算卷闸门、铝合金门窗安装工程量？

12. 如何计算箱式招牌、灯箱的工程量？

13. 金属装饰构架制作安装和油漆工程量如何计算？

14. 装饰装修外脚手架怎样计算？

15. 试根据图1-37，计算脚手架工程量。

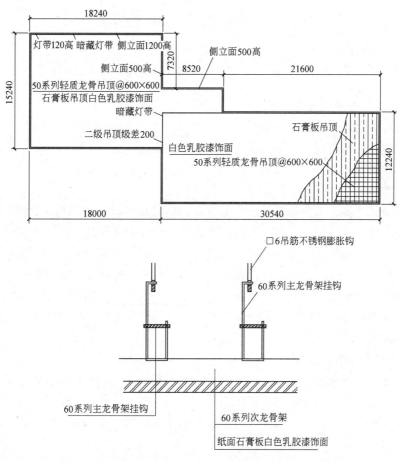

图 1-37　铝合金吊顶

单元 2　建筑装饰工程造价编制

知　识　点：建筑装饰工程费用构成与工程计费程序，工程人工、材料、机械台班单价的确定方法，装饰工程定额消耗量标准计价办法，装饰工程工程量清单计价办法。

教学目标：通过教学使学生具备以下两个方面的能力：

（1）根据建筑市场情况，确定工程人工、材料、机械台班的单价，同时按装饰工程费用构成与工程计费程序，计算各项工程费用；

（2）根据装饰工程施工图纸，按照定额消耗量标准计价方式编制装饰工程报价和按照清单计价方式编制装饰工程报价。

课题 1　建筑装饰工程造价概述

1.1　建设工程造价的概论

1.1.1　工程造价的概念与特点

（1）建设工程造价的概念

建设工程造价即建设工程项目的建造价格，是指建设工程从筹建、建设实施到工程竣工验收、交付使用（或工程项目正式投产）所需要的全部建设费用，是工程项目的设计文件的重要组成部分。

建筑产品属于商品。商品是以价值为基础，商品价格就是商品价值的货币表现形式。在社会主义市场经济体制中，商品的交换必须受到社会主义市场经济规律和价值规律的制约。因此，正确计算和确定建筑工程造价（建筑装饰工程产品价格），就能从宏观上管理基本建设投资，控制基本建设投资规模和建设工程成本，提高基本建设投资效果，增加社会财富，从微观上加强建筑业施工企业的经营管理和工程项目经济核算，降低工程投入，提高工程项目的经济效益和企业的综合经济效益，提高企业在激烈的市场竞争中的应变能力，实现企业的自我改进、自谋生存、自求发展。

1）建设工程概预算造价

建筑工程产品的价格是由成本（直接成本与间接成本）、利润及税金组成，建设工程预算造价具体地说是指工程在动工兴建之前，根据工程设计图纸，按照确定工程造价的有关消耗量标准和规定的计算规则与方法，计算确定工程项目所需要的资源（人工、材料、机械）消耗量以及货币量的经济文件。

2）建筑装饰工程造价

建筑装饰工程造价即建筑装饰工程项目的建造价格。建筑装饰工程预算造价是指用货币形式表现的，确定建筑装饰工程从计划、设计、施工到工程验收、交付使用（或工程项目正式投产）所需要的全部费用，是建筑装饰工程设计文件的重要组成部分。

（2）建筑装饰工程造价的特点

一般工业产品的价格是批量价格，如某种品牌、规格、型号的计算机价格为5900元/台，则成千上万台该品牌、规格、型号计算机都定这个价，甚至全国一个价。而建筑工程产品的价格则不同，每一栋房屋都具有特定的房屋建筑与结构特征，具有特定的建造环境，如工程建设地的资源供应状况、交通运输状况、建设期地域经济发展状况等，因而其建造费用就不一样，故必须采用一种特殊定价方式进行单独定价。建设工程造价的主要特点有：

1）工程造价的大额性

建设工程项目的自身特点决定了其投资额的巨大性。任何一项建设工程项目，不仅实物形体庞大，构造复杂，建造耗费的资源数量多，而且造价高昂，动不动就需要投资几百万、几千万甚至好多个亿人民币的资金。工程造价的大额性涉及到有关各个方面的重大经济利益，同时对工程建设地的宏观经济必然产生重大影响。工程造价的数额越大，其节约的潜力就越大。因此，加强工程造价的管理可以取得巨大的经济效益，这也决定了工程造价的特殊地位。

2）工程造价的单个性

建设工程产品的单件性决定了工程造价的单个性。每一个建设工程项目都有特定的用途，由于其功能、规模各不相同，使得工程项目的结构、造型、平面布置、设备配置和内外装饰都有不同要求。工程所处地区、地段不同，反映出工程项目建设期的地域经济和地方资源供应状况的不同，所有工程内容和实物形态的个体性和差异性，都将体现一个问题：不同的工程项目的投资费用肯定不同。

3）工程造价的动态性

建设工程项目从筹建到交付使用，需要较长的建设期。在这一建设期间，存在许多影响工程造价的动态因素，包括工程方面、市场方面和管理体制方面的变化情况。如索赔事件、材料价格、人工工资、企业管理体制、项目承包形式等的变化，甚至于政府价格政策（利率、汇率）的调整都会对工程造价产生不同程度的影响。所以。工程造价在整个建设期间都处于不确定状态，事先不能确定其变化后的准确数值，只有在工程竣工后进行工程竣工决算，才能最终确定工程的实际价格。所以，工程造价必须考虑风险因素和可变因素。

4）工程造价的层次性

工程造价的层次性取决于工程项目的层次性。按照建设项目的划分，一个建设项目往往含有多个单项工程，一个单项工程又是由多个单位工程组成。单位工程又可分为分部工程，分部工程又可分为分项工程。与此相适应，工程造价也应该反映这些层次组成。因此，工程造价是由建设工程总造价、单项工程造价、单位工程造价、分部工程造价和分项工程造价这五个层次组成。

5）工程造价的区域性

工程造价的区域性是指作为产品的建设工程项目是固定在某一个地方的，它本身不能移动。工程项目产品形成后，在建设地投入使用和进行消费。经济环境、市场供求、消费水平等地区性因素必然对建设工程产品的造价水平、计价因素、工程造价的可变性和竞争性等产生差异和影响。工程造价的地区性差异既表现在因国内、省内地区不同，造价不同；表现在国内、国外地区不同，则造价差异更大。所以，我们应当充分注意工程造价的地区性。

6）工程造价的专业性

建设工程按专业可分成许多类，如建筑工程、市政工程、公路工程、水利水电工程、矿山工程、铁路工程、通信工程等。不同的专业其工程造价具有不同的特点。在我国，长期以来，各专业都具有各自的工程造价的计价方法与管理模式，按照它们各自的计量标准和规定，计算所得计价的水平也有差别，由此导致了工程造价的多专业性。工程造价的专业差别是客观事物的自然反映，是始终存在的。因此，工程造价的计价和管理必须考虑专业性的特点。

（3）建设工程造价管理制度

建设工程造价管理制度是指对基本建设预算造价的编制，审批办法，各种消耗量标准，材料预算造价价格的编制、实施、管理办法以及基本建设概预算造价的组织管理工作的总称。它是在党和国家的正确领导下，为适应建筑业的不断发展，逐步建立健全的一套计算、确定建设工程产品价格和单位建筑安装工程造价、控制基本建设投资的工作制度。

基本建设工程造价管理制度的建立和发展既是基本建设事业发展的客观要求，也是由于建筑产品自身固有的特点所决定的。

1.1.2　工程造价的分类

建设工程造价可以根据不同的建设阶段、不同工程对象（或不同范围）、不同的建设规模、不同的投资来源等因素进行分类。

（1）按工程建设阶段分类

建设工程造价按工程建设所处的建设阶段不同可分为以下几类：投资估算造价、设计概算造价、修正概算造价、施工图预算造价、施工预算造价、竣工结算和竣工决算。

1）投资估算造价

投资估算造价是指在编制项目建议书和可行性研究报告阶段进行建设项目立项决策过程中，依据有关估算资料，按照一定方法，对拟建项目所需投资额进行估计，用于确定建设项目估算费用的经济文件。

建设工程项目投资估算造价的主要编制依据有：估算指标、概算指标或类似工程预（结）算造价资料等。

投资估算造价是项目决策的主要依据之一。在整个投资决策过程中，对建设工程造价进行估算，在此基础上研究是否建设。投资估算应保证必要的准确性，如果误差太大，将导致决策失误。因此，准确、全面的投资估算，是项目可行性研究及整个建设项目投资决策阶段造价管理的重要任务。投资估算造价也是编制设计文件，控制初步设计及概算造价的主要依据。

投资决策过程可划分为项目建议书及投资机会研究阶段、初步可行性研究阶段、最终可行性研究阶段。投资估算工作也相应分三个阶段，不同阶段所具备的条件和依据资料的不同，因而投资估算的准确度也不同，通常控制误差分别在±30%、±20%、±10%范围，进而每个阶段投资估算所起作用也不同。但是随着阶段的不断发展，调查研究不断深入，掌握资料越来越丰富，投资估算的准确度逐步提高，其所起作用越来越重要。

2）建设工程设计概算造价

设计概算造价按编制阶段的不同有设计概算与修正概算之分，二者的作用基本相同。

（a）工程设计概算造价是在工程进行初步设计或扩大的初步设计阶段，由设计单位根据初步设计图纸和建设地点的自然、技术经济条件，按照概算消耗量标准（或概算指标），设备、材料预算价格，各项工程费用取费标准等资料编制，确定建设项目由筹建至竣工验收合格、交付使用的全部建设费用的经济文件。

工程设计概算造价是国家确定和控制建设项目总投资，编制基本建设计划的依据。建设项目只有在初步设计和设计概算文件被批准之后，才能列入基本建设计划，进行施工图设计。同时经批准的建设项目总概算的投资额，是该工程建设投资的最高限额。设计概算是签订建设工程合同和贷款合同的依据，是控制施工图设计和施工图预算造价的依据，是衡量设计方案技术经济合理性和选择最佳设计方案的依据，是工程造价管理及编制招标标底和投标报价依据，是考核建设项目投资效果的依据。

（b）工程设计修正概算造价是当建设工程项目采用三阶段设计时，在技术设计阶段，随着对初步设计内容的深化，对建设规模、结构性质、设备类型等方面可能进行必要的修改和变动。此时，对初步设计总概算也应作相应的调整和变动，即形成修正概算。一般情况下，修正概算不能超过原已批准的概算投资额。

3）建设工程施工图预算造价

建设工程施工图预算造价是建设工程设计工作完成并经过图纸会审之后，根据施工图纸及其索引号指定的建筑工程设计标准图集，工程项目施工组织设计（或施工方案），建设地区的自然及技术经济条件，采用工程预算消耗量标准，各项取费标准，地方人工、材料、设备单价等有关资料编制，确定工程施工图预算造价的经济文件。

建设工程施工图预算造价是确定建筑安装工程预算造价的具体文件，是签订建筑安装工程施工合同，实行工程预算造价承包，银行拨付工程款，办理工程竣工结算的依据，是施工企业加强经营管理和内部经济核算的重要依据。

4）建设工程施工预算成本

施工预算成本是施工企业内部根据工程施工图纸，施工组织设计或施工方案，采用施工消耗量标准，在考虑节约和施工段划分的基础上，计算确定完成单位工程或分部分项工程所需人工、材料、机械台班消耗量及相应成本的经济文件。

施工预算成本是施工企业对单位工程实行计划管理，优化资源配置，实行全面经济核算的依据；是施工项目管理中推行限额用工、用料，开展经济活动分析，降低施工成本，签发施工任务单和限额领料单的依据；是进行施工项目成本与施工项目预算造价对比和计算经济效益的基本依据。

施工预算造价与施工图预算造价的主要区别如表 2-1 所示：

施工预算造价与施工图预算造价的主要区别 表 2-1

项 目	施工图预算造价	施工预算造价
作用	编制工程招标标底与投标报价，办理工程竣工结算	施工企业内部控制成本的依据，工程投标报价的依据
使用消耗量标准	预算消耗量标准	施工消耗量标准
计量单位	货币计量单位	实物计量单位

5）工程竣工结算造价

工程竣工结算造价是施工单位在工程竣工并验收合格后，根据施工过程中实际发生的工程变更情况，对原施工项目的预算造价或工程合同造价进行调整修正，重新确定工程造价的技术经济文件。

6）工程竣工决算

工程竣工决算根据编制单位和编制对象范围的不同分为：施工单位竣工决算和建设单位或建设项目竣工决算。

施工单位竣工决算是施工企业内部以单位工程为对象，在工程竣工验收合格后，根据已竣工工程项目的财务支付实际账目进行编制的。它反映工程施工项目的实际成本，又称工程竣工成本决算。而工程建设项目竣工决算，是在建设项目或单项工程完工后，由建设单位财务及有关部门，以竣工结算等资料为基础进行编制的。工程建设项目竣工决算全面反映了竣工项目从筹建到竣工投产全过程中各项资金的使用情况和设计概算执行的结果。它是考核工程成本的重要依据。

基本建设程序同建设工程造价和其他建设阶段编制的相应技术经济文件之间相互关系，如图 2-1 所示。

从图 2-1 中可以看出，概算造价、预算造价、结算造价与成本决算，它们构成一个有机整体，以价值形态贯穿整个建设过程中。它从申请建设项目，确定和控制建设投资，进行基本建设经济管理和施工企业经济核算，最后以决算形成企（事）业单位的固定资产。

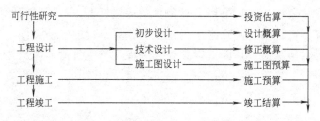

图 2-1　建设阶段与工程造价的关系

基本建设四算控制的"四算"是指：建设项目投资估算造价、工程设计概算造价、工程施工图预算造价、工程竣工结算造价。而通常所说的基本建设"三算"是指：工程设计概算、工程施工图预算、工程竣工结算。

（2）按工程对象范围分类

基本建设工程概预算造价按工程对象范围可分为单位工程概预算造价、单项工程综合概预算造价、建设项目总概算造价，构成如图 2-2 所示。

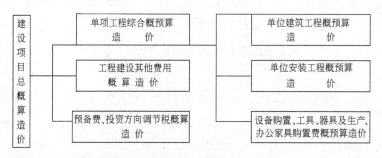

图 2-2　建设项目总概算造价构成

1）单位工程概预算造价。单位工程概预算造价是单项工程综合概算的组成部分。单位工程概预算造价按其工程性质分为建筑工程概预算造价和设备及安装工程概预算造价两大类。建筑工程概预算造价包括土建工程概预算造价，给排水、采暖工程概预算造价，电气照明工程概预算造价，弱电工程概预算造价。设备及安装工程概预算造价包括机械设备购置及安装工程概预算造价，电气设备购置及安装工程概预算造价，以及工具、器具及生产家具购置费概算等。

2）单项工程综合概预算造价。单项工程综合概预算造价是确定单项工程建设费用的文件，它是由单项工程中的各单位工程概预算造价汇总而成的，是建设项目总概算的组成部分。当建设项目只有一个单项工程而不必编制设计总概算时，工程建设其他费用概预算造价和预备费列入单项工程综合概预算造价中，以反映该工程的全部费用。单项工程综合概预算造价的组成内容如图 2-3 所示。

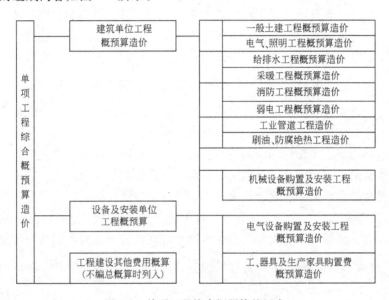

图 2-3　单项工程综合概预算的组成

3）建设项目总概算。建设项目总概算是确定整个建设项目从筹建到竣工验收所需全部费用的文件，它是由各单项工程综合概预算造价、工程建设其他费用概预算造价、预备费和投资方向调节税概算等汇总而成的。

其中：工程建设其他费用概算是以建设项目为对象，根据有关规定应在建设投资中支付的，除建筑安装工程费、设备购置费、工具及生产家具购置费和预备费以外的一些费用。

预备费概算包括基本预备费概算和涨价预备费概算。基本预备费概算是指按设备及工器具购置费、建筑安装工程费用和工程建设其他费用三者之和为计取基础乘以国家及部门规定的基本预备费率计取的，确定在初步设计与概算内难以预料的工程费用。涨价预备费概算是指按规定方法计算的建设项目在建设期间内由于价格变化引起工程造价变化的预留费用。

1.1.3　工程造价的计价方式

（1）工程计价的基本原理

建筑工程造价是建筑工程产品的货币表现形态。建筑工程产品作为商品，如同其他各类商品一样，其价值由三个部分组成：一是建造过程中所消耗的生产资料的价值，其中包括工程材料、燃料动力和施工机具等；二是生产工人为满足个人需要的生活资料所创造的价值，其表现为施工企业职工的工资等；三是劳动者为社会、国家、集体和企业（业主）自身提供的剩余价值，其表现为利润和税金。

由于建筑产品及其产品生产的特点，决定了一般建筑产品定价都是以一个单位工程作为计价对象进行计算，同时由于建筑产品是体形庞大、投资额大、生产周期长、产品单一、质量惟一、内容复杂的综合体，加之诸多外界因素的影响，如地区资源，时期性材料规格及材料预算价格等，影响建筑产品价格形成。所以，建筑工程产品不可能由国家或主管部门制定一个统一的单价，而必须采用一种特殊的计价方式进行单独计价。

工程计价：工程造价的计价形式和方法有多种，其做法各不相同，但它们的基本过程和原理是相同的。工程计价的基本方法是假定产品——分项工程单价法。从工程费用计算角度来看，工程计价的基本过程是：分部分项工程单价——单位工程造价——单项工程造价——建设项目总造价。其基本计算公式表达为：

$$工程造价 = \sum(某工程实物量 \times 某实物单位价格) \tag{2-1}$$

在进行工程计价时，实物单位价格的计量单位是由实物工程量的计量单位决定的。实物工程量的计量单位可以是工程量的基本单位，也可以是它们的整数倍。分项工程项目的工程实物量应当根据工程设计图纸和有关工程资料，按照工程量计算规则计算而得，它直接反映工程项目的规模和内容。分项工程项目的实物工程数量大，工程造价也就大。分项工程项目的单位价格，通常有两种形式：

1) 直接工程费单价。指当分部分项工程单位价格仅考虑为完成该分项工程产品所需要的人工、材料、机械等生产要素的消耗量和相应资源的单价而形成的分项单价，即：

$$分项直接工程费单价 = \sum(分项工程项目的资源消耗量 \times 相应资源的价格) \tag{2-2}$$

确定分项直接工程费单价时所采用的资源消耗量标准（人工、材料、机械台班的数量标准），即建设工程消耗量定额，它作为工程计价的重要依据。一般来说在工程计价过程中，业主采用的工程计价定额反映的是社会平均生产力水平。而工程项目承包单位进行计价时，采用的消耗量定额应当是本企业的企业消耗量标准，它更确切地反映该企业的技术应用与经营管理水平。在市场经济体制下，工程计价时采用的资源要素（人工、材料、机械）的单价应该是市场价格。

2) 综合单价。指在工程产品单位价格中同时考虑直接工程费以外的其他有关费用（如施工管理费、利润等）构成的工程产品的单位价格称为综合单价。综合单价按所包含的内容不同，又分为完全单价与不完全单价，不同的单价形式适用于不同的计价方法。其基本计算公式表达为：

$$分项工程综合单价 = \sum(分项工程直接工程费 + 管理费 + 利润 + 其他费用) \tag{2-3}$$

（2）建筑装饰工程产品计价方法

确定建筑装饰工程产品价格常用的方法有：装饰工程消耗量定额计价方式和装饰工程工程量清单计价方式。

1）建筑装饰工程消耗量定额计价方式

消耗量定额计价方式指应用消耗量定额计算工程造价的方法。在我国采用工程定额计算工程造价已有很长的历史，按照人们的通常做法有两种计价方式：一种是消耗量定额单位估价法，另一种是工料实物单价法。

（a）单位估价表法是指运用建筑装饰工程消耗量定额单位估价表来计算工程造价的方法。其基本做法是依据施工图和地区单位估价表，按一定顺序，计算出各分项的工程量，套用地区建筑装饰工程消耗量定额单位估价表中相应的定额基价，计算各分项工程的人工费、材料费、机械费，求出各分项工程的直接工程费，汇总求得单位工程的直接工程费，然后以它为基础，按照有关费用标准和一个计费规定分别计算其他各项工程费用、措施费、间接费、利润及税金，最后汇总求和构成整个建筑装饰工程的全部价格。

（b）工料实物单价法是指运用工程消耗量定额来计算工程造价的方法。其基本做法首先根据工程设计图纸计算工程量，然后套用《建筑装饰工程消耗量定额》，逐项进行工料分析，计算人工工日数、不同品种和规格的材料用量以及各种施工机械台班的使用量，然后将所有分部分项工程资源消耗量进行归类汇总，再根据工程建设地的人工、材料、机械台班单价，计算并汇总人工费、材料费、机械使用费，求得分部分项直接工程费。最后以此为基础，按照有关费用标准和有关计费规定分别计算其他各项工程费用，措施费、管理费、规费、利润和税金等费用，汇总求和构成整个建筑装饰工程的全部价格。

2）工程量清单计价方式

工程量清单计价方法：系根据建设部第 107 号令《建筑工程施工发包与承包计价管理办法》，结合我国工程造价管理现状，参照国际上工程计价的通行做法，制定、颁布的一种计价方式。其中所采用的就是分部分项工程的综合单价。它由分项工程直接工程费（人工费、材料费、机械台班使用费）、施工管理费、利润和风险费组成的，而直接工程费仍是以人工、材料、机械的消耗量及相应单价来确定的。

综合单价的形成是推行实施和应用工程量清单计价方法的关键。投标报价中使用的综合单价由企业根据实际工程情况，按照本企业的企业消耗量标准编制的。在工程计价过程（投标报价）中，由于在每个分项工程上确定利润税金比较困难，通常可以编制含有直接费和间接费、利润的综合单价，在求出单位工程总的清单后，再计算单位工程的规费和税金，汇总得出单位工程的造价。

1.2 我国工程造价的管理体制

1.2.1 建设工程造价管理概述

（1）工程造价管理的概念

工程造价管理存在建设工程投资费用管理和工程价格管理两个角度的理解。

建设工程投资费用管理，是指为了实现投资的预期目标，在拟定的规划、设计方案的条件下，预测、计算、确定和监控工程造价及其变动的系统活动。它涵盖了微观项目投资费用的管理和宏观层次投资费用的管理。

工程价格管理，指在社会主义市场经济条件下，作为企业指在掌握市场价格信息的基础上，为实现管理目标而进行的成本控制、计价、定价和竞价的系统活动，作为政府指根据宏观经济发展的要求，利用法律、经济和行政手段对价格进行管理和调控，以及通过规范市场管理实现规范价格行为的系统活动。

工程造价管理是包括投资管理体制、项目融资、工程经济、工程财务、建设项目管理、经济法律法规、工程合同管理在内的对项目工程全方位、多角度的全过程管理。其中既有对工程造价的计价依据、计价行为的管理，也有对工程造价编制与确定、咨询单位资质、从业人员资格的管理监督。

（2）造价管理的任务

造价管理的任务是加强工程造价的全过程动态管理，强化工程造价的约束机制，维护有关各方的经济利益，规范价格行为，促进微观效益和宏观效益的统一。

概括地说，工程造价管理的基本内容就是合理确定和有效控制工程造价。

1）工程造价的合理确定

工程造价的合理确定是指在基本建设程序的各个阶段，根据不同阶段的设计成果，不同时期、不同地域的资源条件和经济环境，应用不同的计价方法，按照有关工程造价管理的规定，合理确定工程建设各个阶段的工程费用，即建设项目的投资估算额、工程项目的设计概算造价、单位工程施工图预算造价、工程结算造价、竣工决算价，经有关部门批准，作为控制该项目工程造价的依据。

2）工程造价的有效控制

工程造价的有效控制是指在优化建设方案、设计方案的基础上，在建设程序的各个阶段，采用一定的方法和措施把工程造价的发生控制在合理的范围和核定的造价限额以内。具体说，就是要用投资估算价控制设计方案的选择和初步设计概算造价，用概算造价控制技术设计和修正概算造价，用概算造价和修正概算造价控制施工图设计和预算造价，以求合理使用人力、物力和财力，取得较好的投资效益。

（3）工程造价管理的原则

1）全过程管理，强调以设计阶段为重点

在建设全过程中真正对工程造价能起到控制作用的是设计阶段。建设工程的全寿命费用包括工程建设造价和工程交付使用后经常性支付的费用以及使用期满后的报废拆除费用等。而设计质量对整个工程建设的效益起着极其重要的作用。

2）主动控制，力求满意的效果

工程造价控制应立足于事先主动地采取措施，以尽可能地减少目标值与实际值的偏离。工程造价管理不仅要反映投资决策，反映设计、发包和施工，更重要的是通过主动地控制工程造价来影响投资、设计、承发包和施工过程。

3）技术与经济相结合，有效控制工程造价

工程实际证明，技术与经济相结合是控制工程造价的有效手段。从技术上采取措施，包括设计方案选择，设计过程的严格审查监督，施工组织设计，深入技术领域研究节约投资的可能；从经济上采取措施，包括动态地比较造价的计划值和实际值，严格审核各项费用支出，采取对节约投资的有力奖励措施等。

在工程建设过程中把技术与经济有机结合，通过技术比较、经济分析和效果评价，正确处理技术先进与经济合理两者之间的对立统一关系，力求在技术先进条件下的经济合理，在经济合理基础上的技术先进，把工程造价控制的观念渗透到各项设计和施工技术措施之中。

（4）工程造价管理工作的要点

工程造价管理围绕合理确定和有效控制工程造价这个基本内容，采取全过程、全方位管理，其具体的工作要点可大致归纳如下：

1）强化政府工程造价管理部门服务意识，加强造价基础工作（消耗量标准、价格指标、工程量计算规则、造价信息资料等）的建设，为建设工程造价的合理确定与控制提供动态的可靠的依据。加强工程造价专业人员的培养、培训工作，促进工程造价专业人员综合素质和业务水平的提高。

2）坚持工程造价全过程管理的原则，积极实施工程造价静态控制、动态管理的基本理念，做好建设项目的可行性研究，优选建设方案，推行"限额设计"，贯彻国家的建设方针，合理选定工程的建设标准、设计标准，积极、合理地采用新技术、新工艺、新材料。合理处理配套工作（包括征地、拆迁、城建等）中的经济关系。继续推行和不断完善工程建设招标投标制度，择优选择建设项目的设计单位、承建单位、咨询（监理）单位、设备、材料供应单位。

3）积极推行建设项目工程造价社会化管理，咨询（监理）机构要为项目法人积极提供工程造价全过程、全方位的咨询服务，遵守职业道德，确保服务质量。落实项目法人对工程造价管理的主体地位，在法人组织内建立与造价紧密结合的经济责任制。确保项目法人责任制的实施，积极推行工程索赔，强化工程造价管理的经济责任。

1.2.2 工程造价管理的形成与发展

工程造价管理是随着社会生产力的发展，随着商品经济的发展和现代管理科学的发展而形成和发展的。工程造价管理在我国经历了几千年不断探索与创新，不断的总结经验，归纳、整理，逐步形成了工程项目施工管理与造价管理的理论与方法，使我国工程造价管理工作能够不断的进步和发展。

根据历史的记载，早在 2000 多年前我们的先人就已规定：修筑沟渠堤防，以匠人修筑进度为参照，以力工所需匠人人数和天数来计算工程劳力，进行人力调配。这就是人类最早的工程预算。春秋战国时期的《考工记》，唐代时期的夯筑城台的定额——"功"，公元 1100 年的工程工料计算方面的巨著《营造法式》中的"料例"和"功限"，明代工部的《工程做法》，清代工部的《工程做法则例》，梁思成的《营造算例》等等，所有这些都说明，在中国古代工程中，人们就认识到在建造工程之前要计算工程造价的重要性，很重视材料消耗的计算．并形成一些计算工程工料消耗的方法和计算工程费用的方法，创立了工程造价管理的理论与方法，为加深人类对工程造价管理理论与方法的认识做出了巨大的贡献。

现代工程造价管理产生于资本主义社会化大生产的出现，从 19 世纪初期开始，资本主义国家在工程建设中开始推行招标承包制，要求工料测量师在工程设计以后和开工以前就进行测量和估价，根据图纸算出实物工程量并汇编成工程量清单，为招标者确定标底或为投标者作出报价，工程造价管理逐渐形成了独立的专业。1881 年英国皇家测量师学会成立，这个时期完成了工程造价管理的第一步飞跃。20 世纪 40 年代开始，"投资计划"和控制制度在英国等经济发达的国家应运而生，完成了工程造价管理的第二次飞跃。承包商为适应市场的需要，强化自身的造价管理和成本控制。工程造价管理随着工程建设的发展和经济管理制度的产生而发展，已成为一个涉及工程技术、工程管理和经济的专门学科。

（1）我国工程造价管理体制的建立与发展

1）1949～1958 年，我国工程造价管理制度的建立阶段

1949 年新中国成立后，三年经济恢复时期和第一个五年计划时期，全国面临着大规模的恢复重建工作。特别是实施第一个五年计划后，为合理确定工程造价，合理应用有限的基本建设资金，国家引进、吸收前苏联的概预算制度，同时为新组建的国营建筑施工企业建立了企业管理制度。1957 年颁布的《关于编制工业与民用建设预算的若干规定》，规定各不同设计阶段都应编制概算和预算，明确了概预算的作用。在这之前，国务院和国家建设委员会还先后颁布了《基本建设工程设计和预算文件审核批准暂行办法》、《工业与民用建筑设计及预算编制暂行办法》、《工业与民用建筑预算编制暂行细则》等文件。这些文件的颁布，建立了概预算工作制度，确立了概预算在基本建设工作中的地位，同时对概预算的编制原则、内容、方法和审批、修正办法、程序等作了规定，确立了对概预算编制依据实行集中管理为主的分级管理原则。为了加强概预算的管理工作，国家综合管理部门先后成立预算组、标准定额处、标准定额局，1956 年单独成立建筑经济局。大约从 1953 年到 1958 年，为适应计划经济需要，建立了我国的建设工程概预算制度。这有效地促进了建设资金的合理和节约使用，为国民经济恢复和第一个五年计划的顺利完成起到了积极的作用。但这个时期的造价管理只局限于建设项目的概预算管理。

2）1958～1966 年，我国工程造价管理制度被削弱

1958～1966 年，我国工程造价管理——建设工程概预算制度逐渐被削弱。1958 年开始，在中央放权的背景下，建设工程概预算与定额管理权限也全部下放。1958 年 6 月，基本建设预算编制办法、建筑安装工程预算定额和间接费用定额交各省、自治区、直辖市负责管理，其中有关专业性的定额由中央各部负责修订、补充和管理，造成全国工程量计量规则和定额项目在各地区不统一的现象。各级基建管理机构的概预算部门被精简，设计单位概预算人员减少，只算政治账，不讲经济账，概预算控制投资作用被削弱，投资大撒手之风逐渐滋长。

3）1966～1976 年，我国工程造价管理制度遭破坏

1966～1976 年，建设工程概预算定额管理工作遭到严重破坏。概预算和定额管理机构被撤销，预算人员改行，大量基础资料被销毁。定额被说成是"管、卡、压"的工具。造成设计无概算，施工无预算，竣工无决算，投资大敞口，都吃大锅饭。1967 年，建筑工程部直属企业实行经常费制度，工程完工后向建设单位实报实销，从而使施工企业变成了行政事业单位。这一制度实行了 6 年，于 1973 年 1 月 1 日被迫停止，恢复建设工程施工图预算结算制度。1973 年国家曾经制订《关于基本建设概算管理办法》，但未能实施。

4）1977～1992 年，我国工程造价管理制度恢复与发展阶段

1976 年，十年动乱结束为顺利重建造价管理制度提供了良好的条件。从 1977 年起，国家恢复重建造价管理机构。1983 年，国家计委成立了基本建设标准定额研究所、基本建设标准定额局，加强对这项工作的组织领导，各有关部门、各地区也陆续成立了相应的管理机构，这项管理工作 1988 年划归建设部，成立标准定额司。十多年来，国家主管部门，国务院各有关部门，各地区对建立、健全工程造价管理制度，改进工程造价计价依据做了大量工作，颁布了大量关于工程造价管理的文件、工程造价概预算定额、工程造价管

理方法、工程项目财务与经济评价方法和参数等一系列指南、法规和文件。这使新中国工程造价管理理论与实践获得快速发展。

1992 年以后，我国改革开放力度加大，经济体制加速向有中国特色的社会主义市场经济转变。1992 年，全国工程建设标准定额工作会议召开后，我国"量、价统一"的工程造价定额管理模式开始转变，并且逐步实现以市场机制为主导，由政府职能部门实行协调监督，与国际惯例全面接轨的管理方式。

从 1995 年到 1997 年，建设部和人事部开始共同组织试行、实施造价工程师职业资格考试与认证工作。同时从 1997 年开始由建设部组织我国工程造价咨询单位的资质审查和批准工作。此外，许多专业性工作已在按照国际通行的中介咨询服务方式运行。20 世纪 80 年代后期是我国工程项目造价管理在适应经济体制转化和与国际工程项目造价管理惯例接轨方面发展最快的一个阶段。

虽然如此，我国现阶段的工程项目管理与世界发达国家（如英国和美国）相比还存在很大差距，主要表现在工程项目造价管理体制方面和对于现代工程项目造价管理理论与方法的研究、推广和应用方面。在工程造价管理体制方面，我国仍然受到 20 世纪 50 年代引进的前苏联以标准定额管理为基础的工程造价管理体制的束缚。但是，现在的发达国家和地区基本上没有按照统一标准定额管理工程造价的体制，他们多数根据工程项目的特性、同类工程项目的统计数据、建筑市场行情和具体的施工技术水平与劳动生产率来确定和控制工程项目的造价。另外，在对工程项目造价管理的理论与方法的研究方面，我们多数是围绕标准定额管理体制展开有关造价管理理论与方法的研究，而发达国家则是按照工程项目造价管理的客观规律和社会需求展开研究。所以，我们应当看到在工程造价管理理论与方法的研究和应用方面还是比较落后的。

（2）工程造价管理体制改革的深化

党的十一届三中全会之前的传统的与计划经济相适应的概预算定额管理，实际上是用来对工程造价实行行政指令的直接管理，遏止了竞争，抑制了生产者和经营者的积极性与创造性。随着我国经济发展水平的提高和经济结构的日趋复杂化，计划经济的内在弊端逐步暴露出来。因此，进行市场机制的改革势在必行。市场机制是人类迄今为止解决自己的经济问题的最成功的手段，而价格是市场机制组织经济活动的灵魂。价格可以平衡供给和需求，鼓励技术、机制、管理创新，决定分配。因此，任何不包括工程造价改革的工程造价管理均无法适应当今世界经济全球化的趋势。我国经济体制的改革是以市场为导向的，也就是说，我国的工程造价管理改革不可能游离于国家经济体制改革之外。因此，工程造价管理改革最终要建立由市场形成的工程价格机制。

党的十一届三中全会后，随着经济体制改革的深入和对外开放政策的实施，我国基本建设概预算定额管理的模式逐步向工程造价管理模式转换。主要举措表现在以下几方面：

1）重视和加强项目决策阶段的投资估算工作，努力提高可行性研究报告投资估算的准确度，切实发挥其控制建设项目总投资的作用。

2）明确了概预算造价工作不仅要反映设计、计算工程造价，更要能动地影响设计、优化设计，并发挥控制工程造价、促进合理使用建设资金的作用。工程经济人员与设计人员需要密切配合，做好多方案的技术经济比较，通过优化设计来保证设计的技术经济合理性。要明确规定设计单位逐级控制工程造价的责任制，并辅以必要的奖罚制度。

3）从建筑产品也是商品的认识出发，以价值为基础，确定建设工程的造价和建筑安装工程的造价，使工程造价的构成合理化，逐渐与国际惯例接轨。

4）把竞争机制引入工程造价管理体制，打破以行政手段分配建设任务和施工单位依附于主管部门吃大锅饭的体制，冲破条块分割、地区封锁，在相对平等的条件下进行招标承包，择优选择工程承包公司和设备材料供应单位，以促使这些单位改善经营管理，提高应变能力和竞争能力，降低工程造价。

5）提出用"动态"方法研究和管理工程造价。研究如何体现项目投资额的时间价值，要求各地区、各部门工程造价管理机构要定期公布各种设备、材料、工资、机械台班的价格指数以及各类工程造价指数，要尽快建立地区、部门以及全国的工程造价管理信息系统。

6）提出要对工程造价的估算、概算、预算、承包合同价、结算价、竣工决算实行一体化管理，并研究如何建立一体化的管理制度，改变"铁路警察各管一段"的状况。

7）工程造价咨询服务业产生并逐渐发展。作为受委托方委托，为建设项目工程造价的合理确定和有效控制提供咨询服务的工程造价咨询单位在全国全面迅速发展，造价工程师执业资格制度正式建立，中国建设工程造价管理协会和各省、市、自治区工程造价管理协会普遍建立。

（3）推行工程量清单计价方式

我国加入 WTO 以后，工程造价管理改革日渐加速。随着 2000 年 1 月 1 日《中华人民共和国招标投标法》的实施，建设工程承发包主要通过招投标方式来实现。为了适应我国建筑市场发展的要求和国际市场竞争的需要，建设部于 2003 年初下文要求从 2003 年 7 月 1 日起在全国推行工程量清单计价模式。工程量清单计价模式与我国传统的定额加费率计算造价的模式不同，采用综合单价计价。工程项目综合单价包括了工程直接费、间接费、利润和相应上缴的税金，不再需要像以往定额计价那样进行套定额、调整材料差价、计算独立费等工作，使工程计价简单明了，更适合招投标工作。实施工程量清单计价，其意义重大：

1）有利于贯彻"公开、公平、公正"的原则。业主与承包商在统一的工程量清单基础上进行招标和投标，承发包工作更易于操作，有利于防止建筑领域的腐败行为。

2）工程量清单报价可以在设计过程中进行。不同于以往以施工图预算为基础报价，工程量清单报价可以在设计阶段中期就进行，缩短了建设周期，为业主带来明显经济效益。同时，设计周期也可适当延长，有利于提高设计质量。

3）工程量清单要求承包商根据市场行情、项目状况和自身实力报价，有利于引导承包商编制企业定额，进行项目成本核算，提高其管理水平和竞争能力。

4）工程量清单条目简单明了，有利于监理工程师进行工程计量，造价工程师进行工程结算，加快结算进度。

5）工程量清单报价对业主和承包商之间承担的工程风险进行了明确划分。业主承担了工程量变动的风险，承包商承担了工程价格波动的风险，对双方的利益都有一定程度的保证。

随着社会主义市场经济体制的建立，原有工程造价管理体制不能适应市场经济发展需要的必须进行改革。工程造价管理体制改革的目标是：建立市场形成价格的机制，实现工程造价管理市场化，形成社会化的工程造价咨询服务业与国际惯例接轨。

1.3 工程项目建设概述

1.3.1 基本建设与建设投资

(1) 固定资产投资概述

1) 固定资产是指在社会再生产过程中可供长期反复使用，并在其使用过程中基本上不改变实物形态的劳动资料和其他物质资料，如房屋、建筑物、机械设备、运输设备、工具用具等。在我国的会计实务中，企业以现行制度为依据，具体划分固定资产的标准，即：企业使用年限在一年以上的建筑物、机器设备、运输工具，以及其他与生产经营有关的设备和机具等。非生产经营用的主要设备物品，单位价值在 2000 元以上，并且使用期限超过 2 年的，也应作为固定资产。凡不符合上述使用年限、单位价值限额两项条件的劳动资料，一般称为低值易耗品。低值易耗品与劳动对象统称为流动资产。

固定资产与流动资产不仅在生产过程中具有不同的作用，而且它们周转方式与价值补偿方式也不相同。固定资产在消耗过程中不改变原有的实物形态，多次服务于产品生产过程，其自身价值在生产服务过程中逐步转移到产品价值中去，并在产品经营过程中以折旧的方式来保证固定资产价值的补偿和实物形态的更新。

为了满足社会生产和发展的需要，人们必须进行固定资产再生产。固定资产再生产分为简单再生产与扩大再生产。简单再生产是指固定资产在原有规模上的再生产，主要是通过更新改造使被消耗掉的固定资产在实物形态与价值形态上得到替换和补偿，维护原有的固定资产规模、生产能力和工程效益，是恢复生产力的过程。扩大再生产则是指扩大固定资产生产规模的再生产，通过项目建设使新增固定资产比消耗掉的固定资产规模扩大、价值量增长，从而使固定资产规模、生产能力和工程效益不断增加，是扩大生产力的过程。固定资产在使用过程中不断被消耗又不断得到补偿、更新和扩大。固定资产的建设、消耗、补偿、更新是一个反复的连续过程。

2) 固定资产投资是指投资主体为了特定的目的，以达到预期收益的价值垫付行为。固定资产投资通常是指投资主体垫支货币或物资以获取营利性或服务性固定资产的经济活动过程。区别不同投资性质和资金来源，固定资产投资可分为：构建新的固定资产的基本建设投资和更新改造原有固定资产的更新改造措施投资两大类别。基本建设投资来源，主要是国家预算造价内基本建设拨款、自筹资金和国内外基本建设贷款以及其他专项资金。更新改造措施投资来源，是利用企业基本折旧基金、国家更新改造措施拨款、企业自有资金、国内外技术改造贷款等。

(2) 基本建设的概念

基本建设是国民经济各部门为扩大再生产而进行的增加固定资产的建设工作，包括建筑安装和购置固定资产及与之相关的其他建设工作。

基本建设包括一系列庞杂的活动，具体地说就是把大量的资金、建筑材料、机械设备等，经过购置、建筑、安装等活动转化为固定资产，形成新的生产能力或工程效益的建设工作，同时还应包括与之相联系的工作，如征用土地、勘察设计、筹建机构、培训人员等。

基本建设的主要作用是：不断为各经济建设部门提供新的生产能力或工程效益；改善部门经济结构、产业结构和地区生产力的合理布局；用先进的科学技术改造国民经济，增强国家实力，提高社会生产技术水平；满足人民群众不断增长的物质文化生活的需要。

(3) 基本建设的内容

1) 建筑工程

建筑工程系指一般土建工程，包括永久性和临时性建筑物、一般构筑物工程。

2) 建筑装饰工程

建筑装饰工程是指为保护建筑物结构不受直接性侵蚀和改善与美化使用环境功能的建筑物表层构造工程，包括室内、外装饰工程两大部分。

3) 设备安装工程

设备安装工程是指各种机械设备和电气设备的装配与安装。

4) 其他基本建设工作

其他基本建设工作是指除上述工程以外的基本建设工作，按其内容大体分为三类。第一类是与土地有关的工作，如土地征用、补偿；第二类指与项目建设有关的工作，如筹建机构、勘察设计、工程监理等；第三类指与未来企业生产经营有关的工作，如联合试车、培训生产人员等。

1.3.2 建设项目分类与分解

(1) 建设项目的分类

1) 按建设性质分类

根据基本建设项目的建设性质，建设项目可分为基本建设项目和更新改造项目两大类。

(a) 基本建设项目是投资建设用于进行扩大生产能力或增加工程效益为目的的新建、扩建工程及有关工作。可细分为新建项目、扩建项目、迁建项目以及恢复项目。

(b) 更新改造项目是指建设资金用于对企、事业单位原有设施进行技术改造或固定资产更新，以及相应配套的辅助性生产、生活福利等工程和有关工作。包括挖潜工程、节能工程、安全工程与环境工程。

2) 按投资作用分类

基本建设按投资作用可分为生产性建设项目和非生产性建设项目。

(a) 生产性建设项目是指直接用于物质生产或直接为物质生产服务的建设项目，主要包括工业建设、农业建设、基础设施和商业建设。

(b) 非生产性建设项目（消费性建设）包括用于满足人民物质和文化、福利需要的建设和非物质生产部门的建设，主要有以下几方面：办公用房、居住建筑、公共建筑和其他建设。

3) 按建设工程项目的规模分类

根据国家规定标准，基本建设项目划分为大型、中型、小型三类，更新改造项目划分为限额以上和限额以下两类。

4) 按建设阶段分类

按建设阶段不同，建设项目可分为：筹建项目、施工项目、竣工项目和建成投产项目。

5）按建设项目的资金来源分类

按建设项目的资金来源和投资渠道不同，建设项目可分为：国家投资、银行贷款筹建、引进外资和长期资金市场筹资等建设项目。

（2）建设项目的分解

建设项目按照基本建设管理和合理确定建筑安装工程造价的需要，可分解为五个层次：建设项目、单项工程、单位工程、分部工程、分项工程。

1）建设项目

建设项目一般是指在一个总体设计范围内，由一个或者几个单项工程组成的，经济上实行独立核算，行政上实行统一管理的建设单位。一般一个企业（或联合企业）、事业单位均可视为一个建设项目，如：一座工厂、一所学院、一所医院等。

2）单项工程

单项工程亦称工程项目，是建设项目的组成部分，它具有独立的设计文件，能够单独组织施工，并且建成后能独立发挥设计所规定的生产效能和服务效能的建设工程，如工厂里的生产车间、学校中的教学楼、图书馆、宿舍等。

单项工程造价一般由编制单项工程综合概算或单项工程综合预算造价确定。

3）单位工程

单位工程是单项工程的组成部分，它是一个具有单独的设计文件，能够独立地组织施工，但建成后不能单独地发挥设计规定的生产效能和服务效能的建设工程。例如一个生产车间的厂房修建、电气照明、给水排水、工业管道安装、机械设备安装、电气设备安装等，都是生产车间这个单项工程中包括的不同性质工程内容的单位工程。

单位工程的工程造价一般由编制单位工程施工图预算造价或单位工程设计概算确定，是政府主管部门实施工程造价管理的最主要的对象。

4）分部工程

分部工程是单位工程的组成部分。它是按照建筑物或构筑物的结构部位或主要的工种工程划分的工程分项，例如一般土建工程分为：土石方工程、脚手架工程、砖石工程、混凝土及钢筋混凝土工程、楼地面工程、屋面及防水工程等等；又如建筑装饰工程分为：楼、地面工程，墙、柱面工程，顶棚工程，门、窗工程等等。

5）分项工程

分项工程是建筑工程的最基本组成要素，是分部工程的组成部分，是工程概预算造价中最基本的计价单元。一般根据分项所用工程材料和所选用的施工方法，按照主要工种工程来划分。如装饰工程中，墙、柱面工程划分为装饰抹灰、镶贴块料面层以及墙柱面基层及饰面等三项，装饰抹灰可分为干粘石、水刷石、斩假石等分项工程。

分项工程是建筑产品（整体工程）中最基本的假定产品。作为建筑安装工程的中间产品，它可以采用适当的计量单位和某一种计算方法计算出分项工程人工、材料、机具用量及其单价。因此，它是消耗量标准标定中计算确定人工、材料、机械及其资金消耗数量的最基本构造要素。基本建设工程项目划分的过程和它们之间的相互关系，如图2-4所示。

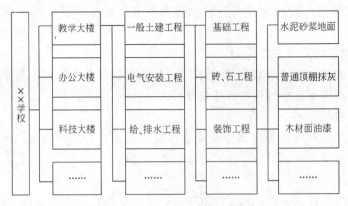

图 2-4　建设工程项目关系图

1.3.3　工程项目建设程序

基本建设程序是指建设项目从建议、决策、选址、设计、施工到竣工验收、投产、项目后评估的整个建设过程中,各项工作必须遵循的进程顺序。它是在认识客观规律的基础上制定的,是建设项目科学决策和顺利进行的重要保证。按照建设项目的内在联系和发展过程,建设程序分为若干阶段,各阶段有严格的先后次序,不能任意颠倒。基本建设一般程序为:

(1) 项目建议书阶段

项目建议书是根据国民经济发展计划中的中、长期计划和行业、地区发展规划,提出建设某一具体项目的建议文件。其主要作用是为推荐一个拟建项目的初步说明,论述项目建设的必要性、条件的可行性和获利的可能性,是建设管理部门选择确定进行下一步工作的重要参考。项目建议书经批准后,方可被列入前期建设计划并对该项目进行详细的可行性研究工作。

(2) 可行性研究阶段

可行性研究是根据项目建议书提供的初步资料,对拟建项目在技术、工程、经济和外部协作条件上是否合理和可行,进行全面分析论证,作出多方案比较,推荐最佳方案并编制可行性研究报告。

可行性研究根据研究侧重点、数据精度要求不同又分三个阶段:机会研究、初步可行性研究以及最终可行性研究。机会研究是在一定的地区和部门内,利用自然资源和市场需求调查资料,寻求选择最佳投资机会,并对项目投资方向提出设想的活动。机会研究比较粗略,对数据估算精度不太高,允许误差可在±30％左右。初步可行性研究是进一步对项目可行性和潜在效益进行论证和分析。初步可行性研究对项目所需投资和生产费用计算,允许误差可在±20％左右。最终可行性研究是对项目进行详尽、系统、全面论证,要以准确而有根据的数据为基础,编制多种方案,作出多种设想,进行反复比较分析,选择最佳方案。同时还要进行敏感性分析,即对某些特定因素的微小变化而足以推翻或确立方案的影响程度进行分析。最终可行性研究,对项目所需投资和生产费用进行计算,允许误差可在±10％左右。

(3) 建设地点的选择

建设地点的选择,按照隶属关系,由主管部门组织勘察等单位和所在地有关部门共同进行。凡在城市辖区内选点的，选点要结合城市发展规划，取得城市规划部门的同意，且要有协议文件。

（4）工程设计

工程设计是对拟建工程的实施，在技术上和经济上所进行的全面而详尽的安排，是基本建设计划的具体化，是组织施工的依据。工程建设项目设计应通过招投标择优选择设计单位。设计部门根据建设项目可行性研究报告和选址报告，按照要求，在勘察的基础上进行初步设计和施工图设计。对于重大项目和技术复杂项目，可根据不同行业的特点和需要，增加技术设计（扩大初步设计）。在初步设计、技术设计、施工图设计阶段分别进行"设计概算"、"修正概算"和"单位工程施工图预算"造价文件的编制。

（5）建设准备阶段

建设准备是指项目建设前必须做好的各项准备工作。其主要内容包括：征地、拆迁和场地平整，完成施工用水、电、路等工程，准备必要的施工图纸，组织施工招标投标，择优选定施工单位。项目在报批开工之前，必须由审计机关对项目的有关内容进行审计并提供证明。同时，项目还必须具备按施工进度要求满足不少于三个月以上的工程施工需要的施工图纸。施工单位选定后，在项目开工之前必须做好施工准备、组织设备、材料订货。

（6）编制年度基本建设投资计划

建设项目要根据经过批准的总概算和工期，合理地安排分年度投资，年度计划投资的安排，要与长远规划的要求相适应，保证按期建成。年度计划安排的建设内容，要与当年地方的投资总计划、材料、设备供应能力相适应，配套项目统筹安排，相互衔接。

年度基本建设投资是建设项目当年实际完成的工作量的投资额，包括用当年资金完成的工作量和动用库存材料、设备等资源完成的工作量。而财务拨款是当年基本建设项目实际货币支出。

（7）工程建造阶段

建设项目经批准开工建设，项目即进入了工程建造阶段。根据工程施工图设计和年度基本建设计划全面组织施工。施工企业（承包商）在承揽工程业务后工程开工前必须编制工程施工组织设计、单位工程施工图预算造价和单位工程施工预算造价。施工管理活动中，通常利用施工预算造价来实施对施工生产过程的投入控制。

（8）生产准备

在工程竣工、交付使用前，建设单位必须根据建设项目或主要单项工程生产技术特点，及时地组成专门班子或机构，有计划地抓好各项生产准备工作，以保证项目或工程建成后能及时投产。

（9）竣工验收、交付使用

竣工验收是工程建设过程的最后一环，是全面考核工程建设成果，检验设计和工程质量的重要步骤，也是工程建设转入生产和使用的标志。建设单位在工程竣工后应及时组织验收，使工程尽早投入使用，并由甲、乙双方会同办理竣工结算，各自办理竣工决算。

（10）后评价阶段

建设项目后评价是工程项目竣工投产、生产运营一段时间后，再对项目的立项决策、设计施工、竣工投产、生产运营全过程进行系统评价的一种技术经济活动，是固定资产投资管理的一项重要内容，也是固定资产投资管理的最后一个环节。通过建设项目后评价达到肯定成绩、总结经验、研究问题、吸取教训、提出意见、改进工作，不断提高项目决策水平和投资效果的目的。

按基本建设程序办事，要区别不同情况，具体项目具体分析。一方面在建设实践中要结合行业项目的特点和条件，有效地去执行基本建设程序；另一方面，尽管建设过程是一个庞杂的过程，其基本程序必须遵循"先勘察，后设计；先设计，后施工；先验收，后使用"的原则。

思考题与习题

1. 简述基本建设的主要内容。
2. 简述建筑装饰工程的基本内容。
3. 试述基本建设程序包括哪些阶段？它们与工程造价有何关系？
4. 建设项目通常可分解为哪五个层次？举实例说明。
5. 按工程建设阶段中的应用情形，建设工程造价可分为哪几类？
6. 何谓建筑装饰工程预算造价？

课题 2 建筑装饰工程造价构成

2.1 建设项目费用

2.1.1 建设项目费用构成

随着我国基本建设投资管理体制改革的不断深化，以及工程建设招标承包制的推行和不断完善，为适应项目经理承包责任制的实施、满足建筑市场竞争机制的要求，逐步理顺建筑安装工程费用项目与工程造价的关系，使建设工程造价趋于合理。为适应工程造价管理和工程造价计价方法改革的需要，自 1989 年以来，国家由建设部、建设银行牵头组织对工程费用项目划分问题进行了广泛而深入的讨论。1993 年建设部发布了建标［1993］894 号文件《关于建筑安装工程费用项目组成的规定》，2003 年建设部、财政部又印发了（建标［2003］206 号）文件，关于印发《建筑安装工程费用项目组成》的通知，规定了我国现行建筑安装工程费用项目组成。各省、市、自治区政府主管部门按照通知，根据本地区的现行状况制定与发布了适应性的建设工程费用项目取费标准，如湖南省于 2003 年发布了"建筑安装工程费用项目取费标准"，建设工程项目费用的构成如图 2-5 所示。

2.1.2 单项工程费用构成

单位工程费用包括：建筑装饰工程费、安装工程费、设备材料购置费、工程建设其他费用。

（1）建筑工程费

建筑工程费通常包括以下工程的费用：新建、扩建、改建和重建的建筑物中的一般土建、给水、排水、采暖、通风、电气照明等工程；铁路、公路、桥梁、码头、各种设备基础、工业炉砌筑、支架、栈桥、水池、水塔、冷却塔，烟囱、管架、挡土墙、厂区道路、绿化、围墙、矿井、工作平台、料仓等构筑物工程；电力和通讯线路的敷设等工程；各种

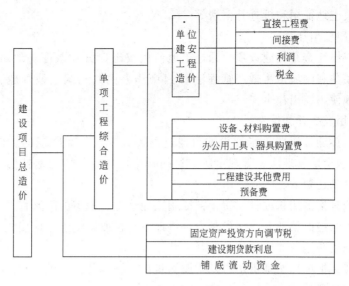

图 2-5 建设项目总造价

水利工程。其中每个工程费用又包括：直接费、间接费、规费、税金和利润等。

（2）安装工程费

安装工程费用，是指为进行各种需要安装的机械设备和电气设备的装配、装置工程和属于被安装设备的设施、管线敷设、绝缘、油漆、保温等工程，以及测定设备安装工程质量的试验、单个设备进行试车、修配和整理等的全部建设费用。其中包括：直接费、间接费、规费、税金和利润。

2.1.3 设备及工器具购置费用

（1）设备购置费

设备购置费用，是指为购置设计文件规定的各种机械和电气设备的全部费用。其中包括：设备的出厂价格、包装费、由制造厂或交货地点运至建设工地仓库的运输费、供销部门手续费和采购保管费等。设备购置费包括：永久设备购置费、材料、设备价差等费用。

（2）工具、器具及生产家具购置费

工具、器具及生产家具购置费，是指为购置生产、实验室、经营、管理或生活需用的，以及达到固定资产水平的各种工具、器具、仪器、用具和家具的费用。其中包括它们的原价、运至工地仓库的运输费、供销部门手续费和采购保管费等。例如，工具台、工具箱、实验仪器等的购置费。没有达到固定资产水平的购置费，应列入总概算其他工程费用中的相应概算内。

2.1.4 工程建设其他费用

工程建设其他费用，是指上述费用以外的，根据设计文件要求和国家有关规定应在工程建设投资中支付的并列入建设项目总概算或单项工程综合概（预）算的一些费用。它的特点是不属于建设项目中的任何一个工程项目，而是属于建设项目范围内的工程费用。工程建设其他费用一般由下列内容组成：

（1）土地使用费

土地使用费是指建设项目通过土地使用权出让或划拨方式取得土地使用权，所需土地使用权出让金及土地征用和拆迁补偿费等。

1）土地使用权出让金

土地使用权出让金是指建设项目通过土地使用权出让方式取得有限期的土地使用权，依照《中华人民共和国城市房地产管理法》、《中华人民共和国土地管理法》等法规的规定，支付的土地使用权出让金。

2）土地征用及拆迁补偿费

土地征用及拆迁补偿费是指建设项目通过划拨方式取得无限期的土地使用权，依照《中华人民共和国土地管理法》等规定所支付的费用，内容包括土地补偿费、征用耕地安置补助费、征地动迁费等。

土地补偿费是指占用耕地补偿费，被征用土地地上、地下的附属物及青苗补偿费，征用城市郊区菜地缴纳的菜地开发建设基金，耕地占有税或城镇土地使用税等。征用耕地安置补助费是指征用耕地需要安置人员的补助费。

征地动迁费是指征用土地上房屋及附属构筑物、城市公共设施等的拆迁补偿费、损失补贴费、拆迁管理费等。

（2）与项目建设有关的其他费用

根据项目的不同，与项目建设有关的其他费用的构成也不尽相同，一般包括以下各项。在进行工程估算及概算中可根据实际情况进行计算。

1）建设单位管理费

建设单位管理费是指建设项目从立项、筹建、建设、联合试运转、竣工验收、交付使用及后评估等全过程管理所需的费用。内容包括建设单位开办费、建设单位经费。

建设单位开办费是指新建项目为保证筹建和建设工作正常进行所需办公设备、生活家具、用具、交通工具等购置费用。

建设单位经费包括工作人员的基本工资、工资性补贴、职工福利费、劳动保护费、劳动保险费、办公费、差旅交通费、工会经费、职工教育经费、固定资产使用费、工具用具使用费、技术图书资料费、生产人员招募费、工程招标费、合同契约公证费、工程质量监督检测费、工程咨询费、法律顾问费、审计费、业务招待费、排污、竣工交付使用清理及竣工验收费、后评估等费用。不包括应计入设备、材料预算价格的建设单位采购及保管设备材料所需的费用。

建设单位管理费按照单项工程费用之和（包括设备工、器具购置费和建筑安装工程费用）乘以建设单位管理费率计算。

建设单位管理费率按照建设项目的不同性质、不同规模确定。有的建设项目按照建设工期和规定的金额计算建设单位管理费。

2）勘察设计费

勘察设计费是指为本建设项目提供项目建议书、可行性研究报告及设计文件等所需费用，内容包括：

（a）为本建设项目进行可行性研究而支付的费用（包括环保预测费），编制项目建议书、可行性研究报告及投资估算、工程咨询、评价以及为编制上述文件所进行勘察、设计、研究试验等所需费用。

（b）委托勘察、设计单位进行初步设计、施工图设计等按规定应支付的工程勘察设计费，在规定范围内由建设单位自行完成的勘察、设计工作所需费用。

(c) 施工图设计预算造价编制费及概预算编制。

(d) 在规定范围内由建设单位自行勘察、设计所需的费用。

勘察设计费中，项目建议书、可行性研究报告、勘察、设计费收费均按国家颁布的有关工程设计收费标准计算。如勘察费一般民用建筑 6 层以下的按 3～5 元/m² 计算，高层建筑按 8～10 元/m² 计算，工业建筑按 10～12 元/m² 计算。

3）研究试验费

研究试验费是指为建设项目提供和验证设计参数、数据、资料等所进行的必要的试验费用以及设计规定在施工中必须进行试验、验证所需费用。包括自行或委托其他部门研究试验所需人工费、材料费、试验设备及仪器使用费等。这项费用按照设计单位根据本工程项目的需要提出的研究试验内容和要求计算，但不包括以下几种费用：

(a) 应由科技三项费用（即新产品试制费、中间实验费和重要科学研究补助费）开支的费用项目；

(b) 应由间接费开支的施工企业对建筑材料、构件和建筑物进行一般鉴定、检查所发生的费用及技术革新的研究试验费用；

(c) 应由勘察设计费、勘察设计单位的事业费或者基本建设投资中研究实验内容开支的费用项目。

4）建设单位临时设施费

建设单位临时设施费是指建设期间建设单位所需临时设施的搭设、维修、摊销费用或租赁费用。临时设施包括临时宿舍、文化福利及公用事业房屋与构筑物、仓库、办公室、加工厂以及规定范围内的道路、水、电、管线等临时设施和小型临时设施。

5）工程监理费

工程监理费是指建设单位委托工程监理单位对工程实施监理工作所需费用。根据原国家物价局、建设部《关于发布工程建设监理费用有关规定的通知》（［1992］价费字 479号）等文件规定应计取的费用。

6）工程保险费

工程保险费是指建设项目在建设期间，根据工程建设过程需要实施工程保险所应当支付的费用。包括以各种建筑工程及其在施工过程中的物料、机器设备为保险标的建筑工程一切险，以安装工程中的各种机器、机械设备为保险标的的安装工程一切险以及机器损坏保险等。根据不同的工程类别，分别以其建筑、安装工程费乘以建筑、安装工程保险费率计算。民用建筑（住宅楼、综合性大楼、商场、旅馆、医院、学校）占建筑工程费的 2‰～4‰，其他建筑（工业厂房、仓库、道路、码头、水坝、隧道、桥梁、管道等）占建筑工程费的 3‰～6‰，安装工程（农业、工业、机械、电子、电器、纺织、矿山、石油、化学及钢铁工业、钢结构桥梁）占建筑工程费的 3‰～6‰。

7）引进技术和进口设备其他费用

引进技术及进口设备其他费用，包括出国人员费用、国外技术员来华费用、技术引进费、进口设备及检验鉴定费等。

(a) 国外技术员来华费用指为应聘来华的外国工程技术人员的生活和接待等支付的费用；

（b）出国人员费用指为引进技术和进口设备项目派出人员到外国培训和进行设计联络、设备材料检验所需的差旅费、生活费和服装费等；

（c）国外设计及技术资料费、专利和技术保密费、延期或分期付款利息、进口设备材料检验费；

（d）从外国引进成套设备建设项目工程建成投产前，建设单位向保险公司投保建筑装饰工程或安装工程应缴纳的保险费。

8）工程承包费

工程承包费是指具有总承包条件的工程公司，对工程建设项目从开始建设至竣工投产全过程的总承包所需的管理费用。具体内容包括组织勘察设计、设备材料采购、非标设备设计制造与销售、施工招标、发包、工程预决算、项目管理、施工质量监督、隐蔽工程检查、验收和试车直至竣工投产的各种管理费用。该费用按国家主管部门或省、自治区、直辖市协调规定的工程总承包费取费标准计算。如无规定时，一般工业建设项目为投资估算的6%～8%，民用建筑（包括住宅建设）和市政项目为4%～6%。不实行工程承包的项目不计算本项费用。

（3）与未来企业生产经营有关的其他费用

1）联合试运转费

联合试运转费是指新建企业或新增加生产工艺过程的扩建企业在竣工验收前，按照设计规定的工程质量标准，进行整个车间的负荷或无负荷联合试运转发生的费用支出大于试运转收入的亏损部分。费用内容包括：试运转所需的原料、燃料、油料和动力的费用，机械使用费用，低值易耗品及其他物品的购置费用和施工单位参加联合试运转人员的工资等。试运转收入包括试运转产品销售和其他收入。不包括应由设备安装工程费项下开支的单台设备调试费及试车费用。联合试运转费一般根据不同性质的项目按需要试运转车间的工艺设备购置费的百分比计算。

2）生产准备费

生产准备费是指新建企业或新增生产能力的企业，为保证竣工交付使用进行必要的生产准备所发生的费用。其费用内容包括：

（a）生产工人培训费，新建企业或新增生产能力的扩建企业在交工验收前自行培训或委托其他厂（矿）培训技术人员、工人和管理人员所发生的费用；

（b）提前进厂人员的费用，生产单位为参加施工、设备安装、调试以及熟悉工艺流程、机械性能等需要提前进厂人员所支出的费用。其费用内容包括：培训人员和提前进厂人员的工资、工资附加费、差旅费、实习费、劳动保护费和住宿通勤费等。

生产准备费一般根据需要培训和提前进厂人员的人数及培训时间，按生产准备费指标进行估算。值得人们注意的是：生产准备费在实际执行中是在时间上、人数上、培训深度上很难划分的活口很大的支出，尤其要严格掌握。

3）办公和生活家具、用具购置费

办公和生活家具、用具购置费是指为保证新建、改建、扩建项目，初期投入正常生产、使用和管理所必需的办公和生活家具、用具的购置费用。改、扩建项目所需的办公和生活用具购置费，应低于新建项目。其范围包括办公室、会议室、资料档案室、阅览室、文娱室、食堂、浴室、理发室、单身宿舍和设计规定必须建设的托儿所、卫生所、招待所、中小学校等家具用具购置费。这项费用按照设计定员人数乘以综合指标计算，一般为600～800元/人。

2.1.5 预备费

预留费是指为应付工程建设过程中出现的各种不可预见性问题而预留的资金，按其发生的性质不同区分为基本预备费和涨价预留。

（1）基本预备费

基本预备费指在初步设计及概算内难以预料的工程变化引起的费用开支，其内容包括：

1）在批准的初步设计范围内，技术设计、施工图设计及施工过程中所增加的工程费用，包括设计变更、局部地基处理等增加的费用。

2）难以预料的自然灾害造成的损失和预防自然灾害所采取的措施费用。实行工程保险的工程项目费用应适当降低。

3）竣工验收时为鉴定工程质量对隐蔽工程进行必要的挖掘和修复费用。

（2）涨价预备费

涨价预备费是指建设项目在建设期间内由于价格等变化引起工程造价变化的预测预留费用。费用内容包括：人工、设备、材料、施工机械的价差费，建筑安装工程费及工程建设其他费用调整，利率、汇率调整等增加的费用。

2.1.6 固定资产投资方向调节税与铺底流动资金

（1）固定资产投资方向调节税

固定资产投资调节税是指根据建设工程的性质、建设项目的规模和国家产业政策，按照《中华人民共和国固定投资方向调节税暂停条例》的税率表的规定计算的费用。为贯彻国家产业政策，控制投资规模，引导投资方向，调整投资结构，加强重点建设，促进国民经济持续、稳定、协调发展，对在我国境内进行固定资产投资的单位和个人征收固定资产投资方向调节税。该项费用列入建设项目总造价。

（2）建设期贷款利息

建设期贷款利息是指根据建设工程投资金额、按照规定的建设投资贷款息率及计息方法计算的建设期贷款利息支出。该项费用应列入建设项目总造价。

（3）铺底流动资金

铺底流动资金是指为保证生产或经营项目投入生产或经营初期能正常投产或经营而准备的铺底流动资金。为确保资金来源，按其所需流动资金的一部分（有规定为30%）列入建设项目投资。计入建设工程费用。

2.2 建筑装饰工程费用构成

根据2003年中华人民共和国建设部、财政部印发（建标［2003］206号）文件，关于印发《建筑安装工程费用项目组成》的通知的规定，我国现行建筑安装工程费用项目组成，如图2-6所示，建筑装饰工程费用项目包括直接费、间接费、利润和税金。

2.2.1 直接费

（1）直接工程费

直接工程费是指施工过程中耗费的构成工程实体的各项费用，包括人工费、材料费和

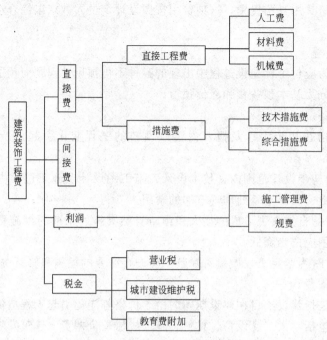

图 2-6　建筑安装工程费用项目组成

施工机械使用费。

1）人工费是指直接从事建筑安装工程施工生产工人开支的各项费用。单位工程人工费的计算公式为：

$$人工费＝\sum（分部分项工程人工消耗量定额×日工资单价）　　　　（2-4）$$

其中，日工资单价由日基本工资、日工资性补贴、日生产工人辅助工资、日职工福利费、日生产工人劳动保护费五部分组成。其含义分别为：

（a）基本工资，是指发放给生产工人的基本工资。

（b）工资性补贴，是指按规定标准发放的物价补贴，煤、燃气补贴，交通补贴，住房补贴和流动施工津贴等。

（c）生产工人辅助工资，是指生产工人年有效施工天数以外非作业天数的工资，包括职工学习、培训期间的工资，调动工作、探亲、休假期间的工资，因气候影响的停工工资，女工哺乳时间的工资，病假在六个月以内的工资以及产、婚、丧假期的工资等。

（d）职工福利费，是指按规定标准计提的职工福利费。

（e）生产工人劳动保护费，是指按规定标准发放的劳动保护用品的购置费、修理费、徒工服装补贴、防暑降温费和在有碍身体健康环境中施工的保健费用等。

2）材料费是指施工过程中耗用的构成工程实体的原材料、辅助材料、构配件、零件和半成品的费用。内容包括：

（a）材料原价（或供应价格）。

（b）材料运杂费，是指材料自来源地运至工地仓库或指定堆放地点所发生的全部费用。

（c）运输损耗费，是指材料在运输装卸过程中不可避免的损耗。

（d）采购及保管费，是指为组织采购、供应和保管材料过程中所需要的各项费用，包括采购费、仓储费、工地保管费和仓储损耗。

（e）检验试验费，是指对建筑材料、构件和建筑安装物进行一般鉴定和检查所发生的费用，包括自设试验室进行试验所耗用的材料和化学药品等费用，不包括新结构、新材料的试验费，也不包括建设单位对具有出厂合格证明的材料进行检验，对构件做破坏性试验及其他特殊要求检验试验的费用。

3）施工机械使用费是指施工机械作业所发生的机械使用费以及机械安、拆费和场外运费。机械使用费包括：

（a）折旧费，指施工机械在规定的使用年限内，陆续收回其原值及购置资金的时间价值。

（b）大修理费，指施工机械按规定的大修理间隔台班进行必要的大修理，以恢复其正常功能所需的费用。

（c）经常修理费，指施工机械除大修理以外的各级保养和临时故障排除所需的费用，包括为保障机械正常运转所需替换设备与随机配备工具附具的摊销和维护费用，机械运转中日常保养所需润滑与擦拭的材料费用，以及机械停滞期间的维护和保养费用等。

（d）安拆费及场外运费安拆费，指施工机械在现场进行安装与拆卸所需的人工、材料、机械和试运转费用以及机械辅助设施的折旧、搭设、拆除等费用，场外运费指施工机械整体或分体自停放地点运至施工现场，或由一施工地点运至另一施工地点的运输、装卸、辅助材料及架线等费用。

（e）人工费，是指机上司机（司炉）和其他操作人员的工作日人工费，以及上述人员在施工机械规定的年工作台班以外的人工费。

（f）燃料动力费，指施工机械在运转作业中所消耗的固体燃料（煤、木柴）、液体燃料（汽油、柴油）及水、电等。

（g）养路费及车船使用税，指施工机械按照国家规定及有关部门规定应缴纳的养路费、车船使用税、保险费及年检费等。

（2）措施费

措施费是指为顺利完成工程项目建造施工，发生于该工程施工前和施工过程中所采取的各种措施的费用。按照措施性质和费用计取方法可划分为技术措施费与综合措施费两类。

1）综合措施费，包括：

（a）环境保护费，是指施工现场为达到环保部门要求所需要的各项费用。

（b）文明施工费，是指施工现场文明施工所需要的各项费用。

（c）安全施工费，是指施工现场安全施工所需要的各项费用。

（d）临时设施费，是指施工企业为进行建筑安装工程施工所必须搭设的生活和生产用的临时建筑物、构筑物和其他临时设施费用等。临时设施包括：临时宿舍、文化福利及公用事业房屋与构筑物、仓库、办公室、加工厂以及规定范围内的道路、水、电、管线等临时设施和小型临时设施。临时设施费用包括：临时设施的搭设、维修、拆除或摊销费。

（e）夜间施工增加费，是指因夜间施工所发生的夜班补助费、夜间施工降效、夜间施工照明设备摊销及照明用电等费用。

2）技术措施费，包括：

（a）二次搬运费，是指因施工场地狭小等特殊情况而发生的二次搬运费用。

（b）大型机械设备进出场及安拆费，是指机械整体或分体自停放场地运至施工现场或由一个施工地点运至另一施工地点，所发生的机械进出场运输及转移费用，以及机械在施工现场进行安装和拆卸所需的人工费、材料费、机械费、试运转费及安装所需的辅助设施的费用。

（c）混凝土、钢筋混凝土模板及支架费，是指混凝土施工过程中需要的各种钢模板、木模板、支架等的支、拆、运输费用及模板、支架的摊销（或租赁）费用。

（d）脚手架搭拆费，是指施工需要的各种脚手架搭、拆、运输费用及脚手架的摊销（或租赁）费用。

（e）已完工程及设备保护费，是指竣工验收前，对已完工程及设备进行保护所需的费用。

（f）施工排水、降水费，是指为确保工程在正常条件下施工，采取各种排水、降水措施所发生的各种费用。

3）装饰装修工程常见技术措施项目，包括：

（a）大型机械进出场费及安拆费（包括基础及轨道铺设费）；

（b）高层建筑增加费；

（c）脚手架搭拆费；

（d）检验试验费；

（e）二次搬运费；

（f）已完工程保护费；

（g）缩短工期措施费；

（h）无自然采光、通风照明、通讯施工设施增加费；

（i）其他。

2.2.2　间接费

（1）规费

规费是指按照政府和有关管理部门的相关规定，必须缴纳的费用（简称规费）包括：

1）工程排污费，指施工现场按规定缴纳的工程排污费。

2）工程定额测定费，指按规定支付工程造价（定额）管理部门的定额测定费。

3）社会保障费，包括养老保险费、失业保险费、医疗保险费。其中养老保险费是指企业按规定标准为职工缴纳的基本养老保险费；失业保险费是指企业按照国家规定标准为职工缴纳的失业保险费；医疗保险费是指企业按照规定标准为职工缴纳的基本医疗保险费。

4）住房公积金，是指企业按规定标准为职工缴纳的住房公积金。

5）危险作业意外伤害保险，是指企业为从事危险作业的建筑安装施工人员支付的意外伤害保险费。

（2）企业管理费

企业管理费是指建筑施工企业从事施工经营活动，为组织工程项目所发生的管理费用。

企业管理费，内容繁多，可归纳为非生产性费用、为项目施工服务的费用、为工人服务的费用以及其他管理费用等几个方面。具体内容有：

1）管理人员工资，是指建筑施工企业管理人员的基本工资、工资性补贴及按规定标准的职工福利费。

2）办公费，是施工企业办公用文具、纸张、账表、印刷、邮电、书报、会议、水、电、燃煤（气）等费用。

3）差旅交通费，是施工企业职工因公出差、工作调动的差旅费，住勤补助费，市内及误餐补助费，职工探亲路费，劳动力招募费，离退休、退职职工一次性路费，工伤人员就医路费和工地转移费，以及管理部门使用的交通工具的油料、燃料、牌照、养路费等。

4）固定资产使用费，是指管理和试验部门及附属生产单位使用的属于固定资产的房屋、设备、仪器等的折旧、大修、维修或租赁费。

5）工具用具使用费，是指管理中使用不属于固定资产的工具、用具、交通工具、检验、试验、消防等的摊销及维修费用。

6）劳动保险费，是由企业支付离退休职工的易地安家补助费、职工退休金、六个月以上的病假人员工资、职工死亡丧葬补助费、抚恤费、按规定支付给离休干部的各项经费。

7）工会会费，是施工企业根据有关按职工工资总额的 2% 计提的用于工会活动的经费。

8）职工教育经费，是施工企业为职工学习先进技术和提高文化水平，按职工工资总额的 1.5% 计提的费用。

9）财产保险费，是施工企业管理用财产、车辆保险等保险费用。

10）财务费，是企业为筹集资金而发生的各项费用。

11）税金，是施工企业按规定交纳的房产税、车船使用税、土地使用税、印花税等。

12）其他费用，是指技术转让费、技术开发费、业务招待费、排污费、绿化费、广告费、公证费、法律顾问费、审计费和咨询费等。

2.2.3 利润

利润是施工企业完成所承包工程获得的盈利。利润的计取，不仅可以增加施工企业的收入，改善职工的福利待遇和技术装备，调动施工企业广大职工的积极性，而且可以增加社会总产值和国民收入。按照不同的计价程序，利润的形成也有所不同。在编制概算和预算时，依据不同的投资来源、工程类别实行差额利润率。

随着市场经济的进一步发展，企业决定利润率水平的自主权将会更大。在投标报价时，企业可以根据工程的难易程度、市场竞争情况和自身的经营管理水平自行确定合理的利润率。

2.2.4 税金

建筑安装工程的税金是指国家税法规定的应计入建筑安装工程造价内的营业税、城市维护建设税和教育费附加等。

（1）营业税的税额为营业额的 3%。

（2）城市维护建设税的纳税人所在地为市区的，按营业税的 7% 征收；所在地为县镇的，按营业税的 5% 征收；所在地为农村的，按营业税的 1% 征收。

（3）教育费附加为营业税的3%。

2.3 建筑装饰工程费用计算程序

根据建设部第107号令《建筑工程施工发包与承包计价管理办法》的规定，建筑工程施工发包与承包价的计算方法分为工、料单价法和综合单价法。

2.3.1 工、料单价法计价程序

工、料单价法是以分部分项工程量乘以单价后的合计为直接工程费。直接工程费以分部分项工程的人工、材料、机械的消耗量及其相应工、料、机单位价格计算确定。直接工程费汇总后，另行计算间接费、利润、税金生成工程发承包价，其计价程序区别不同计费基础分别按以下三种情形考虑。

（1）以直接费为计算基础

在工程建设实际中，建筑工程费用计算采用这种形式，其计价程序见表2-2。

以直接费为计算基础的工料单价计价程序　　　　　　　　表 2-2

序 号	费用项目	计算方法	备 注
1	直接工程费	按预算表	
2	措施费	按规定标准计算	
3	小计	(1)+(2)	
4	间接费	(3)×相应费率	
5	利润	[(3)+(4)]×相应利润率	
6	合计	(3)+(4)+(5)	
7	含税造价	(6)×(1+相应税率)	

（2）以人工费和机械费为计算基础

其计价程序见表2-3。

以人工费和机械费为计算基础的工料单价法计价程序　　　　　　表 2-3

序 号	费用项目	计算方法	备 注
1	直接工程费	按预算表	
2	其中人工费和机械费	按规定标准计算	
3	措施费	按预算表	
4	其中人工费和机械费	按规定标准计算	
5	小计	(1)+(3)	
6	人工费和机械费小计	(2)+(4)	
7	间接费	(6)×相应费率	
8	利润	(6)×相应利润率	
9	合计	(5)+(7)+(8)	
10	含税造价	(9)×(1+相应税率)	

（3）以人工费为计算基础

其计价程序见表 2-4。

以人工费为计算基础的工料单价法计价程序　　　　　　表 2-4

序　号	费用项目	计算方法	备　注
1	直接工程费	按预算表	
2	其中人工费	按规定标准计算	
3	措施费	按预算表	
4	其中人工费	按规定标准计算	
5	小计	(1)+(3)	
6	人工费小计	(2)+(4)	
7	间接费	(6)×相应费率	
8	利润	(6)×相应利润率	
9	合计	(5)+(7)+(8)	
10	含税造价	(9)×(1+相应税率)	

在工程建设实际中，建筑装饰工程和设备安装费用计算，采用这种形式，其计价程序见表 2-2。

2.3.2　综合单价法计价程序

综合单价法是分部分项工程为对象，按照其表示单价的内容可分为全费用单价和不完全费用单价。综合单价的内容包括直接工程费、间接费、利润和税金（措施费也可按此方法生成综合费用价格）。各分项工程量乘以综合单价的合价汇总后，生成工程发承包价。其计算公式表示为：

$$工程分项综合单价＝\sum（某分项工程量×该分项工程综合单价）\qquad (2-5)$$

由于各分部分项工程中的人工、材料、机械含量的比例不同，各分项工程可根据其材料费占人工费、材料费、机械费合计的比例（以字母"C"代表该项比值），在以下三种计算程序中选择一种计算其综合单价。

（1）以人工费、材料费、机械费合计为基数的计价程序

当 $C > C_0$（C_0 为本地区原费用定额测算所选典型工程材料费占人工费、材料费和机械费合计的比例）时，可采用以人工费、材料费、机械费合计为基数计算该分项的间接费和利润。其计价程序见表 2-5。

以直接工程费为计算基础的综合单价法计价程序　　　　　　表 2-5

序　号	费用项目	计算方法	备　注
1	分项直接工程费	人工费＋材料费＋机械费	
2	间接费	(1)×相应费率	
3	利润	[(1)+(2)]×相应利润率	
4	合计	(1)+(2)+(3)	
5	含税造价	(4)×(1+相应税率)	

（2）以人工费和机械费合计为基数时的计价程序

当 $C<C_0$ 值的下限时，可采用以人工费和机械费合计为基数计算该分项的间接费和利润。其计价程序见表 2-6。

以人工费和机械费合计为计算基础的综合单价法计价程序　　　　　表 2-6

序　　号	费用项目	计算方法	备　　注
1	分项直接工程费	人工费＋材料费＋机械费	
2	其中人工费和机械费	人工费＋材料费	
3	间接费	（2）×相应费率	
4	利润	（2）×相应利润率	
5	合计	（1）＋（3）＋（4）	
6	含税造价	（5）×（1＋相应税率）	

（3）以人工费为基数时的计价程序

如该分项的直接工程费仅为人工费，无材料费和机械费时，可采用以人工费为基数计算该分项的间接费和利润。其计价程序见表 2-7。

以人工费为计算基础的综合单价法计价程序　　　　　表 2-7

序　　号	费用项目	计算方法	备　　注
1	分项直接工程费	人工费＋材料费＋机械费	
2	直接工程费中人工费	人工费	
3	间接费	（2）×相应费率	
4	利润	（2）×相应利润率	
5	合计	（1）＋（3）＋（4）	
6	含税造价	（5）×（1＋相应税率）	

2.3.3　建筑工程费用费率的确定

按照中华人民共和国建设部、财政部关于印发《建筑安装工程费用项目组成》（建标〔2003〕206 号）的通知的规定，建筑安装工程费由直接费、间接费、利润和税金组成（见图 2-6）。其中，直接费中的措施费部分由环境保护费、文明施工费、安全施工费、临时设施费、夜间施工费、二次搬运费、脚手架费等 11 项组成；间接费中的规费由工程排污费、工程定额测定费、社会保障费等 5 项组成；间接费中企业管理费由管理人员工资、办公费、差旅交通费、职工教育经费、工会经费等 12 项组成；税金也包括营业税、城市维护建设税、教育费附加组成，而工程项目所在地不同，税金也不一样。这些费用都是建筑安装工程施工过程中可能要花费的费用，有些甚至是不可避免要花费的费用，但由于建筑安装施工生产的特点所决定，这些费用又不能以消耗量的形式列入预算定额分项之内。因此，我们就需要以费率作为定额的形式表现出来。

（1）措施费费率测算的方法

措施费在建设部（建标〔2003〕206 号）文件中指出了通用措施费项目的计算方法，各专业工程的专用措施费项目的计算方法由各地区或国务院有关专业主管部门的工程造价管理机构自行制定。通用措施费项目的费率测算可根据费用发生的具体情况进行测定与计算。

1）环境保护

环境保护费费率通常可按照企业承建工程项目直接工程费为计算基础进行测定与计算。

$$环境保护费费率(\%) = \frac{环境保护费用年度平均支付额}{全年建安产值 \times 直接工程费占总造价比例(\%)} \qquad (2-6)$$

2）安全文明施工费费率

安全文明施工费费率通常可按照企业承建工程项目的直接工程费为计算基础进行测定与计算。

$$安全文明施工费费率(\%) = \frac{安全文明施工费用年度平均支付额}{年建安产值 \times 直接工程费占总造价比例(\%)} \qquad (2-7)$$

3）临时设施费率

临时设施费有以下三部分组成：周转使用临建（如活动房）；一次性使用临建（如简易建筑）；其他临时设施（如临时管线）。

$$临时设施费 = (周转使用临建费 + 一次性使用临建费) \times (1 + 其他临时设施所占比率)$$
$$(2-8)$$

其中：

$$周转使用临建费 = \sum\left[\frac{临建面积 \times 每平方米造价}{使用年限 \times 365 \times 利用率(\%)} \times 工期(天)\right] + 一次性拆除费$$
$$(2-9)$$

$$一次性使用临建费 = \sum 临建面积 \times 每平方米造价 \times [1 - 残值率] + 一次性拆除费$$
$$(2-10)$$

其他临时设施在临时设施费中所占比例，可由各地区造价管理部门依据典型施工企业的成本核算资料经分析测算后综合取定。

临时设施费率通常可按照不同地区各类企业承建工程项目的直接工程费或者人工费为计算基础进行测定与计算。

（a）以直接工程费为计费基础时

$$临时设施费费率(\%) = \frac{临时设施费用年度平均支付额}{年建安产值 \times 直接工程费占总造价比例(\%)} \qquad (2-11)$$

（b）以工程人工费为计费基础时

$$临时设施费费率(\%) = \frac{临时设施费用年度平均支付额}{年建安产值 \times 工程人工费占总造价比例(\%)} \qquad (2-12)$$

4）冬、雨季及夜间施工增加费

冬、雨季及夜间施工增加费率通常可按照不同地区各类企业承建工程项目的直接工程费或者人工费为计算基础进行测定与计算。

$$夜间施工增加费 = \left(1 - \frac{合同工期}{定额工期}\right) \times \frac{直接工程费中人工费合计}{平均日工资单价} \times 日平均夜间施工费开支$$
$$(2-13)$$

（a）以直接工程费为计费基础时

$$冬雨季及夜间施工增加费率(\%)=\frac{冬雨季及夜间施工增加费年平均支付额}{年建安产值×直接工程费占总造价比例(\%)}$$

(2-14)

(b) 以工程人工费为计费基础时

$$冬雨季及夜间施工增加费率(\%)=\frac{冬雨季及夜间施工增加费年平均支付额}{年建安产值×工程人工费占总造价比例(\%)}$$

(2-15)

5) 二次搬运费

二次搬运费通常是按照企业承建工程项目的直接工程费为计算基础进行测定与计算。二次搬运费费率（%）的计算公式为：

$$二次搬运费费率(\%)=\frac{年平均二次搬运费开支额}{全年建安产值×直接工程费占总造价比例(\%)}$$ (2-16)

6) 大型机械进出场及安拆费

$$大型机械进出场及安拆费=\frac{一次进出场及安拆费×年平均安拆次数}{年工作台班}$$ (2-17)

7) 混凝土、钢筋混凝土模板及支架

$$模板及支架费=模板摊销量×模板价格+支、拆、运输费$$ (2-18)

$$租赁费=模板使用量×使用日期×租赁价格+支、拆、运输费$$ (2-19)

8) 脚手架搭拆费

$$脚手架搭拆费=脚手架摊销量×脚手架价格+支、拆、运输费$$ (2-20)

$$租赁费=脚手架每日租金×搭设周期+支、拆、运输费$$ (2-21)

9) 已完工程及设备保护费

$$已完工程及设备保护费=成品保护所需机械费+材料费+人工费$$ (2-22)

10) 施工排水、降水费

$$排水降水费=\sum 排降水机械台班费×排降水周期+排降水使用材料费、人工费$$

(2-23)

（2）间接费费率测算的方法

间接费费率包括规费费率和施工管理费费率。此项费用可根据工程建设地区或者工程施工企业承建典型工程承发包价格资料的分析，按照工程和价格资料综合取定规费计算中所需有关数据。如：每万元承发包价中人工费含量和机械费含量，人工费占直接费的比例，以及每万元承发包价中所含规费缴纳标准的各项基数。

间接费率（规费、施工管理费）的计算方法，按取费基数的不同分别为三种：

1) 规费费率，规费费率的计算公式为：

（a）以直接费为计算基础

$$规费费率(\%)=\frac{\sum 规费缴纳标准×每万元发承包价计算基数}{每万元发承包价中的人工费含量}×人工费占直接费的比例(\%)$$

(2-24)

（b）以人工费和机械费合计为计算基础

$$规费费率(\%)=\frac{\sum 规费缴纳标准×每万元发承包价计算基数}{每万元发承包价中的人工费和机械费含量}×100\%$$ (2-25)

（c）以人工费为计算基础

$$规费费率(\%)=\frac{\sum规费缴纳标准\times每万元发承包价计算基数}{每万元发承包价中的人工费含量}\times100\% \quad (2\text{-}26)$$

2）企业管理费费率的计算公式为：

（a）以直接费为计算基础

$$企业管理费费率(\%)=\frac{生产工人年平均管理费}{年有效施工天数\times人工单价}\times人工费占直接费比例(\%)$$

$$(2\text{-}27)$$

（b）以人工费和机械费合计为计算基础

$$企业管理费费率(\%)=\frac{生产工人年平均管理费}{年有效施工天数\times(人工单价+施工日机械使用费)}\times100\%$$

$$(2\text{-}28)$$

（c）以人工费为计算基础

$$企业管理费费率(\%)=\frac{生产工人年平均管理费}{年有效施工天数\times人工单价}\times100\% \quad (2\text{-}29)$$

（3）利润率测算的方法

利润计算公式见本课题中相关内容，具体利润率可由报价企业根据需要自由掌握确定。

（4）税金率计算的方法

税金包括建筑安装施工企业的营业税、城市维护建设税和教育费附加。根据国家税法的规定，结合现行的财务管理制度，按照建设工程税金的税项组成和本课题中提到的有关规定，税金计入工程造价时，税金率计算公式为：

$$税率(\%)=\left\{\frac{1}{1-营业税率(\%)\times(1+城市维护建设税率(\%)+教育费附加费率(\%))}-1\right\}$$

$$(2\text{-}30)$$

其中，税率根据企业承建项目所在的纳税地点的不同而变，按照各地的规定具体为：

1）纳税地点在市区的企业

$$税率(\%)=\frac{1}{1-3\%-(3\%\times7\%)-(3\%\times3\%)}-1=3.41\%$$

2）纳税地点在县城、镇的企业

$$税率(\%)=\frac{1}{1-3\%-(3\%\times5\%)-(3\%\times3\%)}-1=3.35\%$$

3）纳税地点不在市区、县城、镇的企业

$$税率(\%)=\frac{1}{1-3\%-(3\%\times1\%)-(3\%\times3\%)}-1=3.22\%$$

2.3.4　建筑工程费用计算实例

（1）建筑装饰工程取费标准

目前，我国正处于建筑工程造价计价方法改革的关键时期。《全国统一建筑装饰装修消耗量定额》（GYD—901—2002）已于 2002 年元月份在全国实施。《建设工程工程量清单计价规范》（GB 50500—2003）已于 2003 年 7 月在全国开始实施。各省、市都先后制定实施性细则，当然由于以往各地实行全国统一建筑工程《基础定额》的吻合程度不一，实施《计价规范》的步伐也尚未完全一致。本书为方便过程讨论，选用部分省市现行取费标准，以供参考，并借用其中的有关规定实施相关问题的讨论。

1）湖南省建筑装饰工程取费标准

（a）有关问题的规定

a）装饰装修工程不分总包、分包或二次装修均单独取费。

b）人工费按22元/工日作为取费基数。一般土建工程、土石方工程、装饰装修工程、园林绿化工程、仿古建筑、市政工程、路灯工程、包工不包料工程其人工费取费标准均按22元/工日调整。人工工资调差按我省建筑安装企业的人工工资实行地区级差工资标准。建筑、安装、土石方、装饰装修、市政、仿古建筑及园林绿化、路灯等工程由各市、州定额（造价）管理站根据本地实际情况，每年按统一时间测定当地最低工资标准，报省造价管理总站审批后，由省造价总站统一公布。

c）招标单位与投标单位签订施工合同时，其人工工资标准不得低于当地发布的最低工资标准。同时，为了维护劳动者合法权益，承包人（包括劳务承包）与生产工人签订的劳务合同，其工资标准同样不得低于当地发布的最低工资标准。

d）按国家规定准予分包的工程，其相关的不可竞争费用应由分包单位向总包单位计取。已由发包单位代缴或总包单位计取后已上缴部分，双方应办理相应手续。

（b）装饰装修工程取费标准，分别参见表2-8～表2-10。

施工企业取费费率参考表　　　　　　　　　　　　　　　　表2-8

项　目　名　称		施工管理费（包括财务费）		利　润	
		计费基础	费率（%）	计费基础	费率（%）
一般土建工程		直接工程费	12～4	直接工程费	9～4
土石方		直接工程费	8～4	直接工程费	7～4
工　程		人工费	32～17	人工费	33～24
装饰装修工程		人工费	42～34	人工费	38～28
安装工程		人工费	93～46	人工费	54～50
园林绿化工程		人工费	28～17	人工费	45～33
仿古建筑工程		直接工程费	9～6	直接工程费	7～5
市政工程	道路工程	直接工程费	9～6	直接工程费	6～4
	桥涵工程		11～7		8～5
	排水工程		9～6		6～4
	给排水构筑物工程		11～7		9～5
	给水、燃气集中供热工程	人工费	45～32	人工费	38～26
路灯工程		人工费	93～46	人工费	54～50
包工不包料工程		人工费	28～18	人工费	29～18

不可竞争费用　　　　　　　　　　　　　　　　表2-9

项　目　名　称		执行地区	计费基础	费率（%）
工程排污费　　工程定额测编费 工会经费　　　职工教育经费 职工失业保险费　职工医疗保险费 危险作业意外伤害保险		长沙、株洲、湘潭、岳阳、衡阳	税前造价	2.22
		其他地区		2.24
基本养老保险费				3.5
安全文明施工增加费	一般土建工程专业	全省		0.98
	其他专业			0.66

98

综合措施项目费参考表 表 2-10

项目名称		计费基础	费率(%)	
			临时设施费	冬雨季增加费等
一般土建工程		直接工程费	3～2	2.4～1.6
土石方工程		直接工程费	3～2	2.4～1.6
		人工费	13～9	13.2～8.8
装饰装修工程		人工费	13～11	13.2～8.8
安装工程		人工费	20～18	13.2～8.8
园林绿化工程		人工费	20～18	13.2～8.8
仿古建筑工程		直接工程费	3～2	2.4～1.6
市政工程	给水、燃气集中供热工程	人工费	12～8	13.2～8.8
	其他	直接工程费	3～2	2.4～1.6
	路灯工程	人工费	20～18	13.2～8.8

注：冬雨季施工增加费一栏中的费率包括生产工具使用费，工程测量放线、定位复测、工程点交、场地清理费。

2）广州市建筑装饰工程取费标准。参见表 2-11、2-12。

其他措施费取费标准 表 2-11

项目名称	执行地区	计费基础	费率(%)
临时设施费	广州市	直接工程费	1～1.6
工程保险费			0.02～0.04
工程保修费			0.1
赶工措施费			0.0～1.0
预算包干费			0.0～2.0
其他措施项目费			按实际发生
利润		人工费	

规费取费标准 表 2-12

项目名称	执行地区	计费基础	费率(%)
住房公积金	广州市	分项工程项目费+措施项目费+其他项目费	1.28
工程定额测编费			0.1
工程排污费			0.33
社会保险费			3.31
税金(含防洪维护费:0.13%)		税前造价	3.54

（2）建筑工程费用计算实例

【例 2-1】 定额计价方式，建筑装饰工程费用计算实例。

背景资料：

1）某办公楼装饰装修工程，按照湖南省现行建筑装饰工程计价办法，现行《全国统一建筑装饰工程消耗量定额》，湖南省某市建筑工程材料市场价格，采用工、料单价法编制单位建筑装饰装修工程。

经计算得：装饰分项工程定额直接工程费为：538568.18 元，其中定额人工费为：

58856.8元；技术措施费45323.50元，其中人工费为：28251.9元。

2）按照当期的造价管理部门颁布的调价文件的规定，建筑市场人工平均工资单价为：34.00元/工日。

3）承包企业根据自身的情况和工程的特点，同时考虑其他投标单位的情况，按照取费标准的取定原则，查建筑装饰工程取费表确定：综合措施费费率为20％，施工管理费费率为35％，利润率为30％，不可竞争费费率为6.38％，税金率为3.413％。

【解】 按照建筑装饰工程消耗量定额计价方式，按照工、料单价法计费程序计算。

1）分析：按照湖南省建筑装饰工程消耗量定额计价方式的规定，工程造价由工程分项直接工程费、措施项目费、施工管理费（含财务费）、利润、价差（包括工、料、机）、其他项目费、不可竞争费、税金组成。

2）按照湖南省工程计价暂行办法中的一个规定，装饰装修工程造价中各项工程费用的计算以定额人工费为计费基础。其计费程序如表2-13所示：

以人工费为取费基础的工程计价程序如下　　　　　表 2-13

序号	名　　　称	计算办法及计算程序
1	直接费	1.1＋1.2＋1.3
1.1	定额直接工程费	按定额计算的费用之和(安装工程等包括主材费)
1.2	技术措施项目费	按附件以及附件四的规定计取
1.3	综合措施项目费	(1.1＋1.2)中的人工费×综合措施项目费费率
2	施工管理费	(1.1＋1.2)中的人工费×施工管理费费率(含财务费率)
3	利润	(1.1＋1.2)中的人工费×利润费率
4	价差	∑[消耗量×(市场价－定额价)]
5	其他	由承(发)包方根据工程具体情况计算。包括计时工、协商项目等
6	不可竞争费用	(1～5)×不可竞争费用费率
7	税金	(1～6)×税率
8	工程造价	1～7

3）采用工料单价法编制，背景资料中的数据，材料费已属市场价格状态，无须调整，但人工费由于计费的需要采用了定额状态的工资单价。

4）根据背景资料，按照装饰装修工程计费程序，列表计算如下，见表2-14。

【例2-2】 工程量清单计价方式，建筑装饰工程费用计算。

背景资料：

某建筑装饰项目，实施国内公开招标，工程实行施工总承包（土建、装饰装修工程），工程建设地：广州市市区；深圳市建筑工程股份有限公司参加投标时，有关费率取定如下：其他措施项目费费率的2.76％，规费费率按表2-12所列取定；税率为：3.54％计取。

【解】 按照工程量清单计价方式：建筑装饰工程造价由分部分项工程项目费、措施项目费、其他项目费、规费、税金组成。按照广州市工程计价办法的规定：其计费程序、计算过程及结果见表2-15所示。

建筑装饰工程造价汇总表

表 2-14

工程名称：办公楼装饰装修工程

序号	项目名称	计算方法	计费基础	费率%	金额(元)
1	直接费	1.1+1.2			601313.42
1.1	定额直接工程费	按计价表计算的费用之和(安装工程等包括主材费)			538568.18
1.1.1	其中定额人工费				58856.80
1.1.2	其中分项材料费				—
1.1.3	其中分项机械费				—
1.2	措施项目费	1.2.1+1.2.2			62745.24
1.2.1	技术措施项目费	按技术措施分项规定计取			45323.50
1.2.2	其中定额人工费				28251.9
1.2.3	综合措施项目费	(1.1.1+1.2.11)×综合措施费费率	87108.70	20.0	17421.74
2	施工管理费	(1.1.1+1.2.11)×施工管理费费率(含财务费费率)	87108.70	35.0	30488.05
3	利润	(1.1.1+1.2.11)×利润率	87108.70	30.0	26132.61
4	价差	4.1+4.2+4.3			47513.44
4.1	人工工资调差	(1.1.1+1.2.11)×利润率	87108.70	54.545	47513.44
4.2	材料价格调差	主材价差计算表			—
4.3	机械费调差	1.1.3×机械调差系数			—
5	其他	由承发包方按情况计算。			—
6	不可竞争费用	∑(1～5)×不可竞争费费率	705447.52	6.38	45007.55
7	税金	∑(1～6)×税率	750455.07	3.413	25613.03
8	工程造价	∑1～7			776068.10
	大写	柒拾柒万陆千零陆拾捌圆壹角整			

单位建筑装饰工程造价汇总表

表 2-15

序号	项目名称	计算方法	计费基础	费%率	金额(元)
1	分部分项工程量清单计价合计				3681346.34
2	措施费	2.1+2.2			957883.18
2.1	技术措施项目清单计价合计				833279.51
2.2	其他措施项目费	(1+2.1)×%	4514625.85	2.76	124603.67
3	其他项目清单计价合计				0.00
4	规费(4.1+4.2+4.3+4.4+4.5)				232889.32
4.1	社会保险费	(1+2+3)×%	4639229.52	3.31	153558.49
4.2	住房公积金	(1+2+3)×%	4639229.52	1.28	59382.14
4.3	工程定额测定费	(1+2+3)×%	4639229.52	0.1	4639.23
4.4	工程排污费	(1+2+3)×%	4639229.52	0.33	15309.46
4.5	施工噪音排污费	如果发生,由投标人在计算方法中说明计算基础及费率			0.00
5	税金及防洪工程维护费	(1+2+3+4)×%	4872118.84	3.54	172473.00
6	合计	(1+2+3+4+5)			5044591.84
7	大写:	伍百零肆万肆千伍百玖拾壹圆捌角肆分整			

思考题与习题

1. 试说明单位建筑装饰工程造价费用构成。
2. 试说明直接工程费与措施费的基本内容和主要区别。
3. 何谓建筑装饰工程技术措施费，通常可以考虑哪些项目？
4. 何谓材料料价差，常见的调整方法有几种？
5. 取费费用具有哪些特点、常用的计取方法有哪几种？
6. 如何确定装饰工程取费费率，试举例说明。
7. 现行建筑装饰工程综合税金包括哪些内容，如何确定综合税金率？
8. 根据你所在地区现行的建筑安装工程取费标准的规定，简述单位装饰工程预算造价计费程序。
9. 试根据下列资料，按照当地现行建筑装饰工程取费标准，计算该单位工程造价。

某单位办公楼进行整栋二次装修，假设由工程施工图预算编制得：

(1) 分部分项工程估价表直接费为：323758.58 元
(2) 其中定额人工费为：103528.75 元
(3) 技术措施项目费：62516.80 元
(4) 其中定额人工费：21205.56 元
(5) 主要材料价差为：13527.25 元

课题 3 建筑装饰工程人工、材料、机械台班单价的确定

3.1 人 工 单 价

3.1.1 人工单价的概念与组成

(1) 人工单价的概念

人工单价也称工资单价，是指一个建筑安装工人工作一个工作日应得的劳动报酬，故又有日工资之称。

工作日是一个工人工作一个工作天，按我国劳动法的规定，一个工作日的劳动时间为：8.0h，简称"工日"。

劳动报酬应包括一个人物质需要和文化需要应报酬。具体地讲，应包括本人衣、食、住、行、生、老、病、死等基本生活的需要，以及精神文化的需要，还应包括本人基本供养人口（如父母及子女）的需要。

(2) 人工单价的组成

人工日工资单价由基本工资、工资性补贴、辅助工资、福利费、劳动保护费等组成。

1) 基本工资：指按企业工资制度应支付给建筑安装生产工人的工资，它包括为满足生产工人本人穿衣、吃饭等支出的费用。

2) 工资性补贴：指类似工资性质的补贴，为补偿工人额外的特殊的劳动消耗和为保证工人工资水平不受特殊条件影响，而以补贴形式支出给工人的费用。它包括交通补贴、

住房租金补贴、流动施工补贴、地区补贴等内容。

3）辅助工资：指生产工人年有效施工天数以外非作业天数的工资。包括职工学习培训期间的工资，调动工作、休假期间的工资，因气候影响的停工工资，女工哺乳期间的工资，病假在六个月以内的工资及产、婚、丧假期的工资。

4）福利费：指按有关规定标准计提的职工福利费。包括书报费、洗理费、防暑降温及取暖费等内容。

5）劳动保护费：指按有关规定标准发放的劳动保护用品、生产工人在有碍身体健康环境中从事工作的保健津贴等费用。

3.1.2 人工单价的确定

根据"国家宏观调控、市场竞争形成价格"的现行工程造价的定价原则，生产人工日工资单价由市场形成，国家或地方不再定级定价。人工单价的确定：一般根据人工工资内容构成，参考工程所在地工资标准，进行综合取定。

例某地区某期建筑安装工人平均工资组成，经综合测算并取定工资单价。如表 2-16 所示。

表 2-16

工人平均工资单价表

序号	工资组成项目	费用(元/工日)
1	基本工资	10.50
2	工资性补贴	5.50
3	辅助工资	3.00
4	福利费	1.50
5	劳动保护费	1.50
6	合计	22.00

3.1.3 人工单价的影响因素

（1）社会平均工资水平

建筑安装工程人工工资单价水平应当和社会平均工资水平趋同。社会平均工资水平取决于社会经济发展水平。由于我国改革开放以来经济迅速增长，社会平均工资水平有了大幅增长，从而使得建筑安装工程人工工资单价已有大幅的提高。

（2）生产费指数

生产费指数反映不同时期、不同地域的产品生产费用支付状况。为防止人们生活水平的下降或维持人们的正常生活水平，地方生产费指数提高的同时必须考虑提高工人的日工资单价。生活消费指数的变动决定于物价的变动，特别是生活消费品价格的变动情况的影响尤为明显。

（3）人工单价的组成内容

我们已经知道人工日工资单价由市场形成，人工工资内容构成很多，而有些内容不一定全部列入，例如住房消费、养老保险、医疗保险、失业保险费等都列入人工工资，就会使人工单价提高。

（4）劳动力市场供需变化

劳动力市场供需状况变化必然引起人工工资单价发生变化。当市场劳动力供不应求，人工工资单价就会提高；市场劳动力供大于求，市场竞争激烈，人工工资单价就会下降。

（5）政府推行的相关政策

政府推行的有关政策对劳动力具有某种程度上调节作用，社会保障制度和福利政策的推行，就会影响人工工资单价的变动。

3.2　建筑装饰工程材料单价

3.2.1　材料单价的概念及其组成

（1）材料价格的概念

材料（包括构件、成品及半成品等）价格是指材料的单位价格，即从其来源地（或交货地点）到达施工工地仓库或堆放场地后的出库价格。以往称为材料预算价格。

（2）材料价格的组成内容

材料价格包括组织材料过程中及在施用时耗费的原材料、辅助材料（构配件、零件、半成品）等的全部费用。材料价格构成可用简图示意，如图 2-7 所示。

图 2-7　材料价格构成示意简图

材料价格一般由材料原价、供销部门手续费、包装费、运输费、采购及保管费等组成。

3.2.2　材料单价的确定

（1）材料原价的确定

材料原价是指材料的出厂价、市场批发价、零售价以及进口材料的调拨价等。

在确定材料原价时，对于同一种材料由不同购买地及购买单价不同时，应根据不同的供货数量及单价，采用加权平均的办法计算其材料的平均原价。其计算公式为：

$$平均原价＝\sum（各来源地供货权份\times各来源地材料原价） \tag{2-31}$$

$$平均原价＝\frac{\sum（各来源地供货量\times各来源地材料原价）}{\sum（各来源地供货总量）} \tag{2-32}$$

式中　供货权份＝各来源地供货数量/总的供货数量

【例 2-3】　某地区某期间，建筑工程用 42.5 级硅酸盐水泥，由甲、乙、丙三个生产厂供应；甲厂 400t，单价为：380 元/t；乙厂 400t，单价为：390 元/t；丙厂 200t，单价为：400 元/t。求该批 42.5 级硅酸盐水泥的平均原价。

【解】　① 加权系数法

（400/1000）×380＋（400/1000）×390＋（200/1000）×400＝152＋156＋80＝388元/t

② 总金额法

$$（400×380＋400×390＋200×400）/（400＋400＋200）$$
$$＝（152000＋156000＋80000）/1000＝388元/t$$

（2）供销部门手续费的确定

材料的供销部门手续费是指根据国家和地方政府现行的物资供应管理体制或者市场供

应状况，不能直接向生产单位采购订购，需经过当地物资部门或供应公司供应时应收取的经营管理费用。供销手续费按照规定的费率计取，其计算公式为：

$$供销手续费 = 材料原价 \times 供销手续费率 \qquad (2-33)$$

供销手续费费率一般由有关主管部门规定，通常不同类别的材料，供销手续费费率也不一样。建筑材料一般为：$3.0\% \sim 6.0\%$。

【例 2-4】 沿用【例 2-3】，某地区某期间，建筑工程用 42.5 级硅酸盐水泥，按当地当时主管部门的规定：水泥的供销手续费率为：6.0%。试计算其供销手续费。

【解】 根据题意，将有关数据代入公式有：

$$单位供销手续费 = \frac{(400 \times 380 + 400 \times 390 + 200 \times 400) \times 6.0\%}{400 + 400 + 200} = 23.28 元/t$$

（3）包装费

包装费是为使材料在搬运、保管中不受损失或便于运输而对材料进行包装发生的费用。包装费按照提供方式的不同，有以下三种情形：

1）原带包装。指包装品由材料生产时提供，其包装费已计入材料原价中，不再另行计算，但应扣除包装品的回收价值。

包装器材的回收价值，如地区有规定者，按照地区规定计算。地区如无规定者，可根据实际情况，参照一定比例确定。

$$包装材料回收值 = 包装费 \times 回收率 \times 残值率 \qquad (2-34)$$

式中　回收率：即包装材料的回收比率。

回收率 =（包装材料的回收量/包装材料的发生量）$\times 100\%$

残值率：回收包装材料的价值与原包装材料价值的比率。

残值率 =（回收包装材料的价值/原包装材料的价值）$\times 100\%$

2）自备包装。指包装品由材料购买商自备，其包装品费应按包装品置备与维修费用之和进行摊销。其计算公式为：

$$包装品费 = \frac{包装品置备费 + 包装品使用期维修费}{包装品标准容积} \qquad (2-35)$$

3）租赁包装。指由材料购买方租赁包装品租赁公司的包装品，其包装品费应按包装品租赁金与包装品返回运费之和进行摊销。其计算公式为：

$$包装品费 = \frac{包装品租赁费 + 包装品返回运费}{包装品标准容积} \qquad (2-36)$$

（4）运输费

材料的运输费是指材料由采购地点至工地仓库的全程运输费用。运输费用包括车船运费、吊车和驳船费、出入仓库费、装卸费及合理的运输损耗等项内容。

1）材料运输费

材料的运输费用应按照国家有关部门和地方政府交通运输部门的规定计算。对于同一品种的材料如有若干个来源地，其运输费用应根据材料来源地、运输里程、运输方法和运价标准，采用加权平均的方法计算运输费。

$$平均运输费 = \frac{\Sigma(各来源地供货量 \times 各来源地运杂费)}{\Sigma(各来源地供货量)} \qquad (2\text{-}37)$$

【例 2-5】 沿用【例 2-3】【例 2-4】，某地区某期间，建筑工程用 42.5 级硅酸盐水泥，按当时当地主管部门规定的计算方法，计算而得：甲、乙、丙地水泥的运杂费分别为：7.50 元/t，8.00 元/t，9.50 元/t；运输费分别为：12.50 元/t，11.50 元/t，15.50 元/t。试计算其供销手续费。

【解】 根据题意，将有关数据代入公式（2-37）有：

$$平均运杂费 = \frac{(400 \times 7.5 + 400 \times 8.0 + 200 \times 9.5)}{400 + 400 + 200} = 3.0 + 3.2 + 1.90 = 8.10 元/t$$

$$平均运输费 = \frac{(400 \times 12.5 + 400 \times 11.50 + 200 \times 15.5)}{400 + 400 + 200} = 5.0 + 4.6 + 3.10 = 12.7 元/t$$

2) 运输损耗

材料的运输损耗是指材料在运输过程中不可避免的损耗费用。运输损耗一般按材料到库前价格的比率综合计取，也可以按市场价格计取；可以计入运输费用中，也可以单独列项计算。其计算公式：

材料运输损耗＝（材料原价＋供销手续费＋包装费＋运输费）×运输损耗率 （2-38）

【例 2-6】 沿用【例 2-3】【例 2-4】【例 2-5】，某地区某期间，建筑工程用 42.5 级硅酸盐水泥，按当时当地主管部门规定的计算方法，材料运输损耗为：1.0%。试计算材料运输损耗。

材料运输损耗＝（388＋23.28＋8.10＋12.7）×1.0%＝4.32 元/t

（5）采购及保管费

采购及保管费是指材料供应过程中为材料的组织、采购和保管所发生的各项必要费用。采购及保管费通常按材料出库前价格的比率进行计取。采购及保管费率一般综合取定值为 2.5% 左右。各地区根据不同的情况，按照材料在工程中的重要性分为不同的标准。例如钢材、木材、水泥为 2.5%，水电材料为 1.5%，其余材料（地方性材料）为 3.0%。其计算公式：

材料采购及保管费＝（材料原价＋供销手续费＋包装费＋运输费＋

运输损耗）×采购及保管费率 （2-39）

材料采购及保管费＝（388＋23.28＋8.10＋12.7＋

4.32）×2.50%＝436.4×2.5%＝10.91 元/t

（6）材料价格的确定

材料价格的计算公式：根据材料价格的组成。按照各项费用算法，其计算公式：

材料价格＝［材料原价(1＋供销手续费率)＋包装费＋

运输费］×(1＋运损率)×(1＋采、保费率)－包装品回收值 （2-40）

3.2.3 材料价格计算实例

（1）材料价格计算

【例 2-7】 某地区某时期工程用钢筋，材料供货情况如表 2-17 所示，注：过程中不考虑包装品费。试计算其材料价格。

供应地点	甲	乙	丙
供货数量	500	200	300
材料供应价	3680	3820	3760
运输费标准(元/t·km)	1.50	1.90	1.60
运输距离(km)	10	12	8
运杂费(元/t.)	8.7	9.5	8.8
运输损耗(%)	1.50	1.50	1.50
采购及保管费(%)	2.5	2.5	2.5
检验试验费(%)	2.00	2.00	2.00

【解】　① 计算钢筋的加权平均供应价。根据供货资料，代入计算公式（2-32）有：

钢筋的加权平均供应价＝(500×3680＋200×3820＋300×3760)/

(500＋200＋300)＝3732.00元/t

② 计算钢筋的加权平均运输费。根据供货资料，代入计算公式（2-37）有：

钢筋的加权平均运输费＝(1.5×10.0＋8.7)×0.5＋(1.9×12.0＋9.5)×0.2＋

(1.6×8.0＋8.8)×0.3＝11.85＋6.46＋6.48＝24.79元/t

③ 计算钢筋的检验试验费。根据供货资料，参照代入计算公式（2-38）有：

钢筋的检验试验费＝(3732.00＋24.79)×2.0％＝75.14元/t

④ 计算钢筋的材料价格。根据题意及前面各步的计算结果，将有关数据代入公式
（2-40），该批工程用钢筋的单位价格有：

钢筋的材料预算价格＝(3732＋24.79＋75.14)×(1＋0.015)×(1＋0.025)

＝3831.93×(1＋0.015)×(1＋0.025)

＝3986.64元/t

(2) 关于材料预算价格中采购及保管费

1) 划分采购保管费的原因

在工程预算造价中的材料费是按照材料预算价格计算的，由于材料预算价格中包含有
采购及保管费，如果工程中有的建筑材料由建设单位提供和供应，那么施工单位和建设单
位在办理完工程竣工结算后，甲乙双方各自的竣工决算中，建设单位应从材料费中扣除建
设单位自己应得的材料采购管理费。

2) 采购及保管费划分的规定

采购及保管费的划分应按照各省、市工程造价主管部门的规定。如有些地区规定：建
筑材料全部由施工单位采购，施工单位应向建设单位收取工程材料采购及保管费。如建筑
材料有一部分由建设单位采购，对于由建设单位采购的部分建筑材料施工单位应该收取
70％的采购及保管费，另外30％的采购及保管费由建设单位收取。

(3) 影响材料预算价格的主要因素

1) 建筑装饰材料市场供求状况的变化必然会影响材料预算价格。

2) 建筑装饰工程材料的生产成本的变动会直接影响材料的预算价格。

3）材料供应体制和流通环节的多少会影响材料预算价格。

4）工程材料的运输距离和运输方法的改变会直接影响材料的运输费用，从而也影响到工程材料的预算价格。

5）国际市场行情会对进口材料的价格产生影响。

3.3 施工机械台班单价

3.3.1 台班单价的概念与组成

（1）施工机械台班单价的概念

施工机械台班单价又称为施工机械台班使用费，它是指一台施工机械在正常运转的条件下，工作一个台班所发生的分摊和支出的费用。每台机械工作 8 小时为一个台班。

施工机械台班费是编制建筑装饰工程造价的基础单价之一，在实际应用中它是施工企业进行施工机械费成本核算的主要依据，其水平的高低直接影响建筑装饰工程造价和企业的经济效益。合理计算确定建筑装饰工程施工机械台班费，对促进施工机械化水平的提高和降低工程造价都有重要的意义。

（2）施工机械台班单价的组成

建筑装饰工程施工机械台班单价按照有关规定由七项费用组成。这些费用按其性质分类，划分为一类费用，二类费用。

1）第一类费用

第一类费用是指固定费用又称不变费用，通常指不因工程建设地的经济环境和资源条件的不同而发生大的变化的那一部分费用。其内容包括：折旧费、修理费、常修理费、安拆费及场外运输费。

2）第二类费用

变动费用又称可变费用，通常指因工程建设地的经济环境和资源条件的不同而有较大的变化。其内容包括机上人员工资，燃料、动力费，车船使用税，养路费，牌照费，保费等。

3.3.2 施工机械台班单价的确定

（1）折旧费

施工机械折旧费是施工机械在规定的使用期限（耐用总台班）内，应陆续收回其原值及支付贷款利息的费用。通常按每一个机械台班所摊销的费用进行计算。其计算式如下：

$$台班折旧 = \frac{施工机械购买价 \times (1 - 残值率) + 贷款利息}{机械耐用总台班} \qquad (2\text{-}41)$$

式中　机械购买价——由机械生产厂的出厂（或到岸完税）价格和生产厂（或销售单位交货地点）运至使用单位机械管理部门验收入库的全部费用组成。其计算式可表述如下：

$$机械购买价 = 机械原价 \times (1 + 机械购置附加费率) + 手续费 + 运杂费 \qquad (2\text{-}42)$$

残值率——指机械报废时，其回收的残余价值与其原值的比率。施工机械残值率，各地有规定时按规定计算，其计算式如下：

$$残值率 = (机械残余价值 / 机械原值) \times 100\%$$

耐用总台班——指施工机械从开始投入使用到报废前所能使用的总台班数，其计算公式可表示如下：

$$耐用总台班＝大修理间隔台班×大修理周期 \qquad (2\text{-}43)$$

（2）机械大修理费

施工机械大修理费是指为恢复和保持施工机械的正常使用功能，按规定的大修理间隔台班进行必须的大修理所需开支的费用。其计算式如下：

$$台班大修理费＝\frac{一次大修理费×（大修理周期－1）}{机械耐用总台班} \qquad (2\text{-}44)$$

（3）经常修理费

经常修理费是施工机械在寿命期内除大修理以外的各级保养及临时故障排除所需的各项费用，为保障施工机械正常运转所需替换设备，随机使用工具器具的摊销和维护费用，机械运转与日常保养所需的油脂，擦拭材料费用和机械停歇期间的正常维护保养费用等，通常采用以下公式计算：

$$施工机械经常修理费＝施工机械台班大修理×K \qquad (2\text{-}45)$$

式中　K——表示施工机械经常维修费系数。

机械台班经常维修系数等于机械台班经常维修费与机械台班大修理费的比值。几种常见典型建筑机械的 K 值可参考表 2-18。

典型建筑机械 K 值表

表 2-18

机械种类	载重汽车		自卸汽车		塔式起重机
	6t 以内	6t 以上	6t 以内	6t 以上	
K 值	5.61	3.93	4.44	3.34	3.94

（4）安拆费及场外运费

安拆费是施工机械在施工现场进行安装，拆卸所需的人工，材料，机械费、运转费以及安装所需的辅助设施费用。

场外运输是施工机械整体或分件，从停放场地运至施工现场或由一个工地运至另一工地，运距在 25km 以内的机械进出场运输及转移费用，同时还应包括施工机械的装卸，运输，辅助材料及架线等费用。安拆费及场外运费计算公式为：

$$台班安拆费＝\frac{一次安拆费×年均安拆次数＋辅助设施费}{机械年工作台班} \qquad (2\text{-}46)$$

$$台班场外运费＝\frac{（一次运输装卸费×辅材一次摊消费＋一次架续费）×年均外运次数}{机械年工作台班}$$

$$(2\text{-}47)$$

（5）机上人工费

机上人工费是指施工机械机上人员工资，是指机上操作人员及随机人员的工资及津贴等。其计算公式为：

$$机上人工工资＝额定机上操作及随机人员数×日工资单价 \qquad (2\text{-}48)$$

（6）燃料动力费

燃料动力费是指施工机械在运转作业中所耗用的电力，固体燃料，液体燃料，水力等资源费。

$$燃料动力费=机械额定燃料动力消耗量\times燃料动力单价 \tag{2-49}$$

（7）车船使用税、费

车船使用税、费是指按照国家及地方政府主管部门的有关规定应交纳的养路费和车船使用税，其计算公式如下：

$$车船使用税费=\frac{（年养路费+年车船使用税+车辆检测费+交通道路实施费+牌照费）}{机械年工作台班}$$

$$\tag{2-50}$$

（8）保险费

保险费指按有关规定应缴纳的第三者责任险、车主保险费等。

3.3.3 施工机械台班单价确定实例

【例 2-8】 某企业购买 12t 载重汽车有关资料如下：购买价格 105000.00 元/辆，残值率为：6%，一次大修理费用为：8600 元，大修理周期为：4，大修理间隔台班为：240 台班，年工作台班为：240 台班/年，养路费计费标准为：60 元/t·月，车船使用税标准为：40 元/t·月，车辆检测费标准为：75 元/年，牌照费标准为：14 元/年，交通道路设施费标准为：120 元/年，额定柴油消耗量为：40.00kg/台班，柴油单价为：3.05 元/kg，人工工资标准为：22.00 元/工日。试确定台班单价。

【解】 根据提供的有关资料，分别代入公式（2-41～2-50）有：

① 台班折旧费=105000×(1−6.0%)/(4.0×240.00)=102.81元/台班

② 台班大修理费=8600×(4−1)/(4.0×240.00)=26.88元/台班

③ 经常修理费=26.88×3.93=105.62元/台班

注：根据 12t 载重汽车车型，由表 2-18 查得 K=3.93

④ 机上人员工资=2.5×22.00=55.00 元/台班

注：额定机上操作人员数为：2.5 工日/台班，该地区建筑安装工程人工日工资单价为：22.00 元/工日

⑤ 燃料及动力费=40.0×3.95=158.00 元/台班

⑥ 养路费及车船使用税=(60×12+40×12+75+14+120)/240=5.87元/台班

⑦ 保险费。设定为 3.67 元/台班

该载重汽车台班单价=102.81+26.88+105.62+55.00+158.00+5.87+3.67

=457.85 元/台班

思考题与习题

1. 何谓工程单价？它由哪几项费用组成？

2. 试说明本地区建筑装饰工程单位估计表中日工资标准的费用组成。

3. 何谓材料预算价格？由哪些费用组成？如何计算？

4. 施工机械台班单价由哪些费用组成？

5. 何谓定额的换算？定额的换算一般分为哪几种情形？

6. 某工程需用过筛中砂，由三个砂场供应，其中甲场供货量为 1500m³，供应价 42.5 元/m³，

运距 12.0km，运价为 1.3 元/km·t，装卸费 2.5 元/m³，运输损耗为 1.0%，采购与保管费率为 2.5%，乙场供货量为 1500m³，供应价 42.5 元/m³，运距 12km，运价为 1.3 元/km·t，装卸费 2.5 元/m³，运输损耗为 1.0%，采购与保管费率为 2.5%，丙场供货量为 1500m³，供应价 42.5 元/m³，运距 12.0km，运价为 1.3 元/km·t，装卸费 2.5 元/m³，运输损耗为 1.0%，采购与保管费率为 2.5%，试计算材料预算价格。

7. 试结合本地区建筑装饰工程人工、材料、机械台班费标准，设板材规格为 600mm×600mm，计算例 2-7 所述大理石板楼地面分项单价和工程直接费。

课题 4　装饰工程定额计价办法

4.1　建筑装饰工程定额计价概述

4.1.1　装饰工程定额计价

(1) 定额计价的概念与特点

1) 定额计价的概念

建筑装饰工程定额计价方式系指根据建筑装饰工程设计图纸，按照统一建筑装饰工程消耗量定额和相应的工程取费标准编制工程造价文件的方法，它是以确定建筑装饰工程造价为目的的经济管理工作过程。

2) 定额计价的特点

建设工程定额计价方法是我国建国半个世纪以来一直采用的一种比较成熟的方法，它从不同的角度体现作为一种方法的特点，其主要表现为：

(a) 从适用性经济体制来看

采用定额计价方式确定建筑工程造价的方法比较适用于计划经济体制。由于定额计价方式有消耗量定额规范工程资源需用量，又有取费标准规范工程中各种费用的计算与确定，体现了工程造价确定与控制过程的规范性和合理性。在一定程度上防止了高估冒算和压级压价。在计划经济管理体制状态下，应用消耗量定额计价办法，对于国家实施基本建设投资和工程造价的管理起到了十分显著的作用。

(b) 从适用范围来看，采用定额计价方式确定建筑工程造价的方法，具有多层次性。我国现行的各种工程消耗量定额本身就具有层次清楚，分工明确的特点。如全国统一消耗量定额、地方统一消耗量定额、行业消耗量统一定额、企业消耗量定额、建筑工程消耗量定额、安装工程消耗量定额、公路工程消耗量定额和矿山建设工程消耗量定额等。它们按照统一的程序、统一的要求和统一的用途来制定、颁布和贯彻执行，能满足不同层次、不同范围的要求。

采用定额计价方式确定建筑装饰工程造价，由于有预算定额规范消耗量，有各种文件规定人工、材料、机械单价及各种取费标准以及做法上的各种规定都体现了它的统一性，这对于建筑市场的竞争起到了一定的抑制作用，不利于促进我国建筑装饰工程施工管理体制和工程造价管理体制的改革与发展。

(2) 装饰工程定额计价的文件组成

计价文件是指人们通常所说的建筑工程计价文件应有的计价资料。建筑装饰工程消耗量定额计价文件的基本组成为：

　　1) 建筑装饰工程计价封面与编制说明；

　　2) 单位建筑装饰工程造价计费表；

　　3) 装饰工程人、材、机汇总及价差计算表；

　　4) 建筑装饰工程分部分项计价表；

　　5) 建筑装饰工程分部分项工、料、机分析表；

　　6) 建筑装饰工程分项直接工程费单价表；

　　7) 建筑装饰工程分部分项工程量计算单。

　　(3) 定额计价方法的原理

　　建筑装饰工程价格计算方式的特殊性取决于建筑装饰工程产品及其生产过程的特殊性。与一般工业产品价格的计价方法相比，根据其特点，采取了特殊的计价模式及其方法。即按定额计价模式和按工程量清单计价模式。

　　定额计价模式，是在我国计划经济时期及计划经济向市场经济转型时期所采用的行之有效的计价模式。它是根据国家或地方颁布的统一消耗量、定额规定的消耗量标准和相应的基价表，以及配套使用的取费标准和材料预算价格表，计算拟建工程中相应的工程数量，套用相应的定额单位估价（基价）表或者消耗量定额，计算出定额直接工程费，再在直接费的基础上计算各种相关费用及利润和税金，最后汇总形成建筑产品的造价。定额计价的基本方法有"单位估价法"和"工料估价法"两种：

　　1) 单位估价法。计价模式的基本数学模型可表述为：

$$建筑装饰工程造价=[\sum(分项工程量\times分项定额基价)+$$
$$\sum(计费基础\times各种费用的费率和利润率)]\times(1+税金率)$$

$$(2-51)$$

　　2) 工料估价法。计价模式的基本数学模型可表述为：

$$建筑装饰工程造价=[\sum(分项工程量\times分项定额资源消耗量\times资源单价)+$$
$$\sum(计费基础\times各种费用的费率和利润率)]\times(1+税金率)$$

$$(2-52)$$

4.1.2 定额法编制装饰计价的依据

　　(1) 装饰工程施工图及设计说明

　　建筑装饰工程施工图纸。已经批准的装饰设计图纸（包括设计说明、设计图纸及建筑工程设计标准图集）和图纸会审记录、以及技术核定资料，它们表明工程的具体内容，如各部分工程的做法、结构尺寸、构造情形及有关问题的处理办法。建筑装饰工程施工图纸及图纸答疑是编制工程量表的依据，也是建筑装饰工程计价的主要依据。

　　(2) 建筑装饰工程消耗量定额

　　《建筑装饰工程消耗量定额》是国家统一颁布的，曾被视为地方经济法规，在我国现行生产经济体制下，它仍保持着它的权威性。一般概念上讲，《全国统一建筑装饰装修工程消耗量定额》以及各地方（省、市）政府工程造价管理部门颁布的适应本地区的补充消耗量定额，包括分部分项工、料、机消耗指标和分部分项工程量计算规则两个部分，它是工程计价过程中进行工程项目划分、分项定额工程量计算和单位工程工、料、机分析、汇总的准则与依据。

（3）建筑装饰装修工程费用取费标准

国家及各地方（省、市）政府工程造价管理部门颁布的与建筑装饰装修工程消耗量定额配套的建筑装饰装修工程计价办法和有关工程费用的取费标准。它是计算确定建筑装饰工程建造过程中除分部分项直接工程费和工程施工技术措施费以外的必须消耗的各项工程费用的依据。

（4）建筑装饰工程人、材、机价格表

建筑装饰工程材料、构件价格表，包括材料预算价格表、材料、构件市场信息价格表以及企业自行掌握的材料及其自制品的价格表，人工工资单价、机械台班费标准以及人工、材料、机械等的调价文件，这些资料均与建筑装饰工程分部分项的项目换算、工程价格调整、材料价差计算等密切相关。

（5）建筑装饰工程单位估价表

建筑装饰工程消耗量定额单位估价表简称单位估价表，是以货币形式反映消耗在单位建筑装饰分项工程或装饰构造构件上的人工费、材料费、机械费的数量标准。它具体体现分项工程直接工程费单价，是装饰工程消耗量定额在某地区或某企业的具体应用。分项直接工程费单价表其表现形式如表 2-19 所示。

水刷石

表 2-19

工程内容：_____略_____

单位：100m²

定 额 编 号			12043	12044	12045	12046
项 目			水刷白石子			
			砖、混凝土墙面	毛石墙面	柱面	零星项目
工料名称	单位	单价	数 量			
基价	元		1787.58	1916.14	961.76	2766.07
其中	人工费	元		747.22	749.39	957.81	1757.04
	材料费	元		958.93	1053.09	920.40	920.40
	机械费	元		81.43	113.66	83.55	88.63
综合人工	工日	19.70	37.93	38.04	48.62	89.19
材料	水泥砂浆 1：3	m³	162.09	1.73	2.31	1.67	1.67
	水泥白石子浆 1：3	m³	506.96	1.15	1.15	1.11	1.11
	108 胶混合沙浆	m³	845.34	0.11	0.11	0.10	0.10
	水	m³	0.89	2.84	3.00	2.82	2.82
机械	灰浆搅拌机 200L	台班	42.51	0.42	0.58	0.41	0.41
	垂直运输机械	台班	254.3	0.25	0.35	0.26	0.28

注：本表摘自现行《湖南省建筑装饰工程消耗量定额单位估价表》。

建筑装饰工程单位估价表的构成要素是人工、材料、机械台班（简称"三量"）分别乘以人工日工资标准、材料预算价格、机械台班单价（简称"三价"），形成单位建筑装饰分项工程的基本单价，即装饰分项工程定额单价，其计算公式如下：

分项直接工程费单价＝分项人工费＋分项材料费＋分项机械使用费　　（2-53）

式中　　　　　　分项人工费＝分项综合用工量×人工日工资单价　　　　　（2-54）

$$分项材料费＝\sum（分项材料用量×材料预算价格）＋其他材料费 \qquad (2-55)$$
$$分项机械使用费＝\sum（分项机械台班用量×机械台班单价） \qquad (2-56)$$

当工程分项中人工、材料、机械台班的消耗量标准按消耗量定额确定以后，人工、材料、机械台班的单价就成为了确定分项工程单价的关键性基础数据。

（6）建筑装饰工程单位估价汇总表

1）建筑装饰工程消耗量定额单位估价汇总表

建筑装饰工程消耗量定额单位估价汇总表，是指把单位估价表中分项工程的主要货币指标（基价、人工费、材料费、机械费）及主要工料消耗指标，汇总在统一格式的简明表格内。

建筑装饰工程消耗量定额单位估价汇总表：在单位估价表编制完成后，为方便建筑装饰工程消耗量定额单位估价表的使用，编制单位估价汇总表。建筑装饰工程单位估价总表的一般格式如表 2-20 所示。

建筑装饰工程单位估价汇总表 　　　　　　　　　　　表 2-20

定额编号	项目名称	单位	基价（元）	人工费（元）	机械费（元）	32.5 级水泥（kg）	粗净砂（m³）	白石子（kg）
	（二）装饰抹灰							
12043	水刷白石子 砖、混凝土墙面	100m²	1787.58	747.22	81.43	705.84	2.111	1794.00
12044	水刷白石子毛石墙面	100m²	1916.14	749.39	113.86	942.48	2.818	1794.00
12045	水刷白石子柱面	100m²	1961.76	957.81	83.55	681.36	2.037	1731.60
12046	水刷白石子零星项目	100m²	2766.07	1757.04	88.63	681.36	2.037	1731.60
	……							

注：本表摘自现行《湖南省建筑装饰工程消耗量定额单位估价汇总表》。

2）单位估价汇总表的特点

建筑装饰工程单位估价汇总表是建筑装饰工程单位估价表的另一种表现形式，其主要特点有：

（a）汇总表中主要反映的是分项工程生产资源消耗量指标，版式紧凑，查找方便；

（b）汇总表中对于消耗量定额或单位估价表中所列的混合材料（如砂浆、混凝土）和半成品材料（如杉木锯材）均以其组成材料反映它们的消耗量，便于作工、料分析；

（c）汇总表中纳入了使用消耗量定额或消耗量定额单位估价表时一些常用的需要调整换算的分项项目，更加方便套用。

（7）建筑装饰工程招投标文件

建筑装饰工程招投标文件的具体要求是计算建筑装饰工程造价的前提条件，只有清楚地理解招标文件的具体要求，如招标范围、内容、施工现场条件等，才能正确进行建筑装饰工程的计价。

1）建筑装饰工程施工方案（或施工组织设计），其主要内容包括单位建筑装饰工程施工现场平面布置图、主要技术措施和施工方法、施工进度计划（网络图、横道图）等，它确定了施工机械的选型，建筑装饰工程中的施工方法，各种材料、构件的加工方法及运输距离等等，这些资料均与工程项目划分和工程量计算有着紧密的联系。

施工组织设计或施工方案是计算装饰工程施工技术措施费用的依据。如防水、防潮、防尘、辐照等措施、金属构件施工措施、钢筋混凝土装饰装修构件支撑措施，以及需要的大型施工机械种类及型号规格、脚手架的种类等。

2）建筑装饰工程施工现场勘探记录与工程技术交底资料。

3）建筑装饰工程施工承包合同或协议条款。工程承包合同或施工协议中所明确的有关材料设备、订货加工方面的分工、权益与义务，某些材料的供货方式，工程价款的支付方式与结算办法等均属预算编制中必须的依据。

（8）工程造价编制辅助资料

编制辅助资料属于参考资料类，主要是为加快编制速度、简化计算过程而借鉴的相关资料，如建筑装饰工程造价工作手册、装饰材料手册、装饰施工手册等。

4.2 定额基价表法编制工程造价

4.2.1 定额基价表法的概述

（1）定额基价表法

定额基价表法是指采用定额基价表编制建筑装饰工程预算造价的方法，先根据装饰工程施工图，计算装饰分项工程（或装饰构件）的数量，再按照定额基价分项工程定额消耗实物量，计算单位工程实物需要量，然后，按现行建筑业各地实施的人工工资标准、材料预算价格、机械台班费标准，计算单位工程直接费，最后按有关规定计算各项工程费用的方法，故称为"工程定额基价法"。

（2）定额基价法编制装饰工程造价的程序

建筑装饰工程施工图预算造价编制必须在设计交底和图纸会审的基础上才能进行，根据预算文件组成要求，按照一定的程序和方法进行。基本程序如图 2-8 所示。

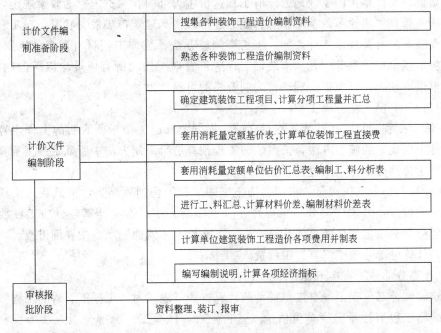

图 2-8 定额基价法编制装饰工程预算程序图

4.2.2 基价表法编制装饰造价的方法

(1) 装饰工程预算编制准备工作

1) 搜集装饰预算编制资料

建筑装饰工程施工图编制资料包括建筑装饰工程预算定额，预算定额解释汇编，地方、行业人工工资单价，施工机械台班费标准，建筑装饰工程材料预算（市场）价格，装饰工程施工企业取费标准及地方行政主管部门制订的有关文件，建筑装饰工程设计标准图集与典型图例，装饰工程预算手册等。

2) 熟悉装饰施工图纸及图纸会审资料

装饰工程施工图表明装饰构造构件的构型、设计尺寸、设计要求与具体做法，装饰材料的品种、规格与质量要求。图纸会审资料系施工图中存在的问题和施工过程中的处理办法的补充说明与修改。因此，在编制预算造价之前，必须对施工图纸进行全面而细致的审查与熟悉，以免在预算列项、子目选用与工程量计算时发生错误。

3) 熟悉施工组织设计、了解施工现场情况

施工组织设计或施工方案中涉及的施工方法、施工现场平面布置对工程预算编制具有直接影响。同一工程分项采用不同的施工方法（装饰工程通常采用"手工制作与机械制作"具有不同的消耗，预算中的分项综合单价也不同。同理，不同的现场状况，也必然带来不同的消耗状况，产生不同的现场支付。

4) 消耗量定额及有关调价文件

《全国统一建筑装饰装修工程消耗量定额》是装饰施工图的最主要的编制依据，其核心内容是工程分项子目消耗指标和分项子目工程量计算规则，定额分项子目之间的关系以及工程分项子目的调整与换算的条件与方法。为提高建筑装饰工程预算编制工作质量与水平，必须认真熟悉定额的全部内容。

所谓调价文件是指国家或地方政府工程造价主管部门，根据国家的政策规定，按照现行工程造价管理方法改革的基本思想、地方经济环境和建筑市场发育状况，对工程造价实行调控而颁布的有关规定文件，如人工工资调整办法、装饰工程材料预算价格调整方法、装饰材料市场价格信息等。凡从事装饰工程造价管理工作的所有成员均应掌握此类文件，及时了解市场动态，以保正工程造价编制资料的可靠性。

(2) 计算装饰工程分项工程量

1) 确定工程项目：在计算工程量之前，根据装饰施工图纸所表明的工程内容和施工组织设计中所规定的施工方法，按照装饰工程预算造价编制方法中所确定的工程项目划分原则，确定排列分部分项的过程，简称列项。

2) 计算分部分项工程量：根据装饰施工图纸和工程列项结果，按照装饰工程工程量计算规则的规定，考虑分部分项工程量计算程序与方法，逐项计算各分项工程数量的过程，主要分部分项工程量的具体计算方法，已在第一单元课题 2.5 中详细讲授。

(3) 计算分部分项工程直接工程费

1) 计算分部分项直接工程费

建筑装饰分部分项工程直接工程费的计算方法可表述为：根据汇总后的工程数量，套用建筑装饰工程消耗量定额单位估价（基价）表，计算工程分部分项直接工程费，俗称"套价"。经汇总得单位工程直接工程费。

2）编制单位建筑装饰工程计价表

按照分部分项直接工程费的计算方法，建筑装饰工程计价表编制方法步骤为：

（a）根据提供的工程量汇总表和分项工程工作内容，对照定额项目划分原则规定的定额项目工作内容，选择定额编号；

（b）套用各地（省、市、自治区）的《建筑装饰工程消耗量定额单位估价（基价）表》，将查得的有关数据录入表2-21的相应栏目中；

（c）计算分部分项直接工程费，并逐页（分部）汇总，编制工程概预算计价表，计算单位装饰工程直接工程费。

建筑装饰工程（概）预算造价计价表格式，如表2-21所示：

建筑装饰工程计价表

表2-21

工程名称：_____　　　　　　　　200　年　月　日　　　　　　　　第　页　共　页

序号	定额编号	工程项目名称说明	单位	工程数量	预算价值(元)		其中人工费	
					基价	合价	基价	合价
	合计							

单位主管　　　　　　审核人　　　　　　编制人

3）采用此法编制单位装饰工程造价时，应注意以下几个问题：

（a）采用此法编制单位装饰工程造价，需要采用工程建设所在地（省、市、自治区）的统一建筑装饰工程消耗量定额单位估价（基价）表，以及相应的装饰工程造价编制办法；

（b）采用此法编制单位装饰工程造价，在套用单位估价（基价）表时，工程分项名称、定额编号、工程量单位均应与消耗量定额估价（基价）表中所列内容相符；

（c）采用此法编制单位装饰工程预算造价，对于工程实际中新技术、新材料的使用情况应按定额的规定进行换算或补充，凡换算项目均须在其定额编号右下角标明"换"字，以示区别。如2-246换。

（4）计算装饰工程工、料、机需用量

1）分部分项工程工、料分析统计

分部分项工程工、料分析统计，俗称"统料"。其方法为：根据汇总后的工程量，套用建筑装饰工程消耗量定额单位估价汇总表（消耗指标），通过分部分项工程工、料、机的统计，计算装饰工程所需的人工、机械及各种材料用量。工、料分析统计表格式如表2-22所示：

2）装饰工程"工、料分析表"的编制方法步骤：

（a）将表2-19中第1～5列所列内容，转抄至工、料分析统计表（表2-22）中的相应栏目内；

（b）根据装饰分项工程的工程内容，套用统一装饰工程预算定额单位估价汇总表，将查得有关数据填写在"统料"表的相应栏目中；

工、料分析统计表									表 2-22	

工程名称：＿＿＿＿＿＿＿ 200 年 月 日 第 页 共 页

序号	定额编号	工程项目名称、说明	单位	工程数量						
		合　计								

单位主管　　　　　　审核人　　　　　　编制人

（c）计算建筑装饰分部分项工程工、料消耗量，并逐页（分部）汇总，编制单位工程工、料分析统计表，计算单位装饰工程各种工、料消耗量。

建筑装饰工程工、料分析统计表的编制参见本课题中的实例讨论部分。

3）建筑装饰分部分项工程工、料、机分析统计中，应注意以下几个问题：

（a）编制工、料分析统计表时，各分部分项工程的序号、工程分项名称、定额编号、工程量单位、工程数量均应与工程计价表中所列内容相同，以便过程中进行复查；

（b）在工、料分析统计中，凡工程实际中涉及到的新技术、新材料、新方法等基价已换算的项目，必须按消耗量定额规定的办法，对其中的人工、材料、机械的消耗量进行相应换算或补充。

（5）编制单位装饰工程工、料、机汇总表、计算材料价差

1）单位装饰工程工、料汇总。根据表 2-22 的分析统计结果，汇总人工、材料和施工机械的数量，并制表。

2）计算装饰材料的价差

工、料价差指在工程建造过程中，由于工、料价格随各种因素（如政策性、地域性、时期性等因素）的变化而变化，导致单位估价表中工、料、机的取定价格与现行人工、材料、机械市场价格之间产生的差额。

工、料价差调整办法。为适应我国物价制度改革的要求，培育与发展建筑市场、规范市场行为、加强建筑工程造价管理，各省、自治区、直辖市都制定了相应的工程工、料价差调整办法，主要的调整办法有两种：即价差系数调整法和单项价差调整法。

（a）价差系数调整法：指利用工、料价差系数调整工、料价差的方法，按通常应用可由计算公式表示为：

$$Q_{ji} = Q_a \times (K_a - 1) \tag{2-57}$$

或者
$$Q_{ji} = Q_i \times K_i \tag{2-58}$$

式中　Q_{ji}——表示工程项目中某种或某类工、料价差总额；

　Q_a，Q_i——分别表示工程项目中某种或某类工、料定额费用；

　K_a，K_i——分别表示某地某期工、料单价调整系数或价差率。

工、料价格调整系数：由地方政府工程造价主管部门负责，通过对本地一定时期建筑装饰市场工、料价格变化的情况进行测算，确定工、料价格与调价系数。其计算方法可表述为：

① 价格调整系数：

$$K_a = Q_{a1} / Q_{a0} \qquad (2-59)$$

② 价差调整系数：

$$K_i = [(Q_{i1} - Q_{i0}) / Q_{i0}] \times 100\% \qquad (2-60)$$

式中　Q_{a0}，Q_{i0}——分别表示价格测算范围内某种或某类工、料定额费用总额；

Q_{a1}，Q_{i1}——分别表示价格测算范围内某种或某类工、料现价费用总额。

（b）单项价差调整法

根据单位装饰工程工、料、机汇总表提供的人工、主要材料用量，按照市场价格信息提供的工、料、机市场价格，采用单项工、料、机进行价差调整的办法，计算装饰工程人工、材料价差调整的方法。它直接反映工程人工、材料需用量和市场的工、料价格，故此法又称按实调整法，通常采用的数学表达式为：

$$Q_{\triangle I} = \sum [N_i(S_i, V_i, W_i) \times (Q_{i1} - Q_{i0})] \qquad (2-61)$$

式中　S_i、V_i、N_i、W_i——分别表示工程项目中所采用的某种工、料的定额消耗量（千块、m^2、m^3、kg）；

Q_{i1}、Q_{i0}——分别表示工程项目中所采用的工、料的现行市场价格与原消耗量定额单位估价（基价）表取定工、料单价。

（c）工、料价差表编制

根据装饰工程预算工、料汇总表提供的主要工、料用量，按照市场价格信息提供的地方装饰工程工、料市场价格，采用表格进行计算。单位装饰工程工、料汇总及材料价差计算表如表 2-23 所示：

工、料汇总及材料价差计算表　　　　表 2-23

工程名称：_____　　　　200　年　月　日　　　　第　页　共　页

序号	工料代号	工、料名称、规格	单位	数量	单价差	合计价差
合　计						

单位主管　　　　　审核人　　　　　编制人

（6）计算单位建筑装饰工程造价

1）建筑装饰工程费用的组成

根据建设部建标 [2001] 271 号"关于发布《全国统一建筑装饰装修工程消耗量定额》和《全国统一建筑装饰装修工程预算工程量计算规则》的通知"精神，各省、市、地结合本地实际情况组织编制、颁发了取费标准。

建筑装饰工程预算造价的费用组成，按费用的计取条件及方法可区分为两大类：

（a）基本费用

根据建筑装饰工程费用项目划分标准规定，基本费用项目包括：直接工程费、措施费、利润和税金。

（b）非基本费用

指费用标准中规定、工程建设过程中发生而应当计取的有关费项，其费用项目包括：单独计取的费用、价差调整费用等。

2）建筑装饰工程造价计费程序

根据建筑装饰工程造价表计算所得结果：直接费、定额人工费、主要材料价差等费项，按照规定的计费程序、各项工程费用取费费率计算单位建筑装饰工程造价费用。计费程序如表 2-3 所示。

单位建筑装饰工程预算造价计费表的编制，参见本单元课题 2 实例及表 2-4、表 2-7，建筑装饰工程造价计费表（定额计价与清单计价）。

（7）编写编制说明，计算各项经济指标

建筑装饰工程造价编制说明书的主要作用是说明编制过程中的有关问题，便于有关方面（业主或有关管理部门）了解造价编制的概况和相关指标，编制说明书尚无统一格式，而其中应包括的内容有：

1）工程简介　主要说明工程结构类型、构造特征、装饰等级标准等。

2）编制依据　主要包括：

（a）装饰工程施工图、标准图集、图纸会审（技术交底）资料；

（b）装饰工程预算定额、适用地域的单位估价表，以及配套的取费标准和有关调价文件（文件名称与文号）；

（c）工程承包合同或工程施工协议有关条款（与计价有关的条款）说明；

（d）材料价格　所采用材料价格表，价格信息来源，发布日期及信息所载刊物期号。

3）有关问题说明　预算中已作处理的有关问题的处理办法说明，未作处理的问题的提出。

4）有关经济指标　装饰工程预算中主要经济指标：单方造价（元/m² 建筑面积）。

（8）资料整理、装订、报审

1）预算审查　当装饰工程预算编制完成后，应由单位主管进行审查，以便发现问题及时进行修改。

2）封面填写　装饰工程预算书封面应写明工程名称、建筑面积、建设单位、设计单位、施工单位、预算编制单位、编制人姓名与资格证号、预算审查单位、审查人姓名与资格证号。

3）预算资料装订　将所有的装饰工程预算资料通过复查、修改整理，按照一定的顺序装订成册。

4）报审　预算资料装订好后，交主管部门签字盖章，再报送审查部门。

4.3　工、料单价法编制工程造价的方法

4.3.1　工、料单价法的概述

（1）工、料单价法

工、料单价法编制装饰工程预算的方法是指先根据装饰工程施工图，计算装饰分项工程（或装饰构件）的数量，再按照分项工程定额消耗实物量，计算单位工程实物需要量，然后，按现行建筑业各地实施的人工工资标准、材料预算价格、机械台班费标准，

计算单位工程直接费，最后按有关规定计算各项工程费用的方法，故称为"工、料单价法"。

（2）工、料单价法数学模型

应用工程实物法计算单位装饰工程直接费的数学模型可描述如下：

1）计算装饰工程直接工程费

装饰工程直接工程费＝装饰工程人工费＋装饰工程材料费＋装饰工程施工机械费

$$(2\text{-}62)$$

$$装饰人工费＝装饰人工工日数×人工日工资单价 \qquad (2\text{-}63)$$
$$装饰材料费＝\sum 装饰材料消耗量×装饰材料预算价格 \qquad (2\text{-}64)$$
$$装饰机械费＝\sum 装饰机械台班数×装饰机械台班单价 \qquad (2\text{-}65)$$

2）单位装饰工程工、料、机实物量计算

$$装饰人工工日数＝\sum 装饰分项工程量×分项定额用工量 \qquad (2\text{-}66)$$
$$装饰材料消耗量＝\sum 装饰分项工程量×分项定额用料量 \qquad (2\text{-}67)$$
$$装饰机械台班数＝\sum 装饰分项工程量×分项定额机械台班量 \qquad (2\text{-}68)$$

（3）工、料单价法编制装饰工程预算的程序

1）建筑装饰工程造价文件组成：

（a）建筑装饰工程造价文件封面；

（b）装饰工程预算造价编制说明书；

（c）建筑装饰工程造价费用计算表；

（d）建筑装饰工程工、料、机实物计价表；

（e）建筑装饰工程工、料、机分析统计表；

（f）建筑装饰工程定额工程量计算表。

2）工、料单价法编制装饰工程造价的程序

根据上述造价文件组成已经知道，工、料、机单价法编制建筑装饰工程造价文件的程序与"定额基价法"具有一定程度的类同，编制准备工作、装饰分部分项工程量的计算、装饰工程造价费用的计算、编制说明编写等方法都相同。

工、料单价法与定额基价表法的主要的区别为：在编制程序上，工、料单价法是先统料后算价，而定额基价表法则是先计价后统料；在编制方法上，工、料单价法是以工、料实物量乘以工、料实物单价，而定额基价法则是以分项工程量乘以分项定额基价，其中工、料单价法由于采用实物单价，工、料、机单价都可以直接采用现行市场价格。因此，预算造价文件编制阶段不必进行工、料价差调整。

根据工、料单价法编制装饰工程施工图预算造价的数学模型，按照装饰工程造价文件资料的组成。其基本程序如图 2-9 所示。

4.3.2　工、料单价法编制工程造价的方法

（1）计价文件编制准备工作

编制资料的收集与熟悉工程分项的列项、装饰分项工程量计算等的要求和方法同"定额基价表法"所述。建筑装饰工程量计算实例参见第一单元课题 2.5 中建筑装饰工程工程量计算表。

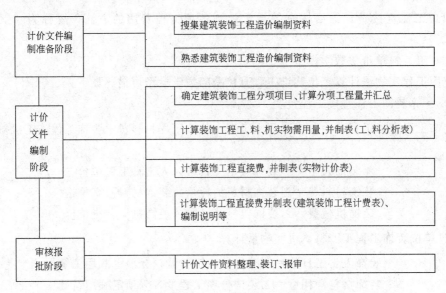

図 2-9　工、料单价法装饰预算编制程序图

（2）计算装饰工程工、料、机实物量

编制装饰工程工、料分析统计表，计算工、料、机实物量。其方法步骤及其表格格式均同"定额基价表法"中的"统料"过程。根据目前各地的实际做法，本课题列出某装饰工程造价文件，以方便工、料单价法的讨论，参见建筑装饰工程预算造价编制实例"工、料、机实物量统计计算表"。

（3）建筑装饰工程工、料计价表编制

1）建筑装饰工程工、料计价表

按照分部分项工程直接工程费的计算方法，建筑装饰工程实物计价表格式如表 2-24 所示：

建筑装饰工程工、料计价表　　　　　　　　　　表 2-24

工程名称：＿＿＿＿＿＿＿　　　　200　年　月　日　　　　　　　　第　页 共　页

序号	实物代号	工料、名称及说明	单位	工、料数量	实物价值	
					单价	总价

2）建筑装饰工程工、料计价表的编制方法

建筑装饰工程工、料实物计价表的编制方法步骤为：

（a）根据工、料分析统计计算的结果，统计单位装饰工程人工、装饰材料、施工机械台班需用量；

（b）采用地方有权部门发布的装饰材料价格表、装饰施工机械台班费标准、人工工资标准；

（c）直接工程费计算，将单位建筑装饰工程工、料、机需用量和工料机单价填入工料计价表中，计算装饰工程直接工程费。

122

4.4.1 封面

建筑装饰工程施工图预算书

工程名称：＿＿＿＿＿＿＿＿＿＿＿＿＿＿＿＿＿

建设单位：＿＿＿＿＿＿＿＿＿＿＿＿＿＿＿＿＿

设计单位：＿＿＿＿＿＿＿＿＿＿＿＿＿＿＿＿＿

施工单位：＿＿＿＿＿＿＿＿＿＿＿＿＿＿＿＿＿

编制单位＿＿＿＿＿＿　编制人＿＿＿＿＿＿　资格证书编号＿＿＿＿＿＿

审核单位＿＿＿＿＿＿　审核人＿＿＿＿＿＿　资格证书编号＿＿＿＿＿＿

二〇〇五年十月十八日

4.4.2　编制说明

建筑装饰工程造价文件目录

序号	项 目 名 称	序号	项 目 名 称
1	编制说明	4	工、料分析统计表
2	装饰工程造价计费表	5	工程量计算表
3	装饰工程工料实物计价表	6	

编 制 说 明

一、工程概况：略

二、主要编制依据

本预算按装饰工程工、料单价法编制，其主要编制依据有：

1.×××设计院建筑装饰工程设计室设计的一商业门面大厅"室内装饰工程施工图 01～06♯图纸及设计说明书。

2.中华人民共和国建设部批准发行的 2002 年《全国统一建筑装饰装修工程消耗量定额》GYD-901-2002。

3.(1995)《全国统一建筑工程基础定额》土建上、下册及其工程量计算规则及解释。

4.现行《湖南省建筑工程预算定额单位估价表》及《单位估价汇总表》。湖南省建筑装饰工程取费标准及其配套使用的调价文件。

5.湖南省工程造价管理总站湘潭市分站发行的《定额与造价》2005 年第三期中发布的湘潭市 2005 年第二季度建筑装饰工程材料预算价格表。部分材料价格见表 2-25。

三、有关问题的说明

1.本装饰工程按包工包料的承包形式承包，全部建筑装饰工程材料均由施工单位负责采购与施工。

2.本装饰工程造价编制过程中，分项工程消耗量、工程量计算规则执行"统一装饰消耗量定额"；统一装饰工程消耗量定额中缺项的按全国统一建筑工程基础定额执行，具体做法按湖南省现行建筑装饰工程计价办法执行，其中人工工资市场单价按 34.00 元/工日计算；个别分项参照湖南省现行建筑工程预算定额单位估价表中装饰分项项目取定的工、料单价进行计价。

3.本预算未包括装饰电气工程和工程中各种电气设备。顶棚中灯具按成套设备考虑，其中的灯盒及灯片均包括在灯具成品价中，并另行编制装饰灯具安装工程预算。

四、主要经济指标

1.建筑装饰工程总造价　　215413.75 元

2.建筑装饰工程单方造价　607.16 元

工程名称：办公楼装饰装修工程

序号	材料名称	单位	单价(元)	序号	材料名称	单位	单价(元)
1	综合人工	工日	22.00	28	木质装饰线 50×20	m	2.10
2	白水泥	kg	0.464	29	木质装饰线 19×6	m	1.05
3	花岗石板	m²	85.00	30	收口线	m	1.62
4	瓷质地砖	m²	52.00	31	收口线	m	1.05
5	釉面砖(踢脚)	m²	34.67	32	榉木线 50×10	m	2.10
6	高档门拉手	件	200.00	33	五夹板	m²	14.33
7	锯木屑	m³	15.60	34	九夹板	m²	20.87
8	水泥砂浆(1:2.5)	m³	259.17	35	黑胡桃木线子 30mm	kg	34.75
9	水泥砂浆(1:3)	m³	221.12	36	复合铝板	m²	51.00
10	素水泥浆	m³	704.99	37	镜面不锈钢片(8K)	m²	149.83
11	石料切割片	片	60.00	38	角钢	kg	4.025
12	棉纱头	kg	5.68	39	圆钢	kg	3.965
13	合金钢钻头	个	38	40	钢板	kg	3.13
14	膨胀螺栓	套	0.48				
15	金属角线 30×30×1.5	m	6.50		机械		
16	不锈钢管 φ50	kg	64.30		灰浆搅拌机(200L)	台班	42.51
17	不锈钢方管 35×38×1	m	6.00		石料切割机	台班	28.00
18	不锈钢球 φ63	个	30.00		木工圆锯机(φ500mm)	台班	32.19
19	不锈钢压条 80mm	m²	122.17		电锤(520W)	台班	9.38
20	不锈钢卡口槽	m	12.60		电动空气压缩机(0.3m³/min)	台班	52.41
21	铝板 600×600	m²	62.00		混凝土搅拌机	台班	89.20
22	钢化玻璃 10mm	m²	188.50		电动切割机	台班	28
23	12 厚钢化玻璃	m²	205.00		交流电焊机(30kV·A)	台班	68.78
24	杉木锯材	m³	1458.49		交流电焊机(40kV·A)	台班	99.10
25	松木锯材	m³	1307.16		钢筋调直机 φ14mm	台班	39.42
26	大芯板	m²	27.68		钢筋切断机 φ40mm	台班	40.96
27	水曲柳板	m²	11.30		起重运输机械	台班	254.30

4.4.3 工程造价汇总表

建筑装饰工程造价汇总表

工程名称：办公楼装饰装修工程

序号	名称	计算办法	计费基础	费率(%)	费用合计
1	直接费	1.1＋1.2			177080.18
1.1	定额直接工程费	按计价表计算的费用之和			172134.57
1.1.1	其中定额人工费				16699.19
1.1.2	其中分项材料费				153458.45
1.1.3	其中分项机械费				1976.93
1.2	措施项目费	1.2.1＋1.2.2			4945.61
1.2.1	技术措施项目费	按技术措施分项的规定计取			1420.71
1.2.2	其中定额人工费				925.32
1.2.3	综合措施项目费	(1.1.1＋1.2.1)×综合措施项目费费率	17624.51	20.0	3524.90
2	施工管理费	(1.1.1＋1.2.1)×施工管理费费率(含财务费费率)	17624.51	35.0	6168.58
3	利润	(1.1.1＋1.2.1)×利润费率	17624.51	30.0	5287.35
4	价差	4.1＋4.2＋4.3			9613.29
4.1	人工工资调差	(1.1.1＋1.2.1)×[(34.00/22)−1]	17624.51	54.545	9613.29
4.2	材料价格调差	主材价差计算表			—
4.3	机械费调差	1.1.3×机械调差系数			—
5	其他	由承(发)包方按具体情况计算。如计时工、协商项目			—
6	不可竞争费用	∑(1~5)×不可竞争费费率	198149.4	6.38	12641.93
7	税金	(∑1~6)×税率	210791.33	3.413	7194.31
8	工程造价	∑1~7			217985.64

4.4.4 装饰工程工、料、机计价表

单位工程工、料、机计价表

序号	材料名称及规格	单位	数量	单价	合价	备注
一	人工					
	综合人工	工日	759.05	22 元/工日	16699.19	
二	材料					
1	白水泥	kg	49.09	0.464	22.78	
2	花岗石板	m²	94.26	85.00	8012.10	
3	石料切割片	片	3.118	60.00	187.08	
4	棉纱头	kg	4.783	5.68	27.17	
5	水	m³	11.679	2.12	24.76	
6	锯木屑	m³	2.507	15.60	39.11	
7	水泥砂浆(1:2.5)	m³	1.387	259.17	359.47	
8	水泥砂浆(1:3)	m³	8.546	221.12	1889.69	
9	素水泥浆	m³	0.453	704.99	319.36	
10	瓷质地砖	m²	357.66	52.00	18598.32	
11	釉面砖踢脚线	m²	14.73	34.67	510.69	
12	膨胀螺栓	套	828.2	0.48	397.54	
13	铁钉	kg	52.58	5.37	282.35	
14	合金钢钻头	个	8.23	38	312.74	
15	杉木锯材	m³	1.189	1458.49	1734.14	
16	防腐油	kg	3.31	8.24	27.27	
17	射钉(枪钉)	盒	9.437	8.00	75.50	
18	油毡	m²	44.34	3.00	133.02	
	本页小计				32953.09	

单位工程工、料、机计价表

工程名称：_____   20 年 月 日

序号	材料名称及规格	单位	数量	单价	合价	备注
19	聚醋酸乙烯乳液	kg	114.11	5.11	583.10	
20	木质装饰线 50×20	m	59.12	2.10	124.15	
21	木质装饰线 19×6	m	22.05	1.05	23.15	
22	杉木锯材	m³	7.5214	1458.49	10969.89	
23	202 胶 FSC-2	kg	1.48	2.67	3.95	
24	松木锯材	m³	0.004	1307.16	5.23	
25	大芯板	m²	32.04	27.68	886.87	
26	水曲柳板	m²	3.37	11.30	38.08	
27	收口线	m	9.78	1.62	15.84	
28	收口线	m	18.32	1.05	19.24	
29	混凝土 C20	m³	0.081	136.81	11.08	
30	草袋子	m²	0.54	1.70	0.92	
31	钢化玻璃 10mm	m²	15.524	188.50	2926.27	
32	不锈钢球 φ63	个	27.83	30.00	834.90	
33	12 厚钢化玻璃	m²	98.78	205.00	20249.90	
34	钢板	kg	8.705	3.13	27.25	
35	不锈钢管 φ50	kg	46.26	64.30	2974.52	
36	不锈钢方管 35×38×1	kg	57.82	34.75	2009.25	
37	玻璃胶 350g	支	148.53	16.80	2495.30	
38	108 胶	kg	132.42	1.70	225.11	
39	镀锌钢丝 12#	kg	2.16	3.37	7.28	
	本页小计				44564.30	

工程名称：_____   20 年 月 日

序号	材料名称及规格	单位	数量	单价	合价	备注
40	镀锌铁丝 12#	kg	19.92	4.04	80.48	
41	镀锌铁皮	m²	44.27	19.76	874.78	
42	预埋铁件	kg	475.71	4.00	1902.84	
43	电焊条	kg	50.05	6.14	307.31	
44	五夹板	m²	421.77	14.33	6043.96	
45	九夹板	m²	84.32	20.87	1759.76	
46	复合铝板	m²	383.07	51.00	19536.57	
47	自攻螺钉	个	1361.99	0.04	54.48	
48	金属角线 30×30×1.5	m	83.06	6.50	539.89	
49	榉木线 50×10	m	244.07	2.10	512.55	
50	黑胡桃木线子 30mm	m	46.2	6.00	277.2	
51	钢筋	kg	52.32	3.44	179.98	
52	铜丝	kg	2.741	33.28	91.22	
53	清油	kg	3.49	15.14	52.84	
54	煤油	kg	1.41	2.35	3.31	
55	松节油	kg	0.21	3.99	0.84	
56	草酸	kg	0.35	4.20	1.47	
57	硬白蜡	kg	0.93	4.68	4.35	
58	木螺钉	个	883.79	0.02	17.68	
59	角钢	kg	1094.95	4.025	4407.17	
60	圆钢	kg	230.63	3.965	914.45	
61	油漆溶剂油	kg	49.90	3.12	155.69	
	本页小计				36634.2	

単位工程工、料、机计价表

工程名称：＿＿＿＿＿＿＿＿ 20 年 月 日 第 4 页 共 7 页

序号	材料名称及规格	单位	数量	单价	合价	备注
62	胶粘剂	kg	1.27	1.25	1.59	
63	铝板 600×600	m²	55.88	62.00	3464.56	
64	不锈钢压条 80mm	m²	4.753	122.17	580.67	
65	不锈钢卡口槽	m	39.96	12.60	503.50	
66	镜面不锈钢片(8K)	m²	18.12	149.83	2714.92	
67	钢骨架	kg	154.33	4.00	617.32	
68	万能胶	kg	5.33	13.37	71.26	
69	不锈钢上下帮	m	5.9	15.00	88.50	
70	地弹簧	个	5.9	81.00	477.90	
71	高档门拉手	件	5.90	200	1180.00	
72	不锈钢玻璃夹	m	47.53	87.98	4181.69	
73	聚乙烯发泡条	m	95.06	2.80	266.17	
74	硅酮结构胶	支	92.92	49.00	4553.08	
75	不锈钢格栅门	m²	77.76	150.00	11664.00	
76	不锈钢焊丝	kg	4.67	91.00	424.97	
77	防盗门	m²	1.89	250.00	472.50	
78	胶合板(3mm)	m²	1.81	20.87	37.77	
79	红榉门夹板	m²	1.34	19.00	25.46	
80	贴脸 60mm	m	5.53	2.48	13.71	
81	防火涂料	kg	315.58	11.00	3471.98	
82	豆包布(白布)0.9m 宽	m	12.45	2.71	33.74	
83	催干剂	kg	6.26	7.24	45.32	
	本页小计				35881.09	

130

单位工程工、料、机计价表

工程名称：_____   20 年 月 日

序号	材料名称及规格	单位	数量	单价	合价	备注
84	石膏粉	kg	3.71	0.50	1.86	
85	大白粉	kg	12.92	0.25	3.23	
86	砂纸	张	41.19	1.05	43.25	
87	酚醛清漆	kg	16.34	14.50	236.93	
88	色调和漆	kg	2.38	11.29	26.87	
89	熟桐油	kg	5.41	8.71	47.12	
90	酒精	kg	0.07	3.04	0.21	
91	榉木板	m²	46.45	14.26	662.38	
92	榉木板	m²	99.51	19.00	1890.69	
93	双[白]灰粉	kg	331.04	0.21	69.52	
94	胶合板	m²	4.04	10.02	40.48	
95	铁件	kg	92.81	4.00	371.24	
96	防锈漆	kg	6.83	11.00	75.13	
	合计	元			153323.51	
	其他材料费	元			131.06	

单位工程工、料、机计价表

工程名称：_____　　　　　　　20　年　月　日

序号	材料名称及规格	单位	数量	单价	合价	备注
三	机械					
1	灰浆搅拌机(200L)	台班	1.721	42.51	73.16	
2	石料切割机	台班	9.82	28.00	274.96	
3	木工圆锯机(ϕ500mm)	台班	0.27	32.19	8.69	
4	电锤(520W)	台班	18.57	9.38	174.19	
5	电动空气压缩机(0.3m³/min)	台班	9.612	52.41	503.76	
6	混凝土搅拌机	台班	0.008	89.20	0.71	
7	电动切割机	台班	2.762	28	77.34	
8	交流电焊机(30kV·A)	台班	0.272	68.78	18.71	
9	交流电焊机(40kV·A)	台班	0.684	99.10	67.78	
10	钢筋调直机(ϕ14mm)	台班	0.025	39.42	0.99	
11	钢筋切断机(ϕ40mm)	台班	0.025	40.96	1.02	
12	重运机械	台班	3.05	254.30	775.62	
	合计	元			1976.93	

单位工程工、料、机计价表

序号	材料名称及规格	单位	数量	单价(元)	合价(元)	备注
一	人工					
	综合人工	工日	42.06	22.00	925.32	
二	材料					
1	铁件	kg	0.92	4.00	3.68	
2	安全网	m²	2.05	9.20	18.86	
3	回转扣件	kg	2.81	4.80	13.49	
4	对接扣件	kg	3.84	4.80	18.43	
5	直角扣件	kg	13.88	4.80	66.62	
6	脚手架底座	m²	1.72	3.90	6.71	
7	脚手架板	m²	9.96	11.50	114.54	
8	焊接钢管	kg	50.15	3.23	161.98	
9	防锈漆	kg	4.66	11.00	51.26	
	合计	元			455.57	
三	机械					
	载重汽车(6t)	台班	0.127	313.51	39.82	
	合计	元			39.82	
	合计	元			1420.71	

4.4.5 分部分项工、料机分析表

工、料、机数量分析统计表

建设单位:
工程名称:
分部分项工程项目:

建筑面积: _____ m²

序号	定额编号	项目名称或说明	单位	工程数量	综合人工	灰浆搅拌机200L	石料切割机	白水泥	花岗石板	石料切割片	棉纱头	水	锯木屑	水泥砂浆 1:3	素水泥浆	瓷质地砖 600×600	釉面砖踢脚线
1	1-034	台阶贴花岗石板	m²	21.96	0.5600 / 12.30	0.0052 / 0.114	0.0969 / 2.128	0.1550 / 3.40	1.5690 / 34.46	0.0168 / 0.37	0.0150 / 0.33	0.0390 / 0.86	0.0090 / 0.20	0.0299 / 0.657	0.0015 / 0.033		
2	1-008	平台地面贴花岗石板	m²	21.96	0.2530 / 5.56	0.0052 / 0.114	0.0201 / 0.441	0.1030 / 2.26	1.0200 / 22.4	0.0042 / 0.09	0.0100 / 0.22	0.0260 / 0.57	0.0060 / 0.13	0.0303 / 0.665	0.0010 / 0.022		
3	1-066	室内地面瓷质地砖600×600	m²	348.94	0.2791 / 97.39	0.0035 / 1.221	0.0151 / 5.269	0.1030 / 35.94		0.0032 / 1.117	0.0100 / 3.49	0.0260 / 9.07	0.0060 / 2.09	0.0202 / 7.049	0.0010 / 0.349	1.0250 / 357.66	
4	1-069	室内贴釉面砖踢脚线	m²	11.14	0.4280 / 4.77	0.0022 / 0.025	0.0126 / 0.140	0.1400 / 1.56		0.0032 / 0.04	0.0100 / 0.11	0.0300 / 0.33	0.0060 / 0.067	0.0121 / 0.135	0.0010 / 0.011		1.0200 / 11.36
		合　计			120.02	1.474	7.978	43.16	56.86	1.617	4.15	10.83	2.487	8.506	0.415	357.66	11.36

134

工、料、机数量分析统计表

建设单位：_____

工程名称：_____

建筑面积：_____ m²

序号	定额编号	项目名称或说明	单位	工程数量	综合人工	圆锯木机φ500mm	电锤520W	膨胀螺栓	铁钉	合金钢钻	杉木锯材	防腐油	射(枪钉)盒	榉木板	聚醋酸乙烯乳	电空气压缩机	油毡
5	2-166	内墙裙木龙骨基层	m²	42.23	0.1173 / 4.95	0.0026 / 0.1098	0.0391 / 1.651	3.1593 / 133.42	0.0384 / 1.62	0.0782 / 3.30	0.0079 / 0.334	0.0218 / 0.92					
6	2-209	内墙裙榉木板面层	m²	42.23	0.1495 / 6.31								0.0120 / 0.51	1.1000 / 46.45	0.4211 / 17.78	0.0500 / 2.112	
7	2-191	内墙裙油毡隔离层	m²	42.23	0.0379 / 1.60				0.0060 / 0.25						0.1404 / 5.93		1.0500 / 44.34
合计					12.86		1.651	133.42	1.87	3.30	0.334	0.92	0.51	46.45	23.71	2.112	44.34

序号	定额编号	项目名称或说明	单位	工程数量	综合人工	木质装饰线	锯材	202胶FSC-2	铁钉
8	6-069	内墙裙木装饰线封条	m²	56.3	0.0299 / 1.68	1.0500 / 59.12	0.0001 / 0.0056	0.0076 / 0.43	0.0070 / 0.39
合计					1.68	59.12	0.0056	0.43	0.39

135

建设单位：_____
工程名称：_____

工、料、机数量分析统计表

序号	定额编号	项目名称或说明	单位	工程数量	综合人工	圆锯木机φ500mm	电锤520W	膨胀螺栓	铁钉	合金钢钻头	杉木锯材	防腐油	松木锯材	大芯板	水曲柳板	聚醋酸乙烯乳液	其他材料费%
9	2-170	隔断A木龙骨基层	㎡	12.96	0.1012 / 1.31	0.0018 / 0.023	0.0037 / 0.437	2.2730 / 35.29	0.0194 / 0.25	0.0674 / 0.87	0.0088 / 0.114	0.0163 / 0.21					
10	4-082	隔断A柜上大芯板基层水曲柳面层	㎡	3.06	0.3180 / 0.97				0.2300 / 0.70				0.0010 / 0.003	1.050 / 3.21	1.100 / 3.37	0.500 / 1.53	0.60 / 2.62
11	4-059	隔断A木柜基层大芯板	㎡	5.25	0.2500 / 1.31									2.040 / 10.71		0.1200 / 0.63	3.00 / 8.98
		合　计			3.59	0.023	0.437	35.29	0.95	0.87	0.114	0.21	0.003	13.92	3.37	2.16	11.60

序号	定额编号	项目名称或说明	单位	工程数量	综合人工	收口线	榉木板	聚醋酸乙烯乳液	其他材料费%
12	4-060	隔断A木柜榉木板面层	㎡	5.25	0.5100 / 2.68	3.49 / 18.32	2.1300 / 11.18	0.1200 / 0.63	3.00 / 7.05
		合　计			2.68	18.32	11.18	0.63	7.05

工、料、机数量分析统计表

建设单位：_____
工程名称：_____

建筑面积：_____ m²　　公元　年　月　日　第 4 页　共 12 页

序号	定额编号	项目名称或说明	单位	工程数量	综合人工	木装饰线19×6	铁钉	202胶 FSC-2	混凝土 C20	草袋子 m²	水	搅拌机
13	6-068	隔断A木柜装饰线条	m	21	0.0239 / 0.5	1.0500 / 22.05	0.0053 / 0.11	0.0028 / 0.06				
14	JD5-429	隔断A混凝土柱墩	10m³	0.008	30.14 / 0.24				10.15 / 0.081	67.39 / 0.54	27.45 / 0.22	1.00 / 0.008
		合　计			0.74	22.05	0.11	0.06	0.081	0.54	0.22	0.008

序号	定额编号	项目名称或说明	单位	工程数量	综合人工	钢化玻璃10mm	膨胀螺栓	不锈钢球φ63	钢板(kg)	不锈钢管φ50	不锈钢方管35×38×1	玻璃胶	其他材料费%	电动切割机	117胶	双灰粉
15	2-248换	隔断A全玻不锈钢栏杆	m²	14.69	0.8470 / 12.44	1.0568 / 15.524	5.1012 / 74.94	1.8946 / 27.83	0.5926 / 8.705	3.1489 / 46.26	3.9361 / 57.82	1.0000 / 14.69	0.4122 / 37.28	0.1880 / 2.762	0.8000 / 132.42	
16	5-231	内墙面刮仿瓷涂料二遍	m²	165.52	0.1120 / 18.54								2.1103 / 6.22			2.0000 / 331.04
		合　计			30.98	15.524	74.94	27.83	8.705	46.26	57.82	14.69	43.5	2.762	132.42	331.04

工、料、机数量分析统计表

建设单位：＿＿＿＿＿

工程名称：＿＿＿＿＿

建筑面积：．．．．．．．．m²

序号	定额编号	项目名称或说明	单位	工程数量	综合人工	铁钉	镀锌铁钉	铁件	预埋铁件	电焊条	锯材	防腐油	交流电焊机 30kV·A	五夹板
17	3-018	方木顶棚龙骨	m²	351.86	0.1600	0.0947	0.0566	0.0870	1.2788	0.0097	0.0187	0.0062	0.0005	
					56.3	33.32	19.92	30.61	449.96	3.41	6.5798	2.18	0.18	
18	3-075	顶棚五夹板基层	m²	369.5	0.0796	0.0180								1.0500
					29.41	6.65								387.98
		合　计			85.71	39.97	19.92	30.61	449.96	3.41	6.5798	2.18	0.18	387.98

序号	定额编号	项目名称或说明	单位	工程数量	综合人工	复合铝板	玻璃胶 350g	其他材料费	自攻螺钉	金属角线 30×30×1.5	202 胶 FSC-2
19	3-117	顶棚复合铝板面层	m²	334.38	0.1200	1.0500	0.3400	0.1000			
					40.13	351.10	113.69	19.82			
20	6-061换	不锈钢压条	m	80.64	0.0357				4.1820	1.03	0.0088
					2.88				337.24	83.06	0.71
		合　计			43.01	351.10	113.69	19.82	337.24	83.06	0.71

工、料、机数量分析统计表

建设单位：_____

工程名称：_____

公元 年 月 日　第 6 页 共 12 页

建筑面积：_____ m²

序号	定额编号	项目名称或说明	单位	工程数量	综合人工	铁钉	五夹板	榉木线	射钉盒	铁钉	杉木锯材	九夹板	榉木板 50×10	聚醋酸乙烯乳液	电锤	电空气压缩机	黑胡桃木线子	202胶 FSC-2
21	3-148	灯槽	m	70.4	0.2600 / 18.30	0.0650 / 4.58	0.4800 / 33.79											
22	2-273换	木龙骨九夹板基层饰面板包方柱	m²	80.3	0.5348 / 42.94			3.0395 / 244.07	0.11 / 8.83	0.0360 / 2.89	0.0092 / 0.739	1.050 / 84.32	1.100 / 88.32	1.0390 / 83.43	0.0442 / 3.55	0.0883 / 7.09		
23	6-069	方柱黑胡桃木线子	m	44.00	0.0299 / 1.32					0.0070 / 0.308	0.0001 / 0.004						1.050 / 46.2	0.0076 / 0.33
		合　计			61.9	4.58	33.79	244.07	8.83	3.04	0.741	84.32	88.33	83.43	3.55	7.09	23.1	0.17

序号	定额编号	项目名称或说明	单位	工程数量	综合人工	灰浆搅拌机	石料切割机	白水泥	面砖踢脚线	石料切割片	棉纱头	水	锯木屑	水泥砂浆	素水泥浆
24	1-069	方柱踢脚线	m²	3.3	0.4280 / 1.41	0.0022 / 0.007	0.0126 / 0.042	0.1400 / 0.46	1.0200 / 3.37	0.0032 / 0.011	0.0100 / 0.033	0.0300 / 0.099	0.0060 / 0.02	0.0121 / 0.04	0.0010 / 0.003
		合　计			1.41	0.007	0.042	0.46	3.37	0.011	0.033	0.099	0.02	0.04	0.003

工、料、机数量分析统计表

序号	定额编号	项目名称或说明	单位	工程数量	综合人工	白水泥	花岗石板	膨胀螺栓	合金钢钻头 φ20	石料切割片	棉纱头 kg	电焊条	水
25	2-052	柱面挂贴镜面花岗岩石板	m²	35.28	1.1123	0.1550	1.0600	9.2000	0.1150	0.0421	0.0100	0.0278	0.0150
					39.24	5.47	37.40	324.58	4.06	1.49	0.35	0.98	0.53
		合　计			39.24	5.47	37.4	324.58	4.06	1.49	0.35	0.98	0.53

序号	定额编号	项目名称或说明	单位	工程数量	水泥砂浆 1:2.5	素水泥浆	钢筋 kg	铜丝	清油	煤油
25	2-052	柱面挂贴镜面花岗石板	m²	35.28	0.0393	0.0010	1.4830	0.0777	0.0053	0.0400
					1.387	0.035	52.32	2.741	0.19	1.41
		合　计			1.387	0.035	52.32	2.741	0.19	1.41

序号	定额编号	项目名称或说明	单位	工程数量	松节油	草酸	硬白蜡	灰浆搅拌机(台班)	钢筋调直机(台班)	钢筋切断机(台班)	电锤 520W	交流电焊机	石料切割机
25	2-052	柱面挂贴花岗石板	m²	35.28	0.0060	0.0100	0.0265	0.0067	0.0007	0.0007	0.1150	0.0026	0.0510
					0.21	0.35	0.93	0.24	0.025	0.025	4.057	0.092	1.8
		合　计			0.21	0.35	0.93	0.24	0.025	0.025	4.057	0.092	1.8

工、料、机数量分析统计表

建设单位：＿＿＿＿＿＿

工程名称：＿＿＿＿＿＿

建筑面积：＿＿＿＿＿＿ m²

序号	定额编号	项目名称或说明	单位	工程数量	综合人工	膨胀螺栓 M8×80	木螺钉	铁钉	镀锌钢丝(12#)	铁件	电焊条	锯材	镀锌铁皮
26	6-005	箱式招牌	m³	24.7032	3.1875	10.5237	35.7764	0.0550	0.0873	1.5421	1.4457	0.0379	1.7919
					78.74	259.97	883.79	1.36	2.16	38.09	35.71	0.936	44.27
		合　计			78.74	259.97	883.79	1.36	2.16	38.09	35.71	0.936	44.27

序号	定额编号	项目名称或说明	单位	工程数量	角钢	圆钢	防锈漆	油漆溶剂油	其他材料费	木工圆锯机	电锤
26	6-005	箱式招牌	m³	24.7032	44.3244	9.3361	0.2763	0.0286	0.1643	0.0056	0.1315
					1049.95	230.63	6.83	0.71	13.41	0.138	3.25
		合　计			1049.95	230.63	6.83	0.71	13.41	0.138	3.25

序号	定额编号	项目名称或说明	单位	工程数量	综合人工	射钉	复合铝板	聚醋酸乙烯乳液	其他材料费	电动空气压缩机
27	2-209换	A 轴柱内侧贴复合铝板	m²	8.1	0.1495	0.0120	1.1000	0.4211	0.0500	
					1.21	0.097	8.91	3.41	0.41	
		合　计			1.21	0.097	8.91	3.41	0.41	

工、料、机数量分析统计表

建设单位：　　　　　　　　　　　　　　　　　　　　建筑面积：　　　　　m²　　　　公元　年　月　日

工程名称：

序号	定额编号	项目名称或说明	单位	工程数量	综合人工	复合铝板	粘接剂	其他材费 %	铝板 600×600	玻璃胶	80mm 不锈钢压条	202胶 FSC-2
28	3-092	雨篷底复合铝板面层	m²	21.96	0.1500 / 3.294	1.0500 / 23.06	0.0580 / 1.27	0.2400 / 2.83				
29	3-117	招牌 600×600 厚铝板	m²	53.22	0.1200 / 6.39			0.1000 / 3.77	1.0500 / 55.88	0.3400 / 18.09		
30	6-065换	边框 80mm 不锈钢压条	m	57.68	0.0557 / 3.21						0.0824 / 4.753	0.11
		合　计			12.894	23.06	1.27	6.6	55.88	18.09	4.753	0.11

序号	定额编号	项目名称或说明	单位	工程数量	综合人工	不锈钢卡口槽	镜面不锈钢片	自攻螺钉	预埋铁件	电焊条	大芯板	钢骨架	万能胶	其他材料费 %	交流电焊机 40kV·A
31	4-070	镜面不锈钢包门框	m²	17.76	0.9700 / 17.23	2.2500 / 39.96	1.0200 / 18.12	57.7000 / 1024.75	1.4500 / 25.75	0.5600 / 9.95	1.0200 / 18.12	8.6900 / 154.33	0.3000 / 5.33	0.1000 / 4.61	0.0140 / 0.25
		合　计			17.23	39.96	18.12	1024.75	25.75	9.95	18.12	154.33	5.33	4.61	0.25

工、料、机数量分析统计表

建设单位：_____
工程名称：_____

建筑面积：_____ m²

序号	定额编号	项目名称或说明	单位	工程数量	综合人工	不锈钢上下带	钢化玻璃 12mm	地弹簧	高档门拉手	玻璃胶 350	其他材料费
32	4-071	无框全玻地弹门	m²	9.36	1.5000 14.04	0.6300 5.90	1.0300 9.64	0.6300 5.9	0.6300 5.9	0.2200 2.06	0.1000 3.76
	合　计				14.04	5.90	9.64	5.9	5.9	2.06	3.76

序号	定额编号	项目名称或说明	单位	工程数量	综合人工	12厚钢化玻璃	不锈钢玻璃胶	聚乙烯发泡条	硅酮结构胶	重运机械	不锈钢格栅门	铁件	不锈钢焊丝	电锤	防盗门
33	参B-071	全玻幕墙（12厚钢化玻璃）	m²	65.44	0.2793 18.28	1.3621 89.14	0.7263 47.53	1.4526 95.06	1.4200 92.92	0.0466 3.05					
34	4-049	不锈钢格栅门	m²	77.76	0.6700 52.1						1.0000 77.76	0.3100 24.11	0.0600 4.67	0.0713 5.54	
35	6-184	木门拆除	m²	1.89	0.1146 0.22										
36	4-047	钢防盗门安装	m²	1.89	0.3800 0.72									0.0411 0.08	1.000 1.89
	合　计				71.32	89.14	47.53	95.06	92.92	3.05	77.76	24.11	4.67	5.62	1.89

143

工、料、机数量分析统计表

建筑面积：_____m²

建设单位：_____

工程名称：_____

序号	定额编号	项目名称或说明	单位	工程数量	综合人工	收口线	松木锯材	胶合板 9mm	红榉门夹板	聚醋酸乙烯乳液	其他材料费%	贴脸 60mm	铁钉
37	4-074	包门框套	m²	1.22	0.2650	8.0200	0.0010	1.4800	1.100	0.6300	3.0000		
					0.32	9.78	0.001	1.81	1.34	0.77	2.53	1.06	0.06
38	4-077	门框线子	m	5.22	0.0200						0.6000		
					0.10						0.09	5.53	0.31
合　计					0.42	9.78	0.001	1.81	1.34	0.77	2.62	5.53	0.31

序号	定额编号	项目名称或说明	单位	工程数量	综合人工	防火涂料	豆包布（白布）0.9m 宽	催干剂 kg	油漆溶剂油
39	5-160	墙裙木龙骨刷防火涂料	m²	55.19	0.0430	0.0920	0.0006	0.0020	0.0100
					2.37	5.08	0.033	0.11	0.55
40	5-168	方柱木龙骨刷防火涂料	m²	80.3	0.0930	0.1980	0.0010	0.0040	0.0210
					7.47	15.90	0.08	0.32	1.69
41	5-176	顶棚木龙骨刷防火涂料	m²	351.86	0.1550	0.3040	0.0020	0.0050	0.0310
					54.54	106.97	0.70	1.76	10.91
42	5-163	基层板面（双）刷防火涂料	m²	482.34	0.1168	0.3890	0.0230	0.0070	0.0400
					56.34	187.63	11.09	3.38	19.29
合　计					120.72	315.58	11.9	5.57	32.44

工、料、机数量分析统计表

序号	定额编号	项目名称或说明	单位	工程数量	综合人工	豆包布	催干剂	油漆溶剂油	石膏粉	大白粉	砂纸	棉纱头	酚醛清漆	色调和漆	清油	熟桐油	酒精
43	5-064	木材面漆清漆二遍	m²	137.31	0.2800 / 38.45	0.0040 / 0.55	0.0050 / 0.69	0.1220 / 16.75	0.027 / 3.71	0.0941 / 12.92	0.300 / 41.19	0.0018 / 0.25	0.1190 / 16.34	0.0173 / 2.38	0.0240 / 3.3	0.0394 / 5.41	0.0005 / 0.07
		合　计			38.45	0.55	0.69	16.75	3.71	12.92	41.19	0.25	16.34	2.38	3.3	5.41	0.07

序号	定额编号	项目名称说明	单位	工程数量	综合人工	载重汽车 6t	安全网	回转扣件	对接扣件	直角扣件	脚手架底座	脚手架板	焊接钢管	防锈漆	其他材料费	侧编竹架板
44	7-001	装修外脚手架	m²	141.06	0.0463 / 6.54	0.0004 / 0.057	0.0145 / 2.05	0.0027 / 0.38	0.0160 / 2.26	0.0527 / 7.44	0.0015 / 0.21	0.0115 / 1.62	0.1045 / 14.75	0.0113 / 1.60	0.0500 / 14.08	
45	7-005	满堂脚手架	m²	351.86	0.0936 / 32.93	0.0002 / 0.070		0.0069 / 2.43	0.0045 / 1.58	0.0183 / 6.44	0.0043 / 1.51		0.1006 / 35.40	0.0087 / 3.06	1.3600 / 4.01	0.0237 / 8.34
46	说明	改架工	m²	202.69	0.0128 / 2.59											
		合　计			42.06	0.127	2.05	2.81	3.84	13.88	1.72	1.62	50.15	4.66	18.09	8.34

145

思考题与习题

1. 何谓装饰施工图预算造价，其主要作用有哪些？
2. 建筑装饰工程施工图预算造价的主要编制依据有哪些？
3. 单位装饰工程施工图预算造价文件应包括哪些内容？
4. 编制装饰工程施工图预算的主要方法有哪几种，其编制步骤如何？
5. 试根据下列建筑装饰工程资料，编制建筑装饰工程计价表。

某楼房进行整栋二次装修，承包形式：包工包料，由工程量计算得：

(1) 普通水磨石地面（嵌玻璃条）15mm 厚	1869.0m²
(2) 普通水磨石楼梯面层	86.8m²
(3) 金钢砂防滑条	52.0m
(4) 卫生间防滑地面砖（地面砖规格、300mm×300mm）	127.0m²
(5) 地面 1∶3 水泥砂浆找平层 20mm 厚	1996.0m²
(6) 踢脚线贴釉面砖（釉面砖规格、150mm×75mm）	102.0m²

课题5　建筑装饰工程工程量清单计价办法

5.1　工程量清单计价概述

5.1.1　《建设工程工程量清单计价规范》概述

（1）工程量清单计价办法的概念与推行意义

随着我国建设市场的快速发展，招标投标制、工程承包合同制的逐步推行以及我国入世后与国际接轨等方面的要求，工程造价应按照市场形成价格，企业自主报价的市场经济管理模式进行计价与管理。根据《中华人民共和国招标投标法》、建设部第107号令《建筑工程施工发包与承包计价管理办法》等建设法规，按照我国工程造价管理改革的要求，本着国家宏观调控、市场竞争形成价格的原则，制定、颁布了《建设工程工程量清单计价规范》，这是我国深化工程造价管理改革的重要举措。

1）工程量清单计价的基本概念

工程量清单计价方法，是建设工程在招标投标过程中，招标人委托具有资质的中介机构编制反映工程实体消耗和措施消耗的工程量清单表，并作为招标文件的一部分提供给投标人，由投标人依据工程量清单自主报价的计价方式。

工程量清单指反映拟建工程的分部分项工程项目、措施项目、其他项目的项目名称、项目特征和相应数量的明细清单。工程量清单由招标人按照"计价规范"附录中统一的项目编码，项目名称、计量单位和工程量计算规则进行编制。

工程量清单计价表指投标人编制的为完成由招标人提供的工程量清单中所需的全部费用，包括分部分项工程费、措施项目费、其他项目费、规费和税金。

工程量清单计价采用综合单价计价。综合单价，其组成包括完成规定计量项目所需的人工费、材料费、机械使用费、管理费、利润，并考虑风险因素。

2）推行工程量清单计价是深化工程造价管理改革，推进建设市场化的重要途径长期以来、在我国工程计价、定价的主要依据是工程预算定额。现行预算定额中规定的分项工程消耗量是按社会平均水平编制的，以此为依据形成的工程造价基本上也属于社会平均价格。作为市场竞争的参考价格，它不能反映参与竞争企业的实际消耗和技术管理水平，在一定程度上限制了企业的公平竞争。20世纪90年代，国家提出了"量价分离"的工程计价办法改革思路，实行"控制量、指导价、竞争费"的改革措施，国家控制量以保证质量，价格逐步走向市场化，但由于国家定额的控制量是控制社会平均消耗量，不能反映企业的实际消耗状态，不能全面体现企业的技术装备水平、管理水平和劳动生产率，也不能体现公平竞争的原则。工程量清单计价是指建设工程招标投标中，按照国家统一的工程量清单计价规范，由招标人提供工程数量，投标人自主报价。采用工程量清单计价能反映工程个别成本，有利于企业自主报价和公平竞争。改变以往的工程预算定额的计价模式，推行工程量清单计价办法，适应招标投标竞争定价和经评审的合理低价中标的要求是十分必要的。

3) 实行工程量清单计价是规范建筑市场，适应社会主义市场经济的需要

在建设工程实施过程中，工程造价是工程建设的核心，是建筑市场运行的核心内容，建筑市场中存在的许多不规范行为，大多数与工程造价直接相关。建筑产品作为商品，受价值规律、货币流通规律和供求规律的支配。但它与一般的工业产品价格构成不一样，建筑产品价格随建设时间和地点而变化，相同结构的建筑物在同一地段建造，施工的时间不同造价就不一样；同一时间、不同地段造价也不一样；即使时间和地段相同，施工方法、施工手段、管理水平不同工程造价也有所差别。所以说，建筑产品的价格，既有它的同一性，又有它的特殊性。建筑产品具有某些特殊性。

a) 建筑产品的固定性。建设工程项目是固定在工程建设地的，它竣工后可以直接移交用户，就地进入生产消费或生活消费。

b) 建筑产品生产的流动性。建设工程项目的固定性决定了工程建设过程的流动性，过程中是施工人员和施工机具围绕着建设工程流动。因此，建筑产品价格中不含商品使用价值运动发生的流通费用，生产过程在流通领域内进行而需支付的商品包装品费、运输费、保管费，有的建设工程还包括施工企业远离基地的所增加费用，甚至包括成建制转移到新的工地所增加的费用等。

以往工程预算定额在调节承发包双方利益和反映市场价格、需求方面存在着不相适应的地方，特别是公开、公正、公平竞争方面，缺乏合理的机制，甚至出现了一些漏洞，高估冒算，相互串通，从中回扣等不良行为。尽快建立和完善市场形成工程造价的机制，是当前规范建筑市场的需要。发挥市场规律"竞争"和"价格"的作用是治本之策。通过推行工程量清单计价有利于发挥企业自主报价的能力，同时也有利于规范业主在工程招标中计价行为，有效改变招标单位在招标中盲目压价的行为，从而真正体现公开、公平、公正的原则，反映市场经济规律。

4) 推行工程量清单计价是与国际接轨的需要

工程量清单计价是目前国际上通行的做法，国外一些发达国家和地区，如香港地区基本采用这种方法，在我国国内的国外金融机构（如世界银行等）贷款项目在招标中大多也采用工程量清单计价办法。随着我国加入世贸组织，国内建筑业面临着两大变化，一方面中国市场将更具有活力，另一方面国内市场逐步国际化，竞争更加激烈。入世以后，一是外国建筑商要进入我国建筑市场在建筑领域里开展竞争，他们必然要引入国际惯例、规范和做法来计算工程造价；二是国内建筑公司也同样要到国外市场竞争，它要求我们必须按

照国际惯例、规范和做法来计算工程造价；三是我国的国内工程方面，为了与外国建筑商在国内市场竞争，我们必须要改变过去的做法，参照国际惯例、规范和做法来计算工程承发包价格。因此，建筑产品的价格由市场形成是社会主义市场经济和适应国际惯例的需要。

5）实行工程量清单计价，是促进我国建设市场实行有序竞争和建筑企业健康发展的需要

工程量清单是招标文件的重要组织部分，由招标单位编制或委托有资质的工程造价咨询单位编制，工程量清单编制的准确、详尽、完整，有利于提高招标单位的管理水平，减少索赔事件的发生。由于工程量清单是公开的，有利于防止招标工程中弄虚作假、暗箱操作等不规范行为。投标单位通过对单位工程成本、利润进行分析，统筹考虑，精心选择施工方案，根据企业的定额合理确定人工、材料、机械等要素投入量的合理配置，优化组合，合理控制现场经费和施工技术措施费，在满足招标文件需要的前提下，合理确定自己的报价，让企业有自主报价权。改变了过去依赖建设行政主管部门发布的定额和规定的取费标准进行计价的模式，有利于提高劳动生产率，促进企业技术进步，节约投资和规范建设市场。采用工程量清单计价后，将使招标活动的透明度增加，在充分竞争的基础上降低了造价，提高了投资效益，且便于操作和推行，业主和承包商将都会接受这种计价模式。

6）实行工程量清单计价，有利于我国工程造价政府职能的转变

按照政府部门真正履行起"经济调节、市场监管、社会管理、公共服务"的职能要求，政府对工程造价管理的模式要进行相应的改变，将推行政府宏观调控、企业自主报价、市场形成价格、社会全面监督的工程造价管理思路。实行工程量清单计价，将会有利于我国工程造价政府职能的转变，由过去的政府控制的指令性定额转变为制定适应市场经济规律需要的工程量清单计价方法，由过去的行政干预转变为对工程造价进行依法监管，有效地强化政府对工程造价的宏观调控。

（2）《建设工程工程量清单计价规范》的原则

根据建设部第107号令《建筑工程施工发包与承包计价管理办法》，结合我国工程造价管理现状，参照国际上工程计价的通行做法，编制的指导思想是按照政府宏观控制，市场竞争形成价格的思路，创造公平、公正、公开竞争的环境，建立统一有序的建筑市场，尽快适应与国际惯例接轨的需要。

"计价规范"编制的主要原则有：

1）政府宏观调控、企业自主报价、市场竞争形成价格

按照政府宏观调控、企业自主报价、市场竞争形成价格的指导思想，为规范承、发包方的计价行为，确定工程量清单计价办法（包括统一项目编码、项目名称、计量单位、工程量计算规则等），将属于企业性质的施工方法，施工措施，人工、材料、机械的消耗量水平和取费费率等应该由企业来确定的权利留给企业，给企业自主报价参与市场竞争的空间，以促进生产力的发展。

2）尽可能与国际惯例接轨

"计价规范"要根据我国当前工程建设市场发展的形势，逐步解决定额计价中与当前工程建设市场不相适应的因素，适应我国社会主义市场经济发展的需要，适应与国际接轨的需要，积极稳妥地推行工程量清单计价。在编制中，既借鉴了世界银行菲迪克（FID-IC）、英联邦国家以及我国香港地区等的一些做法思路，同时也综合考虑了我国现阶段的建设工程计价方法改革进程的具体情况。

3）适当考虑与我国现行定额的相互结合

我国现行的工程预算定额是经过几十年工程计价实践总结出来的，具有一定的科学性和实用性；从事工程造价管理工作的人员已经形成了运用预算定额的习惯。"计价规范"以现行的《全国统一工程基础定额》为基础，特别是项目划分、"计量单位"、"工程量计算规则"等方面，尽可能与现行"定额"相衔接。编制时适当考虑的有关方面问题主要表现在：

(a) 在我国现行定额中，各分部分项目按国家规定以工序为对象划分项目；

(b) 在施工工艺与施工方法上，根据大多数企业所采用的施工方法综合考虑；

(c) 对于分部分项人工、材料、机械消耗量标准，根据目前国家的社会平均劳动量消耗水平综合测定；

(d) 各地采用的取费标准，由各地政府主管部门根据不同地区、不同工程类别的工程费用支付状况的测算结果，按照有关规则规定综合取定。

(3)《建设工程工程量精单计价规范》的特点

1) 强制性："计价规范"中的强制性主要表现在，按照强制性标准的要求批准颁发执行的有关规定。如计价规范规定：全部使用国有资金或国有资金投资为主的大、中型建设工程必须按计价规范规定执行；工程量清单是招标文件的一部分；招标人在编制工程量清单时必须遵守规则，必须做到"四个统一"。

2) 实用性："计价规范"附录中工程量清单项目及计算规则的项目名称表现的是工程实体项目，项目明确清晰，工程量计算规则简洁明了。特别还有项目特征和工程内容说明，编制工程量清单时应用方便，易于掌握。

3) 通用性：实施"计价规范"，采用工程量清单计价，体现我国工程造价计价与管理将与国际惯例接轨，符合工程量清单计算方法标准化、工程量计算规则统一化、工程造价确定市场化的规定。

4) 竞争性：一是"计价规范"中的措施项目，在工程量清单中只列"措施项目"，具体采用什么措施，如模板、脚手架、施工排水、施工产品保护等措施，详细内容由投标人根据承包企业的施工组织设计，按具体情况报价，因为这些项目是企业竞争项目，是留给企业竞争的空间。二是"计价规范"中人工、材料和施工机械没有具体的消耗量，投标企业既可以依据企业的定额和市场价格信息，也可以参照建设行政主管部门发布的社会平均消耗量定额和市场价格信息进行报价，由此"计价规范"将报价权交给企业，充分体现企业自主报价。

(4)《建设工程工程量清单计价规范》内容简介

《建设工程工程量清单计价规范》的颁布实施是建设布场发展的要求，它为建设工程招标投标计价活动的健康、有序发展提供了依据。在"计价规范"中，贯穿了由政府宏观调控、企业自主报价、市场竞争形成价格的原则，其主要体现为：

政府宏观调控：一是规定了全部使用国有资金或国有资金投资控股为主的大中型建设工程要严格执行"计价规范"，统一了分部分项工程项目名称、项目编码、计量单位、工程量计算规则，为建立全国统一建设市场和规范计价行为提供了依据。二是"计价规范"没有规定人工、材料、机械的消耗量，这必然促进企业不断提高技术与管理水平，引导企业学会编制自己的消耗量标准，适应市场的需要。

企业自主报价、市场竞争形成价格：由于"计价规范"不规定人工、材料、机械消耗量，为企业报价提供了自主的空间，投标企业可以结合自身的生产效率、消耗水平和管理能力与已储备的本企业报价资料，按照"计价规范"规定的原则方法投标报价。工程造价的最终确定，由承发包双方在市场竞争中按照价值规律，通过合同确定。

《建设工程工程量清单计价规范》包括正文和附录两大部分，两者具有同等效力。

1）"计价规范"的正文

《建设工程工程量清单计价规范》的第一部分是正文共五章：包括总则、术语、工程量清单编制、工程量清单计价、工程量清单及计价格式等内容，分别就"清单计价规范"的适应范围、制定"计价规范"所遵循的原则、编制工程量清单时应遵循的原则以及从事工程量清单计价活动的规则、工程量清单及其计价文件的标准格式等作了明确规定。

2）"计价规范"的附录

《建设工程工程量清单计价规范》的第二部分为附录：包括建筑工程、装饰装修工程、安装工程、市政工程、园林绿化工程，共五个部分。

附录A　建筑工程工程量清单项目及计算规则；

附录B　装饰装修工程工程量清单项目及计算规则；

附录C　安装工程工程量清单项目及计算规则；

附录D　市政工程工程量清单项目及计算规则；

附录E　园林绿化工程工程量清单项目及计算规则。

附录中分别列出了各类工程工程量清单项目的项目编码、项目名称、项目特征、工作内容、计量单位和清单工程量计算规则和工程内容。其中清单项目编码、项目名称、计量单位、清单工程量计算规则列为"四个统一"的内容，要求招标人和工程量清单编制人员在编制工程量清单时必须严格执行。

5.1.2　工程量清单计价与定额计价的比较

（1）工程量清单计价的主要特点

按照《建设工程工程量清单计价规范》的规定，工程量清单计价的主要特点有：

1）建筑装饰工程工程量清单项目反映的是完整的建筑装饰工程分项项目实体；

2）"计价规范"中所列建筑装饰工程工程量清单项目：项目名称明确清晰，项目的项目特征和工作内容描述具体；

3）"计价规范"中所列建筑装饰工程工程量清单的工程量计算规则简洁明了，易于在编制工程量清单时确定具体的清单项目名称和计算工程招投标计价。

（2）清单计价和定额计价的主要差别

工程量清单计价与传统定额预算计价法的主要差别有：

1）编制工程量的单位不同。传统的定额计价办法是：建设工程的工程量分别由招标单位和投标单位分别按图计算。工程量清单计价是：工程量由招标单位统一计算或委托有工程造价咨询资质单位统一计算。"工程量清单"是招标文件的重要组成部分，由于计价单位和投标单位都根据统一的工程量清单报价，达到了投标计算口径统一。避免了各投标单位各自计算工程量的不同，而导致的工程造价的不一致现象。

2）编制工程量清单时间不同。传统的定额预算计价法是在发出招标文件后编制（招标与投标人同时编制或投标人编制在前，招标人编制在后）。工程量清单报价法必须在发出招标文件前编制。

3）表现形式不同。采用传统的定额预算计价法一般是总价形式。工程量清单报价法采用综合单价形式，综合单价包括人工费、材料费、机械使用费、管理费、利润，并考虑风险因素。工程量清单报价具有直观、单价相对固定的特点，工程量发生变化时，单价一般不作调整。

4）编制的依据不同。传统的定额计价方式依据图纸；人工、材料、机械台班消耗量依据建设行政主管部门颁发的预算定额；人工、材料、机械台班单价依据工程造价管理部门发布的价格信息进行计算。工程量清单报价法，根据建设部第 107 号令规定，标底的编制根据为招标文件中的工程量清单和有关要求、施工现场情况、合理的施工方法以及按建设行政主管部门制定的有关工程造价计价办法。企业的投标报价则根据企业定额和市场价格信息，或参照建设行政主管部门发布的社会平均消耗量定额编制。

5）费用组成不同。传统预算定额计价法的工程造价由直接工程费、现场经费、间接费、利润、税金组成。工程量清单计价法工程造价包括分部分项工程费、措施项目费、其他项目费、规费、税金；包括完成每项工程包含的全部工程内容的费用；包括完成每项工程内容所需的费用（规费、税金除外）；包括工程量清单中没有体现的，施工中又必须发生的工程内容所需费用；包括风险因素而增加的费用。

6）评标采用的办法不同。传统预算定额计价投标一般采用百分制评分法。采用工程量清单计价法投标，一般采用合理低报价中标法，既要对总价进行评分，还要对综合单价进行分析评分。

7）项目编码不同。传统的预算定额项目编码，由全国统一《建筑工程基础定额》《全国统一建筑装饰装修工程消耗量定额》与各省、市的有关定额都采用不同的定额子目编号。而对于工程量清单计价办法，全国实行统一编码，项目编码采用十二位数码表示。一到九位为统一编码，其中，一、二位为附录顺序码，三、四位为专业工程顺序码，五、六位为分部工程顺序码，七、八、九位为分项工程项目名称顺序码，后三位数码为清单项目名称顺序码。由清单编制人根据清单项目的项目设置，自行编码。

8）合同价调整方式不同。采用传统的定额预算计价方式时，合同价调整方式通常有：变更签证、定额解释、政策性调整。在工程实际中，工程结算经常有定额解释与定额补充规定和政策性文件调整。采用工程量清单计价法时，合同价调整方式主要是工程索赔。工程量清单的综合单价是在工程招标过程中，投标人通过投标报价的形式体现，一旦中标，报价作为签订工程施工承包合同的依据相对固定下来，工程结算按承包商实际完成工程量乘以工程量清单报价中相应的分项工程单价（或综合单价）计算。在工程实施过程中，工程量由变更签证可以调整，但工程分项单价由承包合同约定，不能随意调整。由此减少了工程造价的调整活口。

9）计算工程量的时间前置。工程量清单，在招标前由招标人编制。有可能业主为了缩短建设周期，通常在初步设计完成后就开始施工招标，在不影响施工进度的前提下陆续发放施工图纸。因此，承包商据以报价的工程量清单中各项工作内容下的工程量一般为概算工程量。

10）索赔事件增加。实行工程量清单计价办法，由于承包商对工程量清单分项项目单价包含的工作内容了解明确而具体，故凡建设方不按清单内容要求施工的，任意要求修改清单的，都会增加施工索赔的因素。

5.2　装饰工程量清单计价文件与编制程序

5.2.1　装饰工程量清单计价文件

（1）工程量清单计价文件及其作用

1）工程量清单计价文件

工程量清单计价文件是指在施工招投标活动中，根据各类工程（建筑（装饰）、安装、市政、仿古和园林绿化等工程)的设计图纸和业主或者是招标人按规定的格式提供招标工程的分部分项工程量清单，由计价文件编制人或者投标人按《建设工程工程量清单计价规范》中的计价规定、工程价格的组成和各地建筑市场的状况编制的，计算和确定工程造价的经济文件。

2) 工程量清单计价文件的作用

建筑装饰工程工程量清单计价文件作为计算和确定建筑装饰工程造价的经济文件，其主要作用有：

(a) 编制招标标底：在建筑装饰工程招标活动中，工程量清单计价文件作为业主或者工程招标人确定工程招标标底的依据。

(b) 编制投标报价：在建筑装饰工程投标活动中，工程量清单计价文件作为工程承包商或者投标人确定工程投标报价的基础。

(c) 合同约定价的调整：在工程承包的实际中，由于设计变更引起的工程量清单项目或清单项目工程数量的变更，它必然导致合同约定价的调整。合同约定价的调整就是由招标人或中标人依据工程量清单计价文件中所确定的综合单价提出，经双方协商并确认后再进行调整。

(2) 工程量清单计价规定

国家为顺利推行工程量清单计价办法，制定颁布《建设工程工程量清单计价规范》并对有关问题作出了具体的规定。"计价规范"中的强制性规定：

1) 必须执行"计价规范"的工程项目："计价规范"第1.0.3条规定，全部使用国有资金投资或国有资金投资为主的大中型建设工程应执行本规范。"国有资金"是指国家财政性的预算内资金或预算外资金，国家机关、国有企事业单位和社会团体的自有资金及借款资金，国家通过对内发行政府债券或向外国政府及国际金融机构举债所筹集的资金。"国有资金投资为主"的工程是指国有资金占总投资额在50%以上的工程，或虽不足50%但国有资产投资者实质上拥有控股权的工程。

2) 工程量清单的"四个统一"：按照"计价规范"第3.2.2条规定，分部分项工程量清单应根据附录A、附录B、附录C、附录D、附录E规定的统一项目编码、统一项目名称、统一计量单位和统一工程量计算规则进行编制。建筑装饰工程具体执行附录B和与建筑装饰装修工程有关的附录A中的办法内容。

3) 工程量清单项目编码：按照"计价规范"第3.2.3条规定，分部分项工程量清单的项目编码，1~9位按附录A、附录B、附录C、附录D、附录E的规定设置；10~12位应根据拟建工程名称由其编制人设置，并应自001起顺序编制。

4) 项目名称，按照"计价规范"第3.2.4 (1) 条规定，项目名称应按附录A、附录B、附录C、附录D、附录E的项目名称与项目特征并结合拟建工程的实际确定。

5) 工程量清单的计量单位，按照"计价规范"第3.2.5条规定，分部分项工程量清单的计量单位应按附录A、附录B、附录C、附录D、附录E中规定的计量单位确定。

6) 工程量清单分项工程数量的计算方法：按照"计价规范"第3.2.6 (1) 条的规定，工程数量应按附录A、附录B、附录C、附录D、附录E规定的工程量计算规则计算。

(3) 工程量清单计价格式

按照《建设工程工程量清单计价规范》的规定，实行工程量清单计价办法，必须采用统一的工程量清单计价标准格式，文件中充分反映国家推行执业资格制度的思想，要求工程量清单必须要有造价工程师签字，并盖执业专用章。建筑装饰工程工程量清单计价标准格式如封面一、封面二、填表须知、编制说明及表2-26~表2-35所示：

_____工程

工程量清单

编 制 单 位：_____（单位盖章）

法 定 代 表 人：_____（签字盖章）

造价工程师及证号：_____（签字盖执业专用章）

编 制 时 间：_____

封面二

_____工程

工程量清单报价表

投　　标　　人：_____（单位盖章）

法 定 代 表 人：_____（签字盖章）

造价工程师及证号：_____（签字盖执业专用章）

编 制 时 间：_____

154

投 标 总 价

建设单位： _____

工程名称： _____

投标总价（小写）： _____

（大写）： _____

投 标 人： _____ （单位盖章）

法定代表人： _____ （签字盖章）

编 制 时 间： _____

填 表 须 知

1. 工程量清单表中所有要求签字、盖章的地方必须由规定的人员签字盖章。

2. 工程量清单表中的任何内容不得随意删除或涂改。

3. 工程量清单表中列明的所有需要填报的单价和合价，投标人均应填报，未填报的单价和合价，视为此项费用已包含在工程量清单的其他单价和合价中。

4. 工程量清单所有报价以_____币表示。

5. 投标报价文件应一式_____份。

6. 其他。

工程造价汇总表　　　　　　　　　　　　表 2-26

工程名称：_____　　　　　　　　第 页 共 页

序号	项 目 名 称	金额(元)
1	分部分项工程费合计(表 2-27)	
2	措施项目费合计	
2.1	技术措施项目费(表 2-28)	
2.2	综合措施项目费(附件四表三)	
3	其他项目费合计(表 2-29)	
4	规费(不可竞争费用)	
5	税金	
…		
…		
	合 计	

分部分项工程量清单　　　　　　　　　　表 2-27

工程名称：_____　　　　　　　　第 页 共 页

序号	项目编码	项 目 名 称	计量单位	工程数量	金额(元)	
					综合单价	合价
		本页小计				
		合 计				

156

技术措施项目清单

表 2-28

工程名称：_____

序号	项 目 名 称	金额(元)
	本页小计	
	合计	

其他项目清单

表 2-29

工程名称：_____

序号	项 目 名 称	金额(元)
1	招标人部分	
1.1	预留金	
1.2	工程分包和材料购置费	
1.3	其他	
2	投标人部分	
2.1	总承包服务费	
2.2	零星工作费(表 2-30)	
2.3	其他	
	合计	

零星工作费表

表 2-30

工程名称：_____

序号	项 目 名 称	计量单位	数量	金额(元)	
				综合单价	合价
	合计				

注：本表综合单价应包括管理费、利润等。

工程量清单综合单价分析表

表 2-31

工程名称：＿＿＿＿＿＿＿＿＿＿＿＿＿＿＿＿＿＿

第 页 共 页

清单编码	清单项目名称	计量单位	清单项目工程量	综合单价(元)

定额编号	工程内容（定额子目名称）	单位	数量	综合单价分析(元)				施工管理费	利润	合计
				单价	人工费	材料费	机械费			
	本页小计									
	子目合价									
	备注									

工程量清单工料机分析表

表 2-32

工程名称：＿＿＿＿＿＿＿＿＿＿＿＿＿＿＿＿＿＿

第 页 共 页

项目编码：＿＿＿＿＿＿＿＿ 项目名称：＿＿＿＿＿＿＿＿ 计量单位：＿＿＿＿＿＿＿

序号	工作内容					
		名 称	单位	单价	消耗量	合价(元)
1		人工费				
1.1						
2		材料费				
2.2						
3		机械费				
3.3						
		市场价(或取费基价)合计				

技术措施项目费分析

表 2-33

工程名称：＿＿＿＿＿＿＿＿＿＿＿＿＿＿＿＿＿＿

第 页 共 页

编号	项目名称	单位	数量	金额(元)				施工管理费	利润	小计
				市场价						
				单价	人工费	材料费	机械费			
	本页小计	元								
	合计	元								

人工、材料、机械数量（单价）汇总表

表 2-34

工程名称：＿＿＿＿＿＿＿＿＿＿＿＿＿＿＿＿＿＿

第 页 共 页

序号	编码	项目名称（材料、机械规格型号）	单位	数量	金额(元)		备注
					单价	合价	
		本页小计					
		合计	元				

158

工程名称：_____

序号	编码	设备名称 （设备规格、型号）	单位	数量	金额（元）		备注
					单价	合价	
		本页小计					
		合计					

5.2.2 工程量清单计价文件的编制程序

(1) 建筑装饰工程量清单计价依据

按照《建设工程工程量清单计价规范》的规定，实行工程量清单计价方法，其主要计价依据包括：

1) 建筑装饰工程工程量清单

建筑装饰工程工程量清单：由业主提供的根据建筑装饰工程施工图纸，反映分项工程项目名称、项目特征、清单项目编码、计量单位和分项工程数量的清单。它包括总说明、分部分项工程量清单、措施项目清单、其他项目清单等四个部分。

2)《建设工程工程量清单计价规范》

国家计价规范：中华人民共和国建设部第 119 号公告发布的《建设工程工程量清单计价规范》，并确定从 2003 年 7 月 1 日起实施。

地方现行建筑装饰工程计价办法：按照国家"计价规范"的规定，结合地方工程造价管理工作的实际情况，制定的建设工程计价暂行办法，如《湖南省建设工程计价暂行办法》《广东省装饰装修工程计价办法》（2003）等。

3) 建筑装饰工程消耗量标准

装饰工程消耗量标准：包括现行《全国统一建筑装饰装修工程消耗量定额》,《全国统一建筑工程基础定额》，各地方建筑装饰工程消耗量标准，如《湖南省建筑装饰工程预算定额单位估价表》、《广东省装饰装修工程综合定额》（2003 年）和建筑装饰工程施工企业的装饰装修工程消耗量标准（企业定额）。

4) 建筑装饰装修工程人工、材料、机械台班单价表

根据现行建筑市场资源供应状况，按照国家物价政策，确定工程建设地的人工、材料、机械台班价格表，作为施工企业，还可以适当考虑自身已有的资源供应渠道的影响作用，建立自己的资源单价表。

(2) 工程量清单计价文件的组成

按照《建设工程工程量清单计价规范》的规定，建筑装饰工程工程量清单计价文件或投标报价表必须采用统一的格式，其基本组成包括：

1) 建筑装饰工程计价或投标报价封面；

2) 建筑装饰工程工程量清单表；

3）装饰工程计价或投标报价编制说明；

4）建筑装饰工程项目总价表（总包工程）；

5）单位装饰工程造价费用汇总表；

6）单位装饰工程工、材、机汇总及价格表；

7）装饰工程分部分项工程量清单计价表；

8）技术措施项目清单计价表；

9）其他项目清单计价表；

10）零星工作项目计价表；

11）工程量清单分项工程项目人、材、机分析表；

12）工程量清单分项工程项目综合单价分析表。

（3）装饰工程工程量清单计价的基本编制程序

工程量清单计价或投标报价表的编制，根据《建设工程工程量清单计价规范》规定的基本原则和统一要求，按照工程量清单计价基本组成文件的形成过程，其基本编制程序示意如图 2-10 所示：

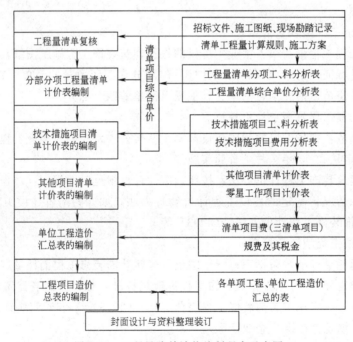

图 2-10　工程量清单计价编制程序示意图

思考题与习题

1. 何谓工程量清单计价？其基本原则是什么？

2. 工程量清单计价与定额计价比较主要有哪些区别？

3. "计价规范"有哪些强制性规定？

4. 什么是措施项目费？包括哪些内容？

5. 建筑装饰工程计价的概念？目前采用的两种计价方式是什么？各自的数学模型是怎样的？

6. 工程量清单计价的依据有哪些？简叙装饰工程工程量清单计价的基本程序。

7. 依据工程量清单计价后，实际完成的工程量不同时，如何调整？

8. 什么是预留金、总承包费、材料购置费和规费？

9. 项目措施费有哪两种计算方法？

10. 其他项目费包括哪些内容？

11. 税金包括哪些内容？怎样计算？

课题 6 装饰工程工程量清单编制

6.1 装饰工程工程量清单概述

6.1.1 装饰工程工程量清单的概念与作用

（1）装饰工程工程量清单的概念

装饰工程量清单是指表现拟建装饰工程的工程项目、措施项目的项目名称、计量单位和相应数量的明细清单。它是由招标人按照"计价规范"附录中统一的项目编码、项目名称、计量单位和工程量计算规则进行编制，包括建筑装饰装修分部分项工程量清单、措施项目清单、其他项目清单。

（2）建筑装饰工程量清单的作用

1）建筑装饰工程工程量清单是装饰装修工程招标文件的组成部分，是依据《建设工程工程量清单计价规范》的统一规定编制的，确定拟建装饰装修分部分项工程项目的明细清单。

2）建筑装饰工程量清单是编制建筑装饰装修工程招标标底和投标报价的依据，是签订工程合同、拨付工程价款的基础。

3）建筑装饰工程量清单是办理工程结算的基础

建筑装饰工程在建造过程中往往涉及到工程量变更及其计价变更。工程竣工后工程量及其计价变更应由招标人和投标人按合同约定进行调整。

除合同另有约定外，其工程量的变更应按下列方法调整：

（a）招标人提供的工程量清单有漏项或工程量有误，由招标人或中标人提出，依据本办法计量规则，经双方确认后调整。

（b）由于设计变更引起的工程量清单项目或工程量的变更，由招标人或中标人提出，经双方确认后调整。

（c）工程量变更后的综合单价通常应按下列方法确定：

a）分部分项工程量变更后的调增量小于原清单工程量的 10%（含 10%）时，其综合单价可按原综合单价执行。

b）当分部分项工程量变更后的调增量大于原清单工程量的 10%时，工程量清单有漏项或由于设计变更引起新增项目时，中标人可根据《计价规范》规定的办法提出调增、漏项或新增项目的综合单价，经招标人审查确定。

（3）建筑装饰工程工程量清单的组成

建筑装饰工程工程量清单由招标人编制。工程量清单由总说明、分部分项工程量清单、措施项目清单、其他项目清单等组成。

1）工程量清单总说明：工程概况、现场条件、编制工程量清单的依据及有关资料，对施工工艺、材料应用的特殊要求；

2）装饰工程分部分项工程量清单；

3）装饰工程措施项目清单；

4）装饰工程其他项目清单。

6.1.2 装饰工程工程量清单的编制原则与依据

（1）装饰工程工程量清单的编制原则

1）坚持实事求是的原则。工程量清单必须反映工程实际，依据工程招标范围的有关要求、设计文件和施工现场实际情况，按照"计价规范"和有关工程计价办法进行编制。

2）坚持执行执业资格制度的原则。工程量清单必须由具有相应工程造价咨询资质的单位编制。工程量清单由招标人编制，招标人不具有编制资质的必须委托有工程造价咨询资质的单位编制。

3）坚持"四个统一"原则。工程量清单编制必须做到"四个统一"，即：统一清单项目编码，统一清单分项项目名称、统一清单分项计量单位、统一清单工程量计算规则。在国家颁布的"计价规范"中所列的六条强制性条件，其中有四条就是针对工程量清单表编制方法的规定。因此，在装饰工程工程量清单编制中必须严格执行。

4）坚持全面实施与不断完善的原则。在"计价规范"实施过程中，工程量清单项目及计量规则如有缺项，可就其实际状况作相应的补充，并报地方政府工程造价管理部门备案。

（2）装饰工程工程量清单的编制依据

1）拟建装饰工程施工图纸及所涉及的相应的标准图集与设计图例。

2）拟建装饰装修工程招标标函或招标文件的有关条款。

3）工程量清单项目设置办法与清单工程量计算规则。

计价规范中装饰装修工程工程量清单项目设置办法与工程量计算规则，是装饰装修工程工程量清单计价办法的重要组成部分，是编制装饰装修工程工程量清单的重要依据。

4）装饰装修工程工程量清单表。作为工程量清单表达形式，"计价规范"给出了标准格式。只有熟悉和理解工程量清单表格的标准格式，才能比较自如地应用于工程造价计算过程中。

6.2 装饰工程工程量清单文件编制

6.2.1 工程量清单编制程序

（1）工程量清单的内容

工程量清单是工程招标文件的组成部分，其最基本的功能是作为工程信息的载体，以便投标人对拟建工程有一个全面的了解。因此，要求工程量清单的内容应当全面、准确。其内容应包括两个部分：一是工程量清单说明，二是分部分项工程工程量清单。

1）工程量清单说明

工程量清单说明是招标人明确拟招标工程的工程概况和对有关问题的解释资料。包括拟建工程概况，工程招标和分包范围（本工程发包范围），工程量清单的编制依据，工程质量要求，招标人自行采购材料和设备金额、数量，预留金，其他需要说明的问题。

2）工程量清单表

工程量清单表作为工程量清单项目与清单分项工程数量的载体，它是工程量清单的核心，包括分部分项工程项目清单表、措施项目清单表及其他项目清单表。工程量清单表在"计价规范"中给出了标准格式，已于课题 5 中说明。

（2）工程量清单计价编制程序

工程量清单的编制必须由具有相应资质的工程造价咨询机构、招标代理机构根据工程设计文件、工程招标文件和工程施工现场实际情况，按照有关计价办法的规定进行。基本编制程序如图 2-11 所示：

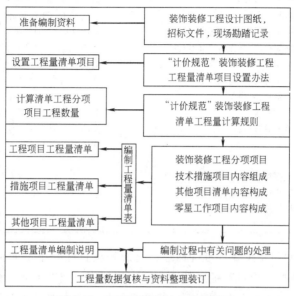

图 2-11　工程量清单计价编制程序

6.2.2　装饰工程清单工程量计算方法、步骤

（1）准备编制资料

准备编制资料，主要工作是收集与熟悉工程量清单编制的各种依据。其基本做法、要求与工程量清单计价方法、步骤中所述一致。

（2）设置工程量清单项目

设置工程量清单项目系根据拟建工程施工图纸中表明的工程内容，考虑工程施工现场的实际情况，按照工程量清单项目的设置规定列出工程量清单项目的过程。这是建筑装饰工程分部分项工程量清单编制的关键过程，主要工作包括确定清单项目名称、确定清单项目编码、描述项目特征等。

1）确定清单项目名称。清单项目名称是工程量清单中表示各分部分项工程清单项目的名称。它必须体现工程实体，反映工程项目的具体特征。在项目名称设置中一个最基本的原则是准确。

清单项目名称原则上以形成的工程实体而命名。所谓实体是指形成产品生产与工艺作用的主要的实体部分，对附属的次要部分一般不设置项目。例如：地面装饰工程中，整体水磨石地面工程分项项目，其找平层不设项目。清单项目反映的是一个完整的产品，必须包括形成或完成分项工程清单项目实体的全部内容。工程量清单项目设置及计算规则摘录如表 2-36 所示。

项目编码	项目名称	项目特征	计量单位	工程量计算规则	工程内容
020101001	水泥砂浆楼地面	1. 垫层材料种类、厚度 2. 找平层厚度、砂浆配合比 3. 防水层厚度、材料种类 4. 面层厚度、砂浆配合比	m²	按设计图示尺寸以面积计算,扣除凸出地面构筑物、设备基础、室内铁道、地沟等所占面积,不扣除间壁墙和面积在 0.3m² 以内的柱、垛、间壁墙、附墙烟囱及孔洞所占面积,门洞、空圈、暖气包槽、壁龛的开口部分亦不增加面积	1. 基层清理 2. 垫层铺设 3. 抹找平层 4. 防水层铺设 5. 抹面层 6. 材料运输
020101002	现浇水磨石楼地面	1. 垫层材料种类、厚度 2. 找平层厚度、砂浆配合比 3. 防水层厚度、材料种类 4. 面层厚度、水泥石子浆配比 5. 嵌条材料种类、规格 6. 石子种类、规格、颜色 7. 颜料种类、颜色 8. 图案要求 9. 磨光、酸洗、打蜡要求	m²		1. 基层清理 2. 垫层铺设 3. 抹找平层 4. 防水层铺设 5. 面层铺设 6. 嵌缝条安装 7. 磨光、酸洗打蜡 8. 材料运输
020101003	细石混凝土楼地面	1. 垫层材料种类、厚度 2. 找平层厚度、砂浆配合比 3. 防水层厚度、材料种类 4. 面层厚度、混凝土强度等级	m²		1. 清理基层 2. 垫层铺设 3. 抹找平层 4. 防水层铺设 5. 面层铺设 6. 材料运输

2) 项目特征是对清单项目的准确描述,是影响项目综合单价的主要因素,是设置具体清单项目的基本依据。项目特征通常按不同工程部位、施工工艺、材料的品种、规格进行描述,并根据工程分项特征分别列项。凡在项目特征中未能描述的其他独有特征,可由工程量清单编制人视项目具体情况进行编制,以准确描述工程量清单项目为原则。

(3) 工程量清单项目编码

清单项目编码是为实现信息资源共享而设定的,是根据国家建设部提出的全国统一的清单项目编码方法而确定的。

1) 清单项目编码设置。工程量清单项目编码按五级编码设置,采用十二位阿拉伯数字表示。一、二、三、四级编码实行全国统一编码;后三位为第五级编码属于项目特征码,由工程量清单编制人根据拟建工程分部分项工程的具体特征不同而分别编码。要求每一个清单项目编码都必须保证有十二位数码。

凡在项目特征中未描述到的其他独有特征,由清单编制人视工程项目的具体特征编制,以准确描述清单项目为准。

在清单项目编码设置中一个最基本的原则是不能重复,一个项目只有一个编码、对应一个清单项目的综合单价。

2) 工程量清单项目编码的含义。清单项目的五级编码中,按照工程种类、章(分部)、节、项四个层次编码。

第一级表示分类码(分二位):表示工程类别。现行国家《计价规范》纳入了五类工程,即建筑工程——编码"01",装饰工程——编码"02",安装工程——编码"03",市政工程——编码"04",园林绿化工程——编码"05"。

第二级表示章顺序码（分二位）：表示同一类工程中分章（分部）序。一般来说，一类工程中章（分部）数只有两位数。

第三级表示节顺序码（分二位）：表示章（分部）中分节序。通常章（分部）中分节数也在两位数内。

第四级表示清单项目码（分三位）：表示章（分部）分节中分项工程项目数码。它反映的是分节中的分项序码。由于前面四级编码为规范统一的编码，故有人称之为"清单项目码"。

第五级表示具体清单项目码（分三位）：表示各分部分项工程中子目（细目）序码。它表示具体工程量清单项目数码。

3）清单项目编码结构如下（见图2-12）：

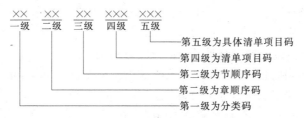

图 2-12　清单项目编码结构图

（4）计量单位

建筑装饰工程工程量清单中，其清单工程量的"计量单位"，采用的是清单工程量的基本单位，除各专业另有特殊规定外，均按以下单位计量：

1）以重量计算的清单项目——吨或千克（t 或 kg）；

2）以体积计算的清单项目——立方米（m^3）；

3）以面积计算的清单项目——平方米（m^2）；

4）以长度计算的清单项目——延长米（m）；

5）以自然计量单位计算的项目——个、套、块、樘、组、台、根等等；

6）以集合体计量的清单项目——宗、项、系统等等；

7）各专业有特殊计量单位的项目，均在各专业消耗量定额或者消耗量标准中的篇或章说明中规定。

（5）工程量清单项目编码实例

现在我们以比较熟悉的清单细目编码分别说明清单项目的结构形式。

【例 2-9】　某工程进行二次装修，原来的水泥砂浆楼地面改为整体水磨石楼地面，其楼面做法为：1：3 水泥砂浆找平层 20mm 厚，1：2.5 水泥白石子浆整体水磨石面层 15mm 厚，带 3mm 厚玻璃嵌条。

【解】　根据工程量清单项目特征，按照《建设工程工程量清单计价规范》（GB 50500—2003）的规定。查表 2-36，考虑楼面有：

确定清单项目为：020101002001

确定清单项目名称为：现浇水磨石楼、地面

清单项目特征描述：根据题意，清单分项包括的组合项目有：

（1）面层：现浇水磨石楼地面 1：2.5 水泥白石子浆 15mm，厚 3mm 玻璃嵌缝条

(2) 抹找平层：1∶3 水泥砂浆找平层 20mm 厚

(3) 基层清理：水泥砂浆地面拆除

(4) 防水层铺设：利用 1∶3 水泥砂浆防水层或者采用涂膜防水层

【例 2-10】 某装饰装修工程，块料地面设计图纸标明有：

① 厕所、卫生间地面贴防滑地砖，水泥砂浆粘贴，防滑地砖：颜色浅绿色，规格：300mm×300mm×10mm；地面 C10 混凝土垫层 100mm 厚；20mm 厚 1∶3 水泥砂浆找平。

② 一般房间贴仿花岗石地板砖，找平层、结合层做法同上，仿镜面花岗石地板砖规格：800mm×800mm×12mm。试确定清单工程量项目名称及其项目编码。

【解】 分析：两个项目都是块料楼地面项目，属于装饰工程第一章中第二节的分项项目，其清单项目编码前九位应当相同，后三位由编制人进行编码。故有：

① 防滑地砖的项目编码设为：020102002001

② 仿花岗岩地板砖的项目编码设为：020102002002

注：若楼地面还采用仿镜面花岗岩地板时，其工程量清单项目编码则为：02010200100X。

6.2.3 装饰工程工程量清单表填写

(1) 填写装饰装修分部分项工程量清单

1) 工程量清单表的填制方法

根据上述建筑装饰装修工程分部分项工程量清单项目的组项结果，按照"计价规范"规定的分部分项工程工程量清单格式，将有关内容分别填入相应的栏目中。

2) 工程量清单表的填制实例

【例 2-11】 沿用【例 2-9】如【例 2-10】所述，假设例 2-9 中工程量为 2480m²，例 2-10 中①②工程量分别为 240m²、3560m²，将其结果填入分部分项工程工程量清单表中。如表 2-37 所示：

工程量清单   表 2-37

工程名称：某某地面装饰工程   第 页 共 页

序号	项目编码	项目名称	计量单位	工程数量	金额(元)	
					综合单价	合价
1	020101002001	现浇水磨石楼、地面	m²	2480		
2	020102002001	防滑地砖	m²	240		
3	020102002002	仿花岗岩地板砖	m²	3560		
本页小计						
合　计						

(2) 填写措施项目清单

措施项目包括技术措施项目和综合措施项目两个部分。技术措施项目清单中应由招标人根据工程项目的需用填写，其中只需列出措施项目名称等，技术措施项目的金额应由投标人填写，投标人根据工程项目的施工要求的需用，考虑本企业的施工技术与管理水平，确定完成该项目所需要采取的施工技术措施，计算技术措施项目所需支付的金额。

（3）填写其他项目清单

其他项目清单中招标人部分应由招标人填写（包括金额），投标人部分应由投标人填写。

其他项目清单的零星工作费表中的金额由投标人填写，其他内容应由招标人填写，并应遵守下列规则：

1）零星工作所需的人工应按不同工种分别列出，所需的各种工程材料和施工机械应按不同品种、名称、规格、型号分别列出。

2）零星工作所需的工、料、机的计量单位：人工按"工日"计，材料按基本单位计，施工机械按"台班"计。

3）零星工作所需的工、料、机的数量应由招标人根据工程实施过程的可能发生的零星工作，按估算数量进行填写。

4）工程竣工时，零星工作费应按实结算。

（4）编写工程量清单编制说明

工程量清单说明主要表示的内容是招标人明确拟招标工程的工程概况和对有关问题的解释。主要包括以下几个方面：

1）拟建工程概况。包括工程规模、工程特征、工期要求、工程现场实际情况、自然地理条件、交通运输状况、环境保护要求等。

2）工程招标和分包范围（本工程发包范围）。

3）工程量清单的编制依据。

4）工程质量、工程材料与工程施工方面的特殊要求。

5）招标人自行采购材料和设备的名称、品种、型号及规格、数量等通常可以在"甲方供应材料一览表"列出。

6）预留金，自行采购材料的金额、数量。

7）其他需要说明的问题。

6.3 装饰分部分项工程清单工程量计算规则

6.3.1 楼、地面清单工程量计算

（1）有关问题的说明

1）零星装饰适用于小面积（1m² 以内）少量分散的楼地面装修，其工程部位或名称，应在清单项目中进行描述。

2）楼梯、台阶侧面装饰，可按零星装饰项目编码列项，并在清单项目中进行描述。

3）扶手、栏杆、栏板适用楼梯、阳台、走廊、回廊及其他装饰性栏杆栏板。

（2）清单工程量计算规则

1）整体面层

水泥砂浆楼地面、现浇水磨石楼地面、细石混凝土楼地面：其清单工程量应区别垫层厚度、材料种类、找平层厚度、砂浆配合比、防水层厚度、材料种类、面层厚度、水泥石子浆配合比、嵌条材料种类、规格、石子种类、规格、颜色、颜料种类、颜色、掺量、图案要求、磨光、酸洗打蜡要求等项目特征。

2）块料面层

石材楼地面、块料楼地面：其清单工程量应区别找平层厚度、配合比、材料种类、结合层厚度、砂浆配合比、面层材料品种、规格、品牌、颜色、嵌缝材料种类、防护材料种类、酸洗、打蜡要求等项目特征，其工程量按设计图示尺寸面积以"m²"计算，应扣除凸出地面构筑物、设备基础、室内铁道、地沟等所占面积，不扣除柱、垛、间壁墙、附墙烟囱及面积在 0.3m² 以内的孔洞所占面积，但门洞、空圈、暖气包槽、壁龛的开口部分亦不增加。

装饰工程清单工程量计算见本课题计算实例 6.4.1"清单工程量计算单"（序号 1、4）。

3）橡塑面层

橡胶板楼地面、橡胶卷材楼地面、塑料板楼地面、塑料卷材楼地面，其清单工程量应区别找平层厚度、砂浆配合比、粘结层厚度、材料种类、面层材料品种、规格、品牌、颜色。压线条种类，按设计图示以面积"m²"计算，门洞、空圈、暖气包槽、壁龛的开口部分并入相应的工程量内。

4）其他材料面层

其他材料面层楼地面包括地毯楼地面、竹木地板、防静电活动地板、金属复合地板，其清单工程量应区别不同的项目特征，分别按设计图示尺寸以面积"m²"计算，门洞、空圈、暖气包槽、壁龛的开口部分并入相应的工程量内。

5）踢脚线

踢脚线包括水泥砂浆踢脚线、石材踢脚线、块料踢脚线、现浇水磨石踢脚线、塑料板踢脚线、木质踢脚线、金属踢脚线、防静电踢脚线等，其清单工程量应区别不同的项目特征，按设计图示尺寸长度乘高度以面积"m²"计算。

当工程实际采用成品踢脚线时，可另行编码列项，其工程量可按实贴长度计算，装饰工程清单工程量计算见本课题计算实例 6.4.1"清单工程量计算单"（序号 3）。

6）楼梯饰面

（a）现浇水磨石楼梯面层，水泥砂浆楼梯面层

其清单工程量应区别找平层厚度、砂浆配合比、面层厚度、水泥石子浆配合比、防滑条材料种类、规格、颜料种类、颜色、磨光、酸洗、打蜡要求等项目特征。

（b）石材楼梯面层、块料楼梯面层

应区别找平层厚度、砂浆配合比、粘结层厚度、材料种类、面层材料品种、规格、品牌、颜色、防滑条材料种类、规格、勾缝材料种类、防护材料种类、酸洗打蜡要求等项目特征。

（c）地毯楼梯面木板楼梯面

应区别找平层厚度、砂浆配合比、基层材料种类、规格、面层材料品种、规格、品牌、颜色、粘结材料种类、防护材料种类、规格、固定配件材料种类、油漆品种、刷漆遍数等项目特征。

（d）楼梯饰面

其清单工程量按设计图示尺寸以楼梯（包括踏步、休息平台、以及 50mm 以内的楼梯井）水平投影面积计算。楼梯与楼地面相连时，算至梯口梁内侧边沿；无梯口梁者，算至最上一层踏步边沿加 300mm。

7）扶手、栏杆、栏板装饰

（a）金属扶手带栏杆、栏板，硬木扶手带栏杆、栏板，塑料扶手带栏杆、栏板

应区别扶手材料种类、规格、品牌、颜色、栏杆材料种类、规格、品牌、颜色、栏板材料种类、规格、品牌、颜色、固定配件种类、防护材料种类、油漆品种、刷漆遍数等项目特征。

（b）靠墙金属扶手、硬木靠墙扶手栏杆、塑料靠墙扶手类

应区别扶手材料种类、规格、品牌、颜色、固定配件种类、防护材料种类、油漆品种、刷漆遍数等项目特征。

栏杆、栏板、扶手其工程量均按中心线以长度"m"计算。计算时不扣除弯头所占的长度，弯头应包含在清单分项中。

8）各种台阶饰面：其清单工程量应区别不同的项目特征，按设计图示尺寸以实铺的水平投影面积"m²"计算，台阶与地面分界以最后一个踏步外沿边另加300mm计算。

装饰工程清单工程量计算见本课题计算实例6.4.1"清单工程量计算单"（序号2）。

9）零星项目工程量应区别不同的项目特征，按设计图示尺寸以实铺面积"m²"计算。点缀按个计算，计算铺贴地面面积时，不扣除点缀所占面积。

6.3.2　墙、柱面清单工程量计算

（1）有关问题的说明

1）面积在0.5m²以内少量分散装饰抹灰和镶贴块料饰面，应按零星抹灰和零星镶贴块料饰面的相关项目编码列项；

2）分项项目划分与列项时，石灰砂浆、水泥砂浆、混合砂浆、聚合物水泥砂浆、麻刀石灰、纸筋石灰、石膏灰等的抹灰应按墙、柱面装饰中"一般抹灰"项目编码列项。水刷石、斩假石（剁斧石、剁假石），干粘石、假面砖等的抹灰应按墙、柱面装饰中"装饰抹灰"项目编码列项。

（2）工程量计算规则

1）墙面抹灰

（a）墙面一般抹灰与装饰抹灰

墙面抹灰工程量应区别墙体类型、底层厚度、砂浆配合比、装饰面材料种类、厚度、砂浆配合比、装饰线条宽度、材料种类，按设计图示尺寸以面积计算，应扣除墙裙、门窗洞口和0.3m²以上的孔洞面积，不扣除踢脚线、挂镜线和墙与构件交接处的面积，门窗洞口和孔洞的侧壁及顶面亦不增加。附墙柱、梁、垛、烟囱侧壁并入相应的墙面积内计算。

a）内墙面抹灰

内墙裙抹灰：其工程量按主墙间的图示净长乘以图示墙裙高度以面积"m²"计算，其计算公式表示为：

$$S_{墙裙} = L_净 \times h_{墙裙} - S_{MC裙} + S_{侧裙} \tag{2-69}$$

式中　$S_{墙裙}$——墙裙抹灰面积（m²）；

　　　　$L_净$——主墙间的设计图示净长线（m）；

　　　　$h_{墙裙}$——设计图示墙裙高度（m）；

$S_{MC裙}$——墙裙部位门窗洞口所占面积（m²）；

$S_{俐裙}$——墙裙部位附墙柱侧面积（m²）。

装饰工程清单工程量计算见本课题计算实例6.4.1"清单工程量计算单"（序号7）。

内墙面抹灰：其工程量按主墙间的图示净长乘以图示墙的净高以面积"m²"计算，墙面高度按室内地坪至顶棚底面净高计算，墙面抹灰面积应扣除墙裙抹灰面积。其计算公式表示为：

$$S_内 = L_净 \times h_净 - S_{mcd} - S_{墙裙} \tag{2-70}$$

式中　$S_内$——内墙面抹灰面积（m²）；

　$L_净$、$h_净$——主墙间的设计图示净长与净高（m）；

　S_{MCD}——内墙中门、窗、洞口的面积（m²）。

钉板顶棚（不包括灰板条顶棚）的内墙抹灰，其高度按室内地面或楼面至顶棚底面另加100mm计算。

b）外墙面抹灰

外墙裙抹灰：其工程量按设计图示展开面积以"m²"计算，扣除门窗洞口和孔洞所占的面积，但门窗洞口及孔洞侧壁面积也不增加。其计算公式表示为：

$$S_{外裙} = L_{外裙} \times h_{外裙} - S_{MC裙} + S_{俐裙} \tag{2-71}$$

式中　$S_{外裙}$——外墙裙抹灰面积（m²）；

　　$L_{外裙}$——外墙的图示外边线长度（m）；

　　$h_{外裙}$——图示墙裙高度（m）；

　　$S_{MC裙}$——墙裙部位门窗面积（m²）；

　　$S_{俐裙}$——墙裙部位附墙柱侧面积（m²）。

外墙面抹灰，其工程量按外墙面的垂直投影面积以"m²"计算，应扣除门窗洞口、外墙裙和孔洞所占的面积，不扣除0.3m²以内的孔洞所占的面积，门窗洞口及孔洞侧壁面积亦不增加。附墙柱侧面抹灰面积，应并入外墙面抹灰工程量内。计算公式表示为：

$$S_外 = L_外 \times h_外 - S_{mcd外} - S_{外裙} + S_{外裙} \tag{2-72}$$

式中　$S_外$——外墙面抹灰面积（m²）；

　$L_外$　$h_外$——外墙的图示外边线长与全高（m）；

　$S_{MCD外}$——外墙中门、窗、洞口的面积（m²）。

（b）墙面勾缝按垂直投影面积计算，应扣除墙裙和墙面抹灰的面积，不扣除门窗洞口、门窗套、腰线等零星抹灰所占的面积，附墙柱和门窗洞口侧面的勾缝面积亦不增加。独立柱、房上烟囱勾缝，按图示尺寸以面积"m²"计算。

2）柱面抹灰

柱面一般抹灰与装饰抹灰，区别柱体类型、底层厚度、砂浆配合比、装饰面材料种类、厚度、砂浆配合比。柱面勾缝，区别墙体类型、勾缝类型、勾缝材料种类。其工程量均按设计图示尺寸以柱断面周长乘高度以抹灰面积"m²"计算。

3）零星抹灰项目

零星项目一般抹灰与装饰抹灰区别柱体类型、底层厚度、砂浆配合比、装饰面材料种类、厚度、砂浆配合比，分别按设计图示尺寸以抹灰面积"m²"计算。

4）墙面镶贴块料

石材墙面、碎拼石材墙面、块料墙面包括墙裙，其工程量区别墙体类型、材料、底层厚度、砂浆配合比、结合层厚度、材料种类、挂贴方式、干挂方式（膨胀螺栓、钢龙骨）、面层材料品种、规格、品牌、颜色、缝宽、嵌缝材料种类、防护材料种类、碎石磨光、酸洗打蜡要求，按实贴面积计算；按墙面的设计图示尺寸净长乘净高以面积"m²"计算。扣除门窗洞口及 0.3m² 以上的孔洞所占面积。

5）柱（梁）面镶贴块料

（a）柱（梁）面镶贴块料　其工程量区别墙体材料、底层厚度、砂浆配合比、结合层厚度、材料种类、挂贴方式、干挂方式（膨胀螺栓、钢龙骨）、面层材料品种、规格、品牌、颜色、缝宽、嵌缝材料种类、防护材料种类、碎石磨光、酸洗打蜡要求，其工程量按实贴面积"m²"计算；即按设计图示尺寸以柱断面周长乘高度以抹灰面积"m²"计算。计算公式表示为：

$$S_柱 = L_{柱周} \times h_柱 \qquad (2\text{-}73)$$

式中　$S_柱$——柱面镶贴块料面积（m²）；

$L_{柱周}$——柱断面周长（m）；

$h_柱$——柱面镶贴块料高度（m）。

装饰工程清单工程量计算见本课题计算实例 6.4.1"清单工程量计算单"（序号 11）。

（b）梁面镶贴块料　其工程量区别底层厚度、砂浆配合比、结合层厚度、材料种类、面层材料品种、规格、品牌、颜色、缝宽、嵌缝材料种类、防护材料种类、碎石磨光、酸洗打蜡要求，按实贴面积计算；即按设计图示尺寸以梁底侧面围长乘梁的长度以镶贴面积"m²"计算。其计算公式表示为：

$$S_梁 = (2 \times h_梁 + b_梁) \times L_梁 \qquad (2\text{-}74)$$

式中　$S_梁$——梁面镶贴块料面积（m²）；

$L_梁$——梁长（m）；

$b_梁$——梁底宽（m）；

$h_梁$——梁面镶贴块料高度（m）。

6）零星镶贴块料项目

石材零星项目、碎拼石材零星项目、块料零星项目　墙柱体类型、材料、底层厚度、砂浆配合比、结合层厚度、材料种类、挂贴方式、干挂方式、面层材料品种、规格、品牌、颜色、缝宽、嵌缝材料种类、防护材料种类、碎石磨光、酸洗打蜡要求，按实贴面积"m²"计算。

7）装饰板墙面

装饰板墙面其工程量区别墙体材料、底层厚度、砂浆配合比、龙骨材料种类、规格、中距、隔离层材料种类、基层材料种类、规格、面层材料品种、规格、品牌、颜色、压条材料种类、规格、防护材料种类、油漆品种、刷涂遍数，按设计图示尺寸墙净长乘净高以面积"m²"计算。扣除门、窗洞口及 0.3m² 以上的孔洞所占面积。

装饰工程清单工程量计算见本课题计算实例 6.4.1"清单工程量计算单"（序号5）。

8）柱（梁）饰面

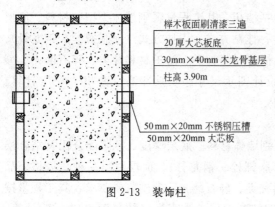

榉木板面刷清漆三遍

20 厚大芯板底

30mm×40mm 木龙骨基层

柱高 3.90m

50mm×20mm 不锈钢压槽

50mm×20mm 大芯板

图 2-13　装饰柱

柱（梁）饰面其工程量区别墙体材料、底层厚度、砂浆配合比、龙骨材料种类、规格、中距、隔离层材料种类、基层材料种类、规格、面层材料品种、规格、品牌、颜色、压条材料种类、规格、防护材料种类、油漆品种、刷漆遍数，按设计图示外围饰面尺寸乘高度（或长度）以面积"m²"计算。柱帽、柱墩工程量并入相应柱面积内计算，见图 2-13。

装饰工程清单工程量计算见本课题计算实例 6.4.1"清单工程量计算单"（序号 10）。

9）隔断　其工程量区别骨架、边框材料种类、规格、隔板材料品种、规格、品牌、颜色、压条材料种类、规格、防护材料种类、油漆品种、刷漆遍数，按设计图示尺寸以框外围面积"m²"计算。扣除 0.3m² 以上的孔洞所占面积。浴厕门的材质与隔断相同时，门的面积并入隔断面积计算。

装饰工程清单工程量计算见本课题计算实例 6.4.1"清单工程量计算单"（序号 6）。

10）幕墙

（a）带骨架幕墙　其工程量区别骨架材料种类、规格、中距、面层材料品种、规格、品牌、颜色、面层固定方式、嵌缝、塞口材料种类，按设计图示尺寸以框外围面积"m²"计算。

（b）全玻幕墙　其工程量区别玻璃品种、规格、品牌、颜色、粘结塞口材料种类、固定方式，按设计图示尺寸以面积"m²"计算，带肋全玻璃幕墙按展开面积"m²"计算。

装饰工程清单工程量计算见本课题计算实例 6.4.1"清单工程量计算单"（序号 8）。

6.3.3　顶棚工程清单工程量计算

（1）有关问题的说明

1）分项划分的基本原则：本章清单分项划分主要根据顶棚装饰的基本做法，按照构件分项工程施工方法、构件构造特征和用料的不同划分为三部分：顶棚抹灰、顶棚吊顶及其他顶棚装饰。

2）工程中采光顶棚、顶棚保温隔热层、吸声，应按建筑工程分部第八节中相关项目编码列项。

（2）清单工程量计算规则

1）顶棚抹灰

顶棚抹灰其工程量区别基层种类、抹灰厚度、材料种类、砂浆配合比，按设计图示尺寸以水平投影面积"m²"计算，不扣除间壁墙、垛、柱、附墙烟囱、检查口和管道所占的面积。带梁顶棚、梁两侧抹灰面积并入顶棚内计算，板式楼梯底面抹灰按斜面积计算，锯齿形楼梯底板按展开面积计算。计算公式表示为：

$$S_{抹灰} = (A \times B) + 2 \times h_1 \times L_1 \tag{2-75}$$

式中 $S_{抹灰}$——顶棚抹灰面积（m²）；

L_1——梁净长（m）；

h_1——梁侧面高度（m）；

A、B——分别表示装饰间的开间与进深（m）。

应当注意的几个问题：

（a）阳台底面抹灰工程量：按水平投影面积以平方米计算，并入相应顶棚抹灰面积内。阳台如带悬臂梁者，梁侧工程量并入顶棚内计算。

（b）雨篷底面或顶面抹灰分别按水平投影面积以平方米计算，并入相应顶棚抹灰面积内。雨篷顶面带反沿或反梁者，底面带悬臂梁者，其工程量仍可执行梁侧计量、雨篷外边线则可按相应装饰或零星项目编码列项。

（c）顶棚抹灰如带有装饰线者，如图 2-14 所示：按清单工程量计算规则未能列项编码，只能在计价过程中考虑。

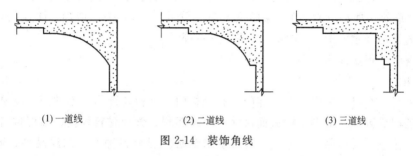

(1) 一道线   (2) 二道线   (3) 三道线

图 2-14 装饰角线

2）顶棚吊顶

（a）吊顶顶棚饰面 其工程量区别吊顶形式、龙骨材料种类、规格、间距，基层材料种类、规格，面层材料品种、品牌、颜色、规格，压条材料种类、规格，按设计图示尺寸以水平投影面积"m²"计算。顶棚面层中的灯槽、跌级、锯齿形、吊挂式、藻井式展开增加的面积不另计算。不扣除间壁墙、检查洞、附墙烟囱、柱垛和管道所占面积。应扣除 0.3m² 以上孔洞、独立柱及与顶棚相连的窗帘盒所占的面积。其计算公式表示为：

$$S_{吊顶} = A \times B - (a \times b \times n) - \sum Ci \times Li \tag{2-76}$$

式中 $S_{吊顶}$——吊顶顶棚饰面面积（m²）；

Ci、Li——分别表示装饰间中与顶棚相连的窗帘盒宽、长（m）；

a、b、n——分别表示装饰间中柱的长、宽（m）及柱的个数。

装饰工程清单工程量计算见本课题计算实例 6.4.1"清单工程量计算单"（序号 12）。

（b）格栅吊顶、藤条造型悬挂吊顶、织物软雕吊顶

其工程量区别底层厚度、砂浆配合比、骨架材料种类、规格、面层材料品种、规格、颜色、防护层材料种类、油漆品种、刷漆遍数，按设计图示尺寸以水平投影面积计算。

3）顶棚其他装饰

（a）灯带灯　其清单工程量区别型号、尺寸、格栅片材料品种、规格、品牌、颜色，按设计图示尺寸以框外围面积（m²）计算。

（b）送风口、回风口　其工程量区别风口材料品种、规格、品牌、颜色、安装固定方式，按设计图示数量以"个"计算。

6.3.4　门窗工程清单工程量计算

（1）有关问题的说明

1）玻璃、百叶面积占其门扇面积一半以内者应为半玻门或半百叶门，超过一半时应为全玻百叶门。

2）木门五金应包括：合页、插销、风钩、弓背拉手、搭扣、木螺钉、弹簧合页（自动门）、管子自由门、地弹簧（地弹门）、角铁、门轧头（地弹门、自由门）等。

3）木窗五金应包括：折页、插销、风钩、木螺钉、滑轮滑轨（推拉窗）等。

4）铝合金窗五金应包括：卡锁、滑轮、铰拉、执手、拉把、拉手、风撑、角码、牛角制等。

5）铝合金门五金应包括：地弹簧、门锁、拉手、门插、门铰、螺钉等。其他门五金应包括：L形执手插销（双舌）、球形执手锁（单舌）、门轧头、地锁、防盗门扣、广眼、门碰珠、电子销（磁卡销）、闭门器、装饰拉手等。

（2）清单工程量计算规则

1）木门

镶木板门、企口木板门、木装饰门、胶合板门、夹板装饰门、木纱门、连窗门、木质防门：其工程量区别门类型、框截面尺寸、单扇面积、骨架材料种类、面层材料品种、规格、品牌、颜色、玻璃品种、厚度、五金要求、防护层材料种类、油漆品种、刷漆遍数，按设计图规定数量"樘"计算。

2）金属门

（a）铝合金平开门、铝合金推拉门、铝合金地弹门：其清单工程量区别门类型、框材质、外围尺寸、扇材质、外围尺寸、玻璃品种、厚度、五金要求，按设计图示数量"樘"计算。

（b）彩板门、塑钢门、防盗门、钢质防火门：其清单工程量区别门的类型、框材、扇材质、外围尺寸、玻璃品种、厚度、五金要求，按设计图规定数量"樘"计算。

装饰工程清单工程量计算见本课题计算实例6.4.1"清单工程量计算单"（序号13）。

3）金属卷帘门、格栅门

金属卷闸门、金属格栅门、防火卷帘门。其清单工程量区别门材质、框外围尺寸、启动装置品种、规格、品牌、五金特殊要求、防护材料种类、油漆品种、刷漆遍数，按设计图规定数量"樘"计算。

金属格栅门清单工程量计算见本课题计算实例6.4.1"清单工程量计算单"（序号15、16）。

4）其他门

（a）电子感应门、转门、电子对讲门、电动伸缩门。其工程量区别门材质、品牌、外围尺寸、玻璃品种、厚度、五金要求、电子配件品种、规格、品牌、防护材料种类，按设计图示数量"樘"计算。

（b）全玻璃（带扇框）、全玻璃（无扇框）（带装饰外框）、半玻璃（带扇框）镜面不锈钢饰面门。其清单工程量区别门类型、框材质、外围尺寸、扇材质、外围尺寸、玻璃品种、厚度、五金要求、防护材料种类、油漆品种、刷漆遍数，按设计图纸规定数量以"樘"计算。

5）木质平开窗、木质推拉窗、矩形木百叶窗、异形木百叶窗、木组合窗、木天窗、矩形木固定窗、异形木固定窗、装饰空花窗。其清单工程量区别：窗类型、框材质、外围尺寸、扇、材质、外围尺寸、玻璃品种、厚度、五金要求、防护材料种类、油漆品种、刷漆遍数，按设计图纸规定数量以"樘"计算。

6）金属窗

铝合金推拉窗、铝合金平开窗、铝合金百叶窗、彩板窗、塑钢窗、铝合金固定窗、金属防盗窗、金属格栅窗。其清单工程量区别窗的类型、框的材质、外围尺寸、扇的材质、外围尺寸、玻璃品种、厚度、五金要求、防护材料种类、油漆品种、刷漆遍数，按设计图纸规定数量以"樘"计算。

7）门窗套

实木门窗套、金属门窗套、石材窗套、门窗木贴脸、实木筒子、夹板饰面筒子板。其清单工程量区别找平层厚度、砂浆配合比、立筋材料种类、规格、基层材料种类、面层材料品种、规格、品牌、颜色、防护材料种类、油漆品种、刷油遍数，按设计图示尺寸以展开面积"m²"计算。

8）实木窗帘盒、饰面夹板窗帘盒、铝合金窗帘盒、窗帘道轨。其清单工程量区别窗帘盒材质、规格、颜色、窗帘道轨材质、规格、防护材料种类、油漆种类、刷漆遍数，按设计图示尺寸以长度"m"计算。

9）窗台板

实木窗台板、铝塑窗台板、石材窗台板、金属窗台板。其清单工程量区别找平层厚度、砂浆与配合比、窗台板材质、规格、颜色、防护材料种类、油漆种类、刷漆遍数，按设计图示尺寸安装长度以"m"计算。

6.3.5 油漆、涂料、裱糊工程清单工程量计算

（1）工程量计算一般规定

1）门油漆：其清单项目区分单层木门、双层（一玻一纱）木门、双层（单裁口）木门、全玻自由门、半玻自由门、装饰门及有框门或无框门等，分别编码列项。

2）窗油漆：其清单项目区分单层玻璃窗、双层（一玻一纱）木窗、双层框扇（单裁口）木窗、双层框三层（二玻一纱）木窗、单层组合窗、双层组合窗、木百叶窗、木推拉窗等，分别编码列项。

3）木扶手应区分带托板与不带托板，分别编码列项。

（2）清单工程量计算规则

1）门、窗油漆

门、窗油漆其清单工程量区别门窗类型、腻子种类、刮腻子要求、防护材料种类、油漆品种、刷漆遍数，按设计图示数量以"樘"计算。

2）木扶手及其他板条线条油漆

木扶手油漆、窗帘盒油漆、封檐板、顺水板油漆、挂衣板、黑板框油漆、挂镜线、窗

帘棍、单独木线油漆。其工程量区别腻子种类、刮腻子要求、展开宽度、防护材料种类、油漆品种、刷漆遍数，按设计图示尺寸以长度"m"计算。

3）木面油漆

（a）木板、纤维板、胶合板顶棚、檐口油漆、木护墙、木墙裙油漆、窗台板、筒子板、盖板、门窗套、踢脚线油漆、清水板条顶棚、檐口油漆、木方格吊顶顶棚油漆、吸声板墙面、顶棚面油漆、暖气罩油漆。其工程量区别腻子种类、刮腻子要求、防护材料种类、油漆品种、刷漆遍数，按设图示尺寸以面积"m²"计算。

（b）木间壁、木隔断油漆、玻璃间壁露明墙筋油漆、木栅栏、木栏杆（带扶手）油漆。其工程量区别腻子种类、刮腻子要求、防护材料种类、油漆品种、刷漆遍数，按设计图示尺寸以单面外围面积"m²"计算。

（c）油漆、梁柱饰面油漆、零星木装修油漆。其清单工程量区别腻子种类、刮腻子要求、防护材料种类、油漆品种、刷漆遍数，按设计图示尺寸以油漆部分展开面积"m²"计算。

（d）木地板油漆。其清单工程量区别腻子种类、刮腻子要求、防护材料种类、油漆品种、刷漆遍数，按设计图示尺寸以面积"m²"计算。门洞、空圈、暖气包槽、壁龛的开口部分并入相应的工程量内。

（e）木地板烫硬蜡面。其清单工程量区别硬蜡品种、面层处理要求，按设计图示尺寸以面积"m²"计算，门洞、空圈、暖气包槽、壁龛的开口部分并入相应的工程内。

4）金属面油漆

金属面油漆，其清单工程量区别腻子种类、刮腻子要求、防护材料种类、油漆品种、刷漆遍数，按设计图示重量"t"计算。

5）抹灰面油漆

抹灰面油漆，其清单工程量区别腻子种类和刮腻子要求、防护材料种类、油漆品种、刷漆遍数，按设计图示尺寸以面积"m²"计算。

6）喷塑、涂料

刷喷涂料，其清单工程量区别腻子种类、刮腻子要求、涂料品种、刷漆遍数，按设计图示尺寸以面积"m²"计算。

7）花饰、线条涂料

（a）空花格、栏杆刷涂料：其清单工程量区别腻子种类、刮腻子要求、涂料品种、刷喷遍数，按设计图示尺寸以外框单面垂直投影面积"m²"计算。

（b）线条刷涂料：其清单工程量区别腻子种类、刮腻子要求、涂料品种、刷喷遍数，按设计图示尺寸以长度"m"计算。

8）裱糊

裱糊包括墙纸裱糊、织锦缎裱糊：其清单工程量区别裱糊构件部位、腻子种类、刮腻子要求、粘结材料种类、防护材料种类、面层材料品种、规格、品牌、颜色，按设计图示尺寸以实裱面积"m²"计算。

6.3.6　其他工程清单工程量计算

（1）工程分项划分内容

1）其他工程包括货架、柜类、招牌、灯箱面层、美术字、压条、装饰条、暖气罩、镜面玻璃、拆除等。卫生洁具、装饰灯具、给排水、电气安装应按安装工程相应项目编码列项。

2）其他工程项目中铁件应包括刷防锈漆工作内容。如设计对涂刷油漆、防火涂料等有具体要求，可按"油漆、涂料、裱糊工程"相应子目编码列项。

（2）清单工程量计算规则

1）柜类、货架

柜台、酒柜、衣柜、书柜、厨房壁柜、木壁柜、厨房低柜、厨房吊柜、矮柜、吧台背柜、酒吧、吊柜、酒吧台展台、收银台、试衣间、货架、书架、服务台，其工程量区别台、柜、架类型、规格、材料种类、规格、五金种类、规格、防护材料种类、油漆品种、刷漆遍数，按设计图示数量"个"计算。

2）暖气罩

塑料板暖气罩、铝合金暖气罩、钢板暖气罩，其工程量区别暖气罩材质、单个罩垂直投影面积、防护材料种类、油漆品种、刷漆遍数，按设计图示尺寸以垂直投影面积"m²"计算（不展开）。

3）浴厕配件

（a）石材洗漱台，其工程量区别材料品种、规格、品牌、颜色、支架、配件品种、规格、品牌、油漆品种、刷漆遍数，按设计图示尺寸以台面面积"m²"计算。不扣除孔洞、挖弯、削角面积。挡板、吊沿板面积并入台面面积内计算。

（b）晒衣架、帘子杆、浴缸拉手、毛巾杆（架）、毛巾环、卫生纸盒、肥皂盒，其工程量区别材料品种、规格、品牌、颜色、支架、配件品种、规格、品牌、油漆品种、刷漆遍数，按设计图示数量"根"（套、副、个）计算。

（c）镜箱、其工程量区别箱体材质、规格、框材质、断面尺寸、基层材料种类、防护材料种类、油漆品种、刷漆遍数，按设计图示数量"个"计算。

（d）镜面玻璃，其工程量区别镜面玻璃品种、规格、框材质、断面尺寸、基层材料种类、防护材料种类、油漆品种、刷漆遍数，按设计图示尺寸以边框外围面积"m²"计算。

4）压条、装饰线

（a）金属装饰线、木质装饰线、石材装饰线、石膏装饰线、镜面玻璃线、铝塑装饰线、塑料装饰线，其工程量区别基层类型、线条材料品种、规格、颜色、防护材料种类、油漆品种、刷漆遍数，按设计图示尺寸以长度"m"计算。

（b）金属旗杆，其工程量区别旗杆材质、种类、规格、旗杆高度，按设计图示数量以"根"计算。

5）招牌、灯箱

（a）平面、箱式招牌（如图2-15所示）、灯箱、其工程量区别箱体规格、基层材料种类、面层材料种类、防护材料种类、油漆品种、刷漆遍数，按设计图示正立面外框尺寸以平方米"m²"计算（复杂形的凸凹造型部分不增加）。

装饰工程清单工程量计算见本课题计算实例6.4.1

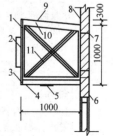

图2-15 箱式招牌构造示意图

1—饰面材料；2—店面招字牌；3—木筋；
4—顶棚饰面；5—吸顶灯；6—外墙；
7—螺杆；8—镀锌铁泛水；9—玻璃
钢叉；10—角钢；11—角钢剪刀撑

"清单工程量计算单"（序号17）。

(b) 竖式标箱，灯箱，其工程量区别箱体规格、基层材料种类、面层材料种类、防护材料种类、油漆品种、刷漆遍数，按设计图示数量"个"计算。

6) 美术字

美术字包括泡沫塑料字、有机玻璃字、木质字、金属字，其清单工程量区别材料品种、颜色、字体规格、固定方式、油漆品种、刷漆遍数，按设计图示尺寸、数量、分不同字体尺寸以"个"计算。

6.4 装饰工程清单工程量编制实例

6.4.1 装饰工程清单工程量计算单

清单工程量计算单

工程名称：<u>某营业厅装饰工程</u>　　　　　年　　月　　日　　　　　　　第1页 共2页

序号	清单编码	分项工程名称及说明	计算式	单位	工程数量
1	020102002001	块料楼地面		m²	351.86
		项目特征：瓷质地砖（600mm×600mm）水泥砂浆粘贴1:3水泥砂浆找平20厚	$23.92 \times 14.71 = 351.86 \text{m}^2$		
2	020105003001	块料踢脚线		m²	11.14
		项目特征：瓷质釉面砖踢脚线　水泥砂浆粘贴	$S_1 = (23.92 - 0.9 + 14.46 \times 2) \times 0.15 = 7.79 \text{m}^2$ $S_2 = 0.24 \times 2 \times 0.15 = 0.07 \text{m}^2$ $S_3 = [(0.4 + 0.5) \times 2 \times 10 \text{个} + (0.26 \times 2 \times 5 \text{个} + 0.16 \times 2 \times 4 \text{个})] \times 0.15 = 3.28 \text{m}^2$		
3	020108001001	石材台阶面		m²	21.96
		项目特征：花岗石板1:3砂浆铺贴	$(24.0 + 0.2 \times 2) \times (0.3 \times 3) = 21.96 \text{m}^2$		
4	020102001001	石材楼地面		m²	21.96
		项目特征：块料规格600mm×600mm 水泥砂浆粘结1:3水泥砂浆找平30mm厚	$(24.0 + 0.2 \times 2) \times (1.2 - 0.3) = 21.96 \text{m}^2$		
5	020207001001	装饰板墙面		m²	42.23
		项目特征：内墙裙木龙骨基层（25mm×30mm）中距300mm 墙裙榉木板面层，油毡隔离层，木装饰线封条（30mm），木龙骨刷防火涂料二遍，榉木板清漆二遍	$[51.94 + 0.48 + (0.26 \times 2 \times 5 \text{个} + 0.16 \times 2 \text{面} \times 4 \text{个})] \times (0.9 - 0.15)$ $= 42.23$		
6	020209001001	隔断（带木柜10mm钢化玻璃）		m²	19.99
		项目特征：隔断A全玻不锈钢隔断10mm钢化玻璃，混凝土小柱墩，木龙骨基层，柜上大芯板基层，水曲柳板面层，木柜基层大芯板，木柜榉木板面层，木柜装饰线条，木龙骨刷防火涂料二遍，基层板面刷防火涂料二遍，饰面板上清漆二遍	$(14.7 - 1.5 \times 2 - 0.5 \times 3) \times 1.96$ $= 19.992 \text{m}^2$		
7	020507001001	刷喷涂料		m²	165.52
		项目特征：内墙面刮仿瓷涂料二遍	$56.3 \times (3.8 - 0.9) + 0.9 \times (3.6 - 2.1)$ $= 165.52 \text{m}^2$		
8	020210002001	全玻幕墙		m²	65.44

178

清单工程量计算单

工程名称：＿＿＿＿＿＿　　年　　月　　日

序号	清单编码	分项工程名称及说明	计算式	单位	工程数量
		项目特征:全玻幕墙12厚钢化玻璃　不锈钢玻璃夹　聚乙烯发泡条硅酮结构胶固定	$(24.4-0.4\times7)\times3.6-2.2-2.8\times2=65.44m^2$		
9	020208001001	柱面装饰		m^2	80.3
		项目特征:400mm×500mm 方柱40mm×50mm 木枋龙骨,间距500mm×500mm,9夹板基层衬里,柱面大芯板基层(钉在九夹板上),榉木板面层,黑胡桃木线子,方柱面砖踢脚线,方柱木龙骨刷防火涂料二遍,方柱基层板面刷防火涂料二遍,方柱榉木板面层刷清漆二遍	$(0.5+0.6)\times2\times3.8\times10-3.3=80.3m^2$		
10	020208001002	柱面装饰		m^2	8.1
		项目特征:A轴柱内侧贴复合铝板	$(0.45\times5个)\times3.6=8.1$		
11	020205001001	石材柱面		m^2	35.28
		项目特征:400mm×500mm 方柱1:2.5 水泥砂浆底层挂贴镜面花岗石板面层	$(0.4+0.5\times2)\times3.6\times7个=35.28m^2$		
12	020302001001	顶棚吊顶		m^2	349.86
		项目特征:方木顶棚龙骨　顶棚五夹板基层顶棚复合铝板面层不锈钢压条(30mm×30mm×1.5mm)顶棚木龙骨,基层板/刷防火涂料灯槽	$351.86-(0.4\times0.5\times10个)=349.86 m^2$		
13	020402006001	防盗门			
		项目特征:钢防盗门,木门拆除,门套,门框线子,门套板面刷防火涂料,门套清漆二遍	$N=1$		
14	020404006001	全玻自由门(无扇框)12厚钢化玻璃			
		项目特征:镜面不锈钢包门框无框全玻地弹门门框基层板面刷防火涂料	$N=2$		
15	020403002001	金属格栅门			
		项目特征:不锈钢格栅门 4.2×3.6	$N=4$		
16	020403002001	金属格栅门			
		项目特征:不锈钢格栅门 3.6×3.6	$N=2$		
17	020606001001	平面、箱式招牌		m^2	53.216
		项目特征:箱式招牌,600mm×600mm 1厚铝板面层,雨篷底复合铝板面层,边柜80mm 不锈钢压条	$24.4\times1.88+10.8\times0.68=45.872+7.344=53.216 m^2$		

6.4.2　某营业厅装饰工程施工图

（1）设计说明

1）本工程为某商业大楼一营业厅装饰工程，装修范围包括厅内和厅外正立面。外墙标准砖砌240mm 厚，层高4.2m，墙内、外柱结构断面为400mm×500mm，楼盖为全现浇有梁板，板厚120mm，吊顶底面标高为3.6m。

2）地面装修：营业厅内地面装饰：地贴瓷质地砖1:3 水泥砂浆找平20mm 厚，素水泥浆粘贴层，瓷质地砖规格为600mm×600mm 的；室内踢脚线贴釉面转，高150mm；室外台阶地面面层为水泥砂浆贴 600mm×600mm 花岗石板。

3）墙面装修：内墙面刮仿瓷涂料二遍；内墙裙高 900mm，木龙骨基层（25mm×30mm 木枋双向布置，中距 300mm）、榉木板面层，上部木装饰线封边。外墙正立面装修：大玻璃门、全玻幕墙外加装不锈钢格栅防护门，详见装饰工程施工图。

4）柱面装修：A 轴柱外侧面挂贴镜面花岗石板，内侧面贴银色复合铝板；大厅内柱面装修做法详见柱面装饰施工图大样。

5）D 轴墙上原有木门拆除后安装钢防盗门，门洞尺寸为 900mm×2100mm，门框外围面积为 850mm×2050mm；榉木板包门框，门边框钉 6cm 榉木门套线。

6）营业厅内不锈钢柱嵌全玻璃隔断留 1500mm 宽过人洞，隔断底座设木柜，采用板式木推拉门，其做法详见装饰工程隔断 A 施工图。

7）顶棚吊顶及其他装修做法详见施工图。

8）根据消防方面的要求。所有木质基层均刷防火涂料两遍，基层木龙骨刷防火涂料二遍；木基层板面须双面刷防火涂料二遍，木质面层均刷清漆二遍。

9）门窗工程：见门、窗统计表。

10）说明未尽事宜，均参照现行有关规范执行。

门、窗统计表

工程名称：**某营业大厅装饰工程**

序号	门、窗代号	门、窗名称(m)	规格(m)	数量	做法
1	M-1	不锈钢框大玻璃门	1.8×2.6	2	见大样
2	M-2	防盗门	0.9×2.1	1	成品
3		不锈钢格栅门 4.2×3.6	3.8×3.6	4	成品
4		不锈钢格栅门 3.6×3.6	3.2×3.6	2	成品

（2）营业厅装饰工程施工图

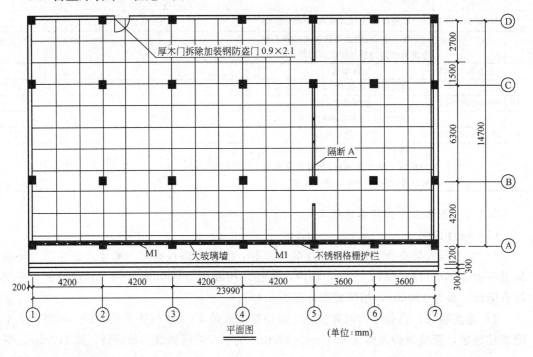

平面图　　　　（单位：mm）

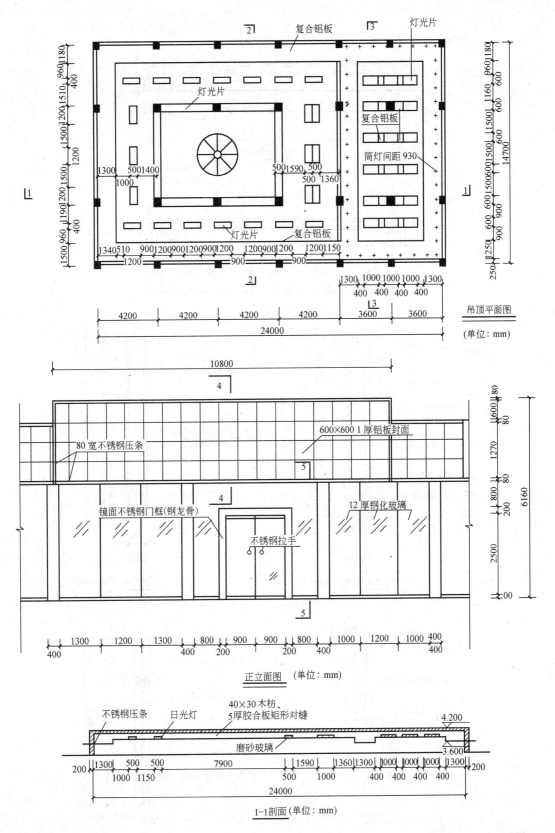

吊顶平面图
(单位：mm)

正立面图 (单位：mm)

1-1剖面(单位：mm)

复合铝板　灯光片

灯光片

复合铝板

筒灯间距 930

灯光片　复合铝板

600×600 1 厚铝板封面

80 宽不锈钢压条

镜面不锈钢门框(钢龙骨)

12 厚钢化玻璃

不锈钢拉手

不锈钢压条　日光灯　40×30 木枋、5 厚胶合板矩形对缝

磨砂玻璃

181

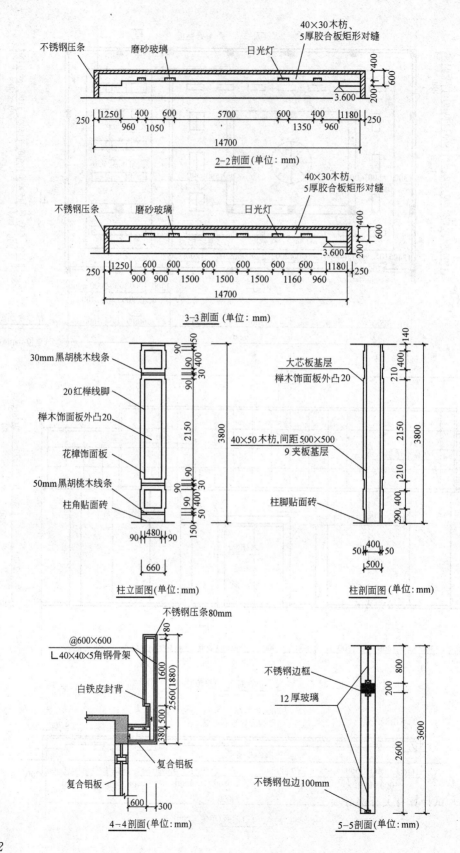

40×30木枋、
5厚胶合板矩形对缝

不锈钢压条　　磨砂玻璃　　日光灯

2-2剖面(单位：mm)

40×30木枋、
5厚胶合板矩形对缝

不锈钢压条　　磨砂玻璃　　日光灯

3-3剖面(单位：mm)

30mm黑胡桃木线条
20红榉线脚
榉木饰面板外凸20
花樟饰面板
50mm黑胡桃木线条
柱角贴面砖

柱立面图(单位:mm)

大芯板基层
榉木饰面板外凸20

40×50木枋,间距500×500
9夹板基层

柱脚贴面砖

柱剖面图(单位:mm)

不锈钢压条80mm
@600×600
∟40×40×5角钢骨架
白铁皮封背
复合铝板
复合铝板

4-4剖面(单位:mm)

不锈钢边框
12厚玻璃

不锈钢包边100mm

5-5剖面(单位:mm)

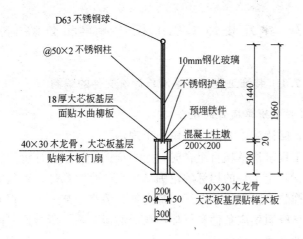

D63 不锈钢球
@50×2 不锈钢柱
10mm 钢化玻璃
不锈钢护盘
预埋铁件
18 厚大芯板基层
面贴水曲柳板
混凝土柱墩
200×200
40×30 木龙骨,大芯板基层
贴榉木板门扇
40×30 木龙骨
大芯板基层贴榉木板
1440
1960
20
500
200
50 50
300

隔断 A 剖面(单位:mm)

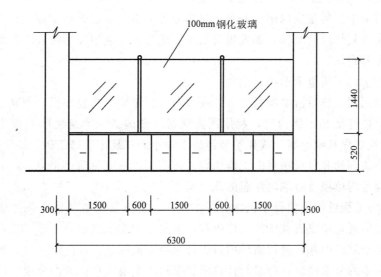

100mm 钢化玻璃

1440
520
300 1500 600 1500 600 1500 300
6300

隔断 A 立面(单位:mm)

思考题与习题

1. 何谓清单工程量？工程量清单的编制依据有哪些？

2. 清单工程量计算的"四统一"原则是什么？

3. 工程量清单包括哪些内容？

4. 一般建筑装饰工程项目有哪些？

5. 木门窗，铝合金门窗清单分项工程如何划分？

6. 选择一套建筑面积在 200m² 左右的住宅装饰工程施工图纸：

(1) 试计算有关分部分项工程量；

(2) 试编制有关装饰工程工程量清单表。

课题7 建筑装饰工程工程量清单报价编制

7.1 装饰工程工程量清单计价文件的编制

7.1.1 装饰工程工程量清单项目的组合

(1) 研究招标文件，阅读施工图纸，了解施工现场

在计价过程中进行工程量清单项目组合时，应当全面了解工程计价的相关资料，包括建筑装饰工程招标文件、确定工程的招标的范围、执行的合同条件、工程承包方式和工程结算办法，以及建筑装饰装修工程施工图纸、确定装饰装修分部分项工程的具体内容、施工现场勘探记录反映现场资源供应条件和可使用场地的情况等，所有这些都是与工程计价有关的资料，必须认真考虑并正确应用。

(2) 检查、复核工程量清单

工程量清单的复核是根据工程施工图纸和相关依据资料对业主提供的工程量清单进行的复查，核对清单工程量应以单位分项项目划分为依据，重点是对工程量清单中各清单分项项目的数量及其特征的复核，如发现有出入，应与业主或招标人协调，按规定对清单做必要的调整和补充。

(3) 装饰工程工程量清单项目组合

建筑装饰工程工程量清单项目组合：通过对工程量清单的复核后，明确工程量清单各分项项目的具体特征和工作内容，利用国家现行《全国统一建筑装修工程消耗量定额》、《全国统一建筑工程基础定额》或建筑装饰施工企业的《装饰装修工程消耗量标准》（企业定额）中的有关规则和分项项目的工作内容，进行工程量清单项目组合。

(4) 工程量清单项目组项时注意的几个问题

1) 明确各工程量清单项目中包含的工作内容。工作量清单项目反映的量是建筑装饰工程项目的实体量，要完成其中的工作内容，有很多的施工过程（工序）或者说它包含好几个定额分项子目。因此，进行清单项目组合时，不能按过去的传统列项方法，而要综合多个消耗量标准的分项内容，计量与计价时要套用多个消耗量标准的分项子目。

2) 正确计算施工过程的施工损耗。在工程量清单中没有考虑施工过程的施工损耗及有关工程量扩大的问题，在编制工程量清单分项组合时，要在材料消耗量中考虑施工过程的施工损耗。

3) 明确工程量清单计价方式中的费用划分。在传统的预算消耗量标准中，通常综合了模板的制作、安装和人工、材料、机械费用，脚手架搭拆费，垂直运输机械费等。而在清单计价方式中模板的制作、安装费，脚手架搭拆费，垂直运输机械费均属于措施项目费，不能按分部分项工程组项项目进行计算，而应列入技术措施项目进行组项并计算它们的费用。

(5) 工程量清单项目组合方法

清单项目组合必须解决的问题是：工程量清单分项项目所指的是一个完全的分项工程，施工中必须完成的工作，必须明确为完成工程量清单分项项目所需完成的施工过程有哪些工作内容或者说要做哪些事。

例如：某二次装饰工程中，工程量清单项目——现浇水磨石地面。

按照建筑装饰工程工程量清单项目设置和清单工程量计算规则的规定：应包括整体水磨石地面面层、找平层和基层等的制作，还要包括各种过程中的必要的损耗，在清单项目组项的时候应当全面考虑。

【例 2-12】 某工程进行二次装修，原有的水泥砂浆楼、地面改为整体水磨石楼、地面，其做法为：1∶3 水泥砂浆找平层 15mm 厚，1∶2.5 水泥白石子浆 15mm 厚，带 3mm 厚玻璃嵌条，工程量为：345.88m²。

【解】 根据工程量清单项目特征，按照《建设工程工程量清单计价规范》（GB 50500—2003）的规定

① 确定清单项目：020101002001 现浇水磨石楼、地面。

② 进行清单项目组合：采用国家现行《全国统一建筑工程基础定额》和《全国统一建筑装饰装修工程消耗量定额》或者地方现行的《建筑装饰装修工程消耗量标准》组项如下：根据题意，清单分项包括的组合项目有：

现浇水磨石楼、地面 1∶2.5 水泥白石子浆 15mm 厚 345.88m²

1∶3 水泥砂浆找平层 15mm 厚 345.88m²

原有水泥砂浆地面拆除 345.88m²

7.1.2 装饰工程工程量清单项目综合单价的组合

（1）工程量清单分部分项人、材、机分析表的编制

1）工程量清单分部分项工、料、机需用量及费用的计算

根据建筑装饰工程工程量清单中各清单项目的特征，按照装饰工程清单项目组合状况，套用国家现行建筑工程消耗量标准（基础定额）或建筑工程施工企业的企业消耗量标准（企业定额），进行工程量清单项目工、料、机分析，计算各清单项目人工、材料、机械台班使用量及三项费用的数量，并制表，其计算过程可用数学公式表述为：

（a）清单分部分项工程项目人工费

$$清单分部分项人工需用量 = \Sigma 清单项目中组合分项工程量 \times 组合分项人工消耗量标准 \tag{2-77}$$

$$清单分部分项工程项目人工费 = 清单分部分项人工需用量 \times 人工单价 \tag{2-78}$$

（b）清单分部分项工程项目材料费

$$清单分部分项某种材料需用量 = \Sigma 清单项目中组合分项工程量 \times 组合分项某种材料消耗量标准 \tag{2-79}$$

$$清单分部分项工程材料费 = \Sigma 清单分部分项某种材料需用量 \times 材料单价 \tag{2-80}$$

（c）清单分项工程项目机械使用费

$$清单项目某种机械台班需用量 = \Sigma 清单项目中组合分项工程量 \times 组合分项某种机械台班消耗量标准 \tag{2-81}$$

$$清单分部分项机械使用费 = \Sigma 清单项目中某种机械台班需用量 \times 机械台班单价 \tag{2-82}$$

2）工程量清单分部分项人、料、机分析表的填制方法：

工程量清单分项项目人、料、机分析表。应按"计价规范"中规定的标准格式的进行

编制。如表2-32所示，填制方法：

（a）根据业主提供的工程量清单，按照复核协调意见，须修改时进行修改。

（b）根据工程量清单分项项目的特征，按照"工程量清单分项项目组合"的结果，将清单项目及分项组合子目的名称和相关内容填入清单分项人、料、机分析表的对应栏目中。

（c）根据拟建工程的工程特征，结合企业的经营管理水平，按照工程建设地的建筑市场资源供应状况，正确确定工程人工、材料、机械台班的单位价格，并将其具体数据填入清单分项工、料、机分析表的对应栏目中。

（d）根据所填数据，按照公式（2~77）~公式（2-82）计算清单分项（或清单分项的组项子目）中的人工费、材料费、机械台班使用费，即通常所指的分项（分项子目）人、材、机的三项费用。

3）工程量清单分部分项人、材、机分析表编制实例

【例2-13】 沿【例2-11】工程实例，根据工程量清单项目特征，按照《建设工程工程量清单计价规范》的规定，试进行现浇水磨石楼、地面工程量清单工程项目的人、料、机分析。

【解】 根据工程量清单现浇水磨石楼、地面项目的组项结果，按照《建设工程工程量清单计价规范》中规定的方法，进行该分项工程工程量清单分项工程工、料、机需用量的分析。

① 根据上述清单分项工程工、料、机分析方法，确定工程量清单项目：清单项目：020101002001 现浇水磨石楼、地面（特征）。

② 根据清单现浇水磨石楼、地面的组项结果，套用国家现行《全国统一建筑工程基础定额》、《全国统一建筑装饰装修工程消耗量定额》的分项项目消耗量标准：分析计算组合项目的工、料、机的需用量有：

现浇水磨石楼、地面 1：2.5 水泥白石子浆 15mm 厚 345.88m²

查《全国统一建筑装饰装修工程消耗量定额》得：1—058 工、料、机消耗量，其分项消耗量标准如表2-38所示。

1：3 水泥砂浆找平层 15mm 厚 345.88m²

查《全国统一建筑工程基础定额》得：基础定额的编号分别为：（8-18）~（8-20），其分项工程资源需用量分别为：

人工（综合人工）	0.078－0.0141＝0.0639 工日
素水泥浆	0.0010（m²）
水泥砂浆 1：3	0.0202－0.0051＝0.0151m²
灰浆搅拌机 200L	0.0034－0.0009＝0.0025m²
水泥砂浆地面拆除	345.88m²

查《全国统一建筑装饰工程消耗量定额》得：6-150 工、料、机需用量

人工（综合人工）	0.045（工日）

③ 编制工程量清单分部分项工程项目的人、料、机分析表，如表2-38所示：

（2）工程量清单分部分项综合单价分析表的编制

工程量清单分部分项综合单价分析表。应按"计价规范"中规定的标准格式如表2-31

所示进行编制，其填制方法步骤：

1）工程量清单分部分项综合单价的计算

根据工程量清单中各清单项目人、材、机分析表的分析结果，按照清单项目的组合以及清单项目计算所得的分项直接工程费（人工费、材料费、机械台班使用费）之和，并制表。其计算过程可用数学公式表述为：

清单组价项目直接工程费＝分项人工费＋分项材料费＋分项机械使用费 （2-83）

工程量清单分项工、料、机分析表 表 2-38

工程名称：_____

第 页 共 页

项目编码：_____ 项目名称：_____ 计量单位：_____

定额编号		1-058		项目		现浇水磨石楼、地面 带嵌条 15mm 厚			345.88m²
序号	名　称		单位	代码	消耗量	单价（　）	合价（　）	分类合计	
1.1.1	综合人工		工日	000001	0.5890	22.00	12.96	12.96	
1.2.1	水泥		kg	AA0000	0.2650	0.464	0.12		
1.2.2	平板玻璃 3mm 厚		m²	AH0020	0.0517	10.30	0.53		
1.2.3	棉纱头		kg	AQ1180	0.0110	5.68	0.06		
1.2.4	水		m³	AV0280	0.0560	2.12	0.12		
1.2.5	金刚石（三角形）		块	AV0680	0.3000	4.60	1.38		
1.2.6	金刚石 200×75×50		块	AV0680	0.0300	13.00	0.39		
1.2.7	素水泥浆		m³	AX0720	0.0010	704.99	0.71	13.77	
1.2.8	白水泥白石子 1：2.5		m³	AX0782	0.0173	576.64	9.98		
1.2.9	清油		kg	HA1000	0.0053	15.14	0.08		
1.2.10	煤油		kg	JA0470	0.0400	4.35	0.17		
1.2.11	油漆溶剂油		kg	JA0541	0.0053	3.12	0.02		
1.2.12	草酸		kg	JA0770	0.0100	9.00	0.09		
1.2.13	硬白蜡		kg	JA2930	0.0265	4.68	0.12		
1.3.1	灰浆搅拌机 200L		台班	'1M0200	0.0031	42.51	0.13	2.53	
1.3.2	平面磨石机 3kW		台班	TM0600	0.1078	22.28	2.40		
定额编号		8-18-8-20		项目		水泥砂浆找平层 1：3 水泥砂浆 15mm 厚			345.88m²
序号	名　称		单位	代码	消耗量	单价（　）	合价（　）	分类合计	
2.1.1	综合人工		工日	000001	0.0639	22.00	1.41	1.41	
2.2.1	水泥砂浆 1：3		m³		0.0151	221.12	3.34	4.04	
2.2.2	素水泥浆		m³		0.001	704.99	0.70		
2.3.1	灰浆搅拌机 200L		台班		0.0025	42.51	0.11	0.11	
定额编号		6-150		项目		水泥砂浆地面拆除			345.88m²
序号	名　称		单位	代码	消耗量	单价（）	合价（）	分类合计	
3.1.1	综合人工		工日	000001	0.045	22.00	0.99	0.99	

清单组价项目施工管理费＝清单组价项目计费基础×管理费费率 （2-84）

清单组价项目的利润＝清单组价项目计费基础×利润率 （2-85）

清单分项综合单价＝清单组价子目合价/清单工程数量 （2-86）

2）装饰工程工程量清单分部分项综合单价分析表填制方法：

装饰工程工程量清单分部分项综合单价分析表。应按计价规范中规定的标准格式（如

表 2-31 所示）进行编制，其填制方法：

（a）根据业主提供的工程量清单，按照"工程量清单分部分项人、材、机分析表"的计算结果，将有关工程资料和已知数据填入工程量清单分项综合单价分析表的对应栏目中。

（b）根据拟建工程的工程特征，结合企业的施工技术与施工管理水平，按照各地方政府工程造价管理部门发布的有关工程计价文件和调价文件，如"取费标准"取定费率，将其具体数据填入清单分项综合单价分析表的对应栏目中。

（c）根据所填数据，按照计算公式（2-83～2-86）分别计算工程量清单分项中的有关费用，并计算出各清单分项工程的综合单价。

3）工程量清单分部分项综合单价分析表编制实例

【例 2-14】 沿用【例 2-11】【例 2-12】工程实例，根据工程量清单项目特征，按照《建设工程工程量清单计价规范》的规定，试进行现浇水磨石楼、地面清单工程项目的综合单价分析。

【解】 根据工程量清单现浇水磨石楼、地面分项项目的组项与工、料、机分析结果，按照《建设工程工程量清单计价规范》中规定的方法，进行该分项工程工程量清单分项工程的综合单价分析。

① 根据上述清单分部分项工程综合单价分析方法，将清单分项项目的相关工程信息和表 2-38 中的有关数据填入工程量清单项目综合单价分析表。

② 按照某地方政府工程造价管理部门发布的有关工程计价文件，如"取费标准"，根据某装饰施工企业的实际状况，取定：施工管理费费率：35%，利润率：30%，取费基础为：分项人工费。按照计算公式（2-83～2-86）分别计算工程量清单组合分项的分项管理费和分项利润，将其具体数据填入清单分项综合单价分析表的对应栏目中。如表 2-39 所示。

工程量清单综合单价分析表　　　　　　　　　　　表 2-39

工程名称：楼、地面装饰工程　　　　　　　　　　　　　　　　　第 页 共 页

清单编码	清单项目名称	计量单位	清单项目工程量	综合单价(元)
020101002001	现浇水磨石楼、地面	m²	345.00	45.8

定额编号	清单工程内容定额子目名称	单位	数量	子目综合单价分析(元)								施工管理费	利润	合计
				市场价				取费基础						
				单价	人工费	材料费	机械费	单价	人工费	材料费	机械费			
1-058	水磨石楼地面带嵌条 15mm	m²	345.0	29.26	12.96	13.77	2.53		12.96			4.54	3.89	13003.05
1-058	1:3 水泥砂浆找平层 15mm 厚	m²	345.0	5.56	1.41	4.04	0.11		1.41			0.49	0.42	2232.15
1-150	水泥砂浆地面拆除	m²	345.0	0.99	0.99				0.99			0.35	0.30	565.8
	本页小计													
	子目合价													15801.00
备注	综合单价＝子目合价÷清单项目工程量　　15801.00/345.00													

（3）技术措施项目人、材、机分析表

188

1) 技术措施项目人、材、机需用量及费用的计算

技术措施项目人、材、机需用量及费用的计算：应根据建筑装饰工程工程量清单中技术措施项目和装饰工程清单项目的施工要求，结合装饰工程的施工组织设计或施工方案的具体情况，套用国家现行建筑装饰装修工程消耗量标准（基础定额）或建筑工程施工企业的企业消耗量标准（企业定额），进行工程量清单措施项目人、材、机分析，计算各清单措施项目人工、材料、机械台班使用量及人、材、机三项费用的数量，并制表。其计算过程与方法可参照公式（2-77）～公式（2-92）计取。

（a）技术措施项目资源需用量计算

$$技术措施项目资源需用量 = \sum 技术措施项目中组合分项工程量 \times$$
$$组合分项所需各种资源数 \tag{2-87}$$

（b）清单措施项目直接工程费的计算

$$技术措施项目直接工程费 = \sum 技术措施项目资源需用量 \times$$
$$技术措施项目资源单价 \tag{2-88}$$

2) 工程量清单技术措施项目人、材、机分析表的填制方法

工程量清单技术措施项目人、材、机分析表。应按"计价规范"中规定的标准格式进行编制。标准格式如表2-32，其填制方法如下：

（a）根据业主提供的技术措施项目清单，按照企业的技术条件和企业所制定施工组织设计（采用的施工方案），确定必须采取的技术措施。

（b）根据技术措施项目的特征与要求，按照"清单技术措施项目组项"的结果，将清单技术措施项目及措施分项组合子目的名称和相关内容，填入"技术措施项目人、材、机分析表"的相应栏目中。

3) 根据拟建工程的工程特征，按照工程建设地的建筑市场资源供应状况，确定工程人工、材料、机械台班的单价，计算相关费用，并将其具体数据填入清单措施项目工、材、机分析表的对应栏目中。

（4）编制技术措施项目综合费用分析表

1) 工程量清单技术措施项目综合费用的计算

根据工程量清单中技术措施项目人、材、机分析表的分析结果，按照技术措施项目的组合以及清单技术措施项目计算所得的技术措施项目直接工程费（人工费、材料费、机械台班使用费）之和。其计算过程可用数学公式表述为：

$$清单技术措施项目直接工程费 = 技术措施项目人工费 + 技术措施项$$
$$目材料费 + 技术措施项目机械使用费 \tag{2-89}$$
$$清单技术措施项目施工管理费 = 技术措施项目费中计费基础 \times 管理费费率 \tag{2-90}$$
$$清单技术措施项目利润 = 技术措施项目费中计费基础 \times 利润率 \tag{2-91}$$

2) 装饰工程量清单技术措施项目综合费用分析表填制方法

装饰工程量清单技术措施项目综合单价分析表。应按"计价规范"中规定的标准格式（表2-31）进行编制。其填制方法：

（a）根据业主提供的技术措施项目清单，按照"工程量清单技术措施项目人、材、机分析表"的计算结果，将有关工程资料和已知数据填入工程量清单技术措施项目综合费用分析表的对应栏目中。

（b）根据拟建工程的工程特征，结合企业的施工技术与施工管理水平，按照清单分部分项计价时取定的费率，计算相应的费用，将其具体数据填入技术措施综合费用分析表的对应栏目中。

（c）根据所填数据，按照计算公式（2-89）～公式（2-91）分别计算工程量清单技术措施项目的有关费用，计算其综合费用。

3）工程量清单技术措施综合费用分析表编制参见"装饰工程计价"实例。

7.1.3　建筑装饰工程工程量清单报价的编制

（1）编制装饰工程项目工程量清单计价表

1）工程量清单分项工程项目费用的计算

根据业主提供并核定后的工程量清单，按照承包人确定的工程量清单分项综合单价和清单分项项目的工程数量计算，汇总后得单位建筑装饰工程工程量清单项目费用。并编制分部分项工程量清单计价表。其计算过程可用数学公式表述为：

$$装饰工程量清单分项合价 = \sum 装饰工程量清单分项工程数量 \times$$
$$清单分项综合单价 \tag{2-92}$$
$$装饰工程量清单工程项目费用 = \sum 装饰工程量清单分项合价 \tag{2-93}$$

2）工程量清单分项工程项目计价表的填制

建筑装饰装修工程，工程量清单分项工程项目计价表，其填制方法可表述为：

（a）根据业主提供的工程量清单，按照复核协调意见，对需要修改内容进行修改后按照"综合单价分析表"的计算结果，填入工程量清单分项工程项目计价表对应栏目中。

（b）根据所填数据，按照计算公式（2-92）计算装饰工程工程量清单分项合价，将装饰工程工程量清单分项合价进行累计，求得单位装饰工程的工程量清单工程项目费用总和，即计算工程量清单工程项目费用，如表2-40所示。

工程量清单计价表　　　　　　　　　　　表 2-40

工程名称：　楼地面装饰　　　　　　　　　　　　　　　　　　　第　页　共　页

序号	项目编码	项 目 名 称	计量单位	工程数量	金额（元）	
					综合单价	合价
1	020101 002001	现浇水磨石楼、地面：　水泥白石子1：2.5 15mm 带玻璃嵌条、1：3 水泥砂浆找平层 15mm 厚、水泥砂浆地面拆除	m²	345.0	37.05	12782.25
	本页小计					367526.82
	合　　计					

（2）编制技术措施项目清单计价表

技术措施项目费用，其计算方法与工程量清单分部分项综合单价细目的费用计算方法相同。其填制方法可表述为：

1）根据所填数据，按照公式（2-89）～公式（2-91）计算清单技术措施项目（或清单技术措施项目的组项子目）中的人工、材料、机械台班使用量和费用。

2）建筑装饰工程技术措施项目费的计算

技术措施项目费的计算：

按照工程量清单措施项目的特征，施工企业现有的技术水平和管理水平，确定措施项目的工、料、机单价，计算为完成拟建工程项目所需采用的相应措施项目的各项费用。

3）技术措施项目费用计算表的编制

建筑装饰工程工程量清单技术措施项目费计算表及其格式如表 2-33 所示，其填制方法：

（a）根据业主提供的技术措施项目清单。

（b）按照"技术措施项目人工、材料、机械分析表"的计算结果，填入技术措施项目费用计算表对应栏目中。

（c）根据所填数据，按照取定的有关工程费用的费率，计算工程量清单技术措施项目的费用，并填制技术措施项目计价表。

（3）编制其他项目清单计价表

其他项目费指除分部分项工程费和措施项目费以外，在该工程施工中可能发生的其他费用。其他项目清单中的有关内容包括金额，招标人部分应由招标人填写，投标人部分应由投标人填写。

1）预留金是指招标人（业主）为可能发生的工程变更而预留的费用，通常可按估算金额填写。

2）工程分包和材料购置费是指招标人将国家规定准予分包或者指定材料供应等而预留的金额，可按估算金额填写。

3）总承包服务费是指配套管理费。指投标人配合协调招标人工程分包的配合施工所发生的费用。

（4）编制零星工作项目计价表

零星工作费是指应招标人要求而发生的、不能以实物量计量和定价的零星工作，包括人工、材料和机械的费用。应按表 2-30 "零星工作费表"计算所得结果。其中的金额应由投标人填写，其他应由招标人填写。并应遵守下列规定：

1）人工名称应按不同工种，材料和机械应按不同名称、规格、型号分列。

2）人工计量单位按工日，材料按基本计量单位，机械计量单位按台班计列。

3）零星工作中有关数量应由招标人按估算数量填写。

4）在计算零星工作费时，承包商可以按本工程取定的费率计算有关费用。

5）通常零星工作费，在工程竣工时，应按实结算。

（5）编制主要材料汇总及价格表

在建筑装饰工程计价文件中，装饰工程人工、材料、机械数量汇总表和工程设备数量、价格明细表中的材料、设备名称、型号、规格及设备数量应由招标人填写，其他内容由投标人填写。所填写的单价必须与工程量清单综合单价计算中应用的相应材料、设备单价一致。

7.1.4 装饰工程造价汇总表的编制

（1）单位装饰工程造价汇总表填写

1）清单计价方式的单位装饰工程造价的组成

建筑装饰装修工程量清单计价方式的单位工程造价，由清单工程项目费、措施项目费、其他项目费、规费（部分地区目前采用"不可竞争费用"的名称）、税金等组成。

当分部分项工程量清单计价表、措施项目清单计价表、其他项目清单计价表编制完毕后，即可以编制"单位工程费用汇总表"，从而计算出建筑装饰工程造价。建筑装饰装修工程造价计费程序如表2-41所示：

建筑装饰装修工程造价计费程序表   表 2-41

序　号	名　称	计算程序及说明
1	清单工程项目费	∑(清单项目工程量×综合单价)
1.1	其中:人工费	∑(清单项目工程量×综合单价的人工费)
2	措施项目费	技术措施项目费＋综合措施项目费
2.1	技术措施项目费	技术措施项目费
2.1.1	其中:人工费	技术措施项目费计算中另列
	综合措施项目费	(1+2.1.1)×综合措施项目费费率
3	其他项目费	(详见表2-29)
4	规费(不可竞争费用)	(1～3)×规费(不可竞争费用)费率
5	税金	(1～4)×税率
6	工程造价	1～5

2）单位装饰工程造价汇总表的编制

建筑装饰工程造价汇总表应由投标人填写。表中金额应分别按照工程量清单、技术措施项目清单和其他项目清单的合计金额填写。

根据工程量清单计价方式的工程造价组成、各项工程费用的性质，按照装饰工程造价费用计算程序，依次计算并汇总。编制实例参见"工程量清单计价实例""单位装饰工程费用汇总表"。

（2）建设工程项目总造价的编制

建设工程项目总造价是指各个单位建筑、装饰、安装工程费用的总和。编制投标总价应由投标人填写，并签字、盖章。

（3）填表须知、总说明及封面的填写

1）填表须知应由招标人填写。除规定内容以外，招标人可根据具体情况补充内容。

2）总说明应由招标人按下列内容填写：

（a）工程概况：建设规模、工程特征、计划工期、施工现场实际情况、交通运输情况、自然地理条件、环境保护要求等。

（b）工程招标范围（本工程发包范围）。

（c）工程量清单编制依据。

（d）工程质量、材料、施工等的特殊要求。

（e）招标人自行采购材料和设备的名称、规格型号、数量等。

（f）其他需要说明的问题。

3）建筑装饰工程造价文件封面的填写

封面一应由编制单位填写，并签字、盖章。

封面二应由投标人填写，并签字、盖章。

7.2　装饰工程量清单计价文件编制实例

7.2.1　装饰工程工程量清单报价封面及说明

某商业大楼一营业厅装饰工程

工程量清单报价表

投　标　人：　　某建筑装饰有限公司（单位盖章）

法定代表人：　　×××　　　　　　　　（签字盖章）

造价工程师及证号：×××

　　　　　　　No×××××××（签字盖执业专用章）

编　制　时　间：2005 年 4 月 30 日

投 标 总 价

建设单位：某经济发展公司

工程名称：某商业大楼—营业厅装饰工程

投标总价（小写）：221396.73 元

（大写）：贰拾贰万壹仟叁佰玖拾陆圆柒角叁分

投标人：某建筑装饰有限公司

法定代表人：×××

编制时间：2005 年 8 月 31 日

总　说　明

工程名称：某商业大楼—营业厅装饰工程

　　1. 工程概况：本工程为某商业大楼，四楼以上为写字楼，土建工程已完工，设备已拆走。

　　2. 招标范围：一楼某营业厅装饰工程。建筑面积 364.78m²，层高 4.2m，施工工期为 30 天。

　　3. 清单编制依据：某营业厅装饰装修工程施工设计图纸，全国统一《建筑装饰装修工程消耗量定额》，《建设工程工程量清单计价规范》，现行国家装饰装修工程施工及验收规范和《湖南省建设工程计价暂行办法》等。

　　4. 工程质量应达到装饰装修工程质量验收规范要求。

　　5. 材料要求：一楼营业厅入口采用湖南省沅江产的天然花岗石板材，规格为：600mm×600mm×15mm；营业大厅内地面采用佛山产的瓷质地板砖，金花米黄地面砖，优等品 600mm×600mm；全部材料由承包单位负责按要求采购。

　　6. 工程量清单项目特征及建筑构造用料详见装饰工程设计图纸。

　　7. 措施项目费由投标单位根据本工程的实际情况，按装饰工程施工常规综合考虑。

　　8. 工程实行包工包料，全部材料由承包人负责采购与施工。

　　9. 工程计价采用某地"清单计价暂行办法"。其中人工工资市场工价为：34.00 元/工日，取费工价为：22.00 元/工日。

填　表　须　知

　　1. 工程量清单表中所有要求签字、盖章的地方必须由规定的人员签字盖章。

　　2. 工程量清单表中的任何内容不得随意删除或涂改。

　　3. 工程量清单表中列明的所有需要填报的单价和合价，投标人均应填报，未填报的单价和合价，视为此项费用已包含在工程量清单的其他单价和合价中。

　　4. 工程量清单所有报价以＿＿人民＿＿币表示。

　　5. 投标报价文件应一式＿＿八＿＿份。其中工程量清单综合单价分析表只要求提供一份。

7.2.2 单位装饰工程工程量清单造价汇总表

单位建筑装饰工程造价汇总表

工程名称：某营业厅装饰工程　　　　　　　　　　　　　　　　　　　　　

序号	项目名称	计算方法	计费基础	费率%	金额（元）
1	分部分项工程费合计				195393.63
1.1	其中：人工费				15642.85
2	措施项目费合计	2.1+2.2			5856.47
2.1	技术措施项目费(表3)				2542.81
2.1.1	其中：人工费				925.47
2.2	综合措施项目费(附件四表三)	(1.1+2.1.1)×100%	16568.32	20.00	3313.66
3	其他项目费合计(表4)				0
4	规费(不可竞争费用)	(1.+2.+3.)×100%	201250.10	6.38	12839.76
5	税金	(1.+2.+3+4)×100%	214089.85	3.413	7306.89
	工程造价				221396.73

7.2.3 装饰工程工程量清单表

工程量清单

工程名称：某营业厅装饰工程　　　　　年　月　日　　　　　　　　　　

序号	清单编码	分项工程名称	项目特征	单位	工程数量
1	020102002001	块料楼地面	瓷质地砖(600mm×600mm),水泥砂浆粘贴,1：3水泥砂浆找平20mm厚	m²	351.86
2	020105003001	块料踢脚线	瓷质釉面砖踢脚线　水泥砂浆粘贴	m²	11.14
3	020108001001	石材台阶面	花岗石板,1：3水泥砂浆铺贴	m²	21.96
4	020102001001	石材楼地面	块料 600mm×600mm,水泥砂浆粘结,1：3水泥砂浆找平30mm厚	m²	21.96
5	020207001001	装饰板墙面	墙裙木龙骨基层(25mm×30mm)中距300mm,墙裙榉木板面层,油毡隔离层,木装饰线封条(30mm),木龙骨刷防火涂料二遍,榉木板清漆二遍	m²	42.23
6	020209001001	隔断(带木柜10mm钢化玻璃)	隔断A全玻不锈钢隔断10mm钢化玻璃;隔断A混凝土小柱墩,木龙骨基层,柜上大芯板基层,水曲柳板面层,木柜基层大芯板,木柜榉木板面层,木柜装饰线条,木龙骨刷防火涂料二遍,基层板面刷防火涂料二遍,饰面板上清漆二遍	m²	19.99
7	020507001001	刷喷涂料	内墙面刷仿瓷涂料二遍	m²	165.52
8	020210002001	全玻幕墙	全玻幕墙12厚钢化玻璃,不锈钢玻璃夹固定,聚乙烯发泡条　硅酮结构胶	m²	65.44

工程量清单

工程名称：＿＿＿＿＿＿＿＿　　年　月　日　　第 2 页　共 2 页

序号	清单编码	分项工程名称	项目特征	单位	工程数量
9	020208001001	柱面装饰	400mm×500mm 方柱，40mm×50mm 木枋龙骨，间距 500mm×500mm，9 夹板基层衬里，柱面大芯板基层(钉在九夹板上)，榉木板面层，黑胡桃木线子，方柱面砖踢脚线，方柱木龙骨刷防火涂料二遍，方柱基层板面刷防火涂料二遍，方柱榉木板面层刷清漆二遍	m^2	80.3
10	020208001002	柱面装饰	A 轴柱内侧贴复合铝板	m^2	8.1
11	020205001001	石材柱面	400mm×500mm 方柱 1：2.5 水泥砂浆底层　挂贴镜面花岗岩板面层	m^2	35.28
12	020302001001	顶棚吊顶	方木顶棚龙骨，顶棚五夹板，基层顶棚复合铝板，面层不锈钢压条(30×30×1.5)，顶棚木龙骨，基层板/刷防火涂料灯槽	m^2	349.86
13	020402006001	防盗门	钢防盗门，木门拆除，门套，门框线子，门套板面刷防火涂料，门套清漆二遍	樘	1
14	020404006001	全玻自由门	(无扇框)12 厚钢化玻璃，镜面不锈钢包门框，无框全玻地弹门，门框基层板面刷防火涂料	樘	2
15	020403002001	金属格栅门	不锈钢格栅门 4.2m×3.6m	樘	4
16	020403002001	金属格栅门	不锈钢格栅门 3.6m×3.6m	樘	2
17	020606001001	平面、箱式招牌	箱式招牌，600mm×600mm 1 厚铝板面层，雨篷底复合铝板面层，边柱 80mm 不锈钢压条	m^2	53.216

7.2.4　装饰工程工程量清单计价表

工程量清单计价表

工程名称：某营业厅装饰工程　　年　月　日　　第 1 页　共 3 页

序号	清单编码	分项工程名称及说明	单位	工程数量	金额(元)	
					综合单价	合价
1	020102002001	块料楼地面 项目特征：瓷质地砖(600mm×600mm)，水泥砂浆粘贴，1：3 水泥砂浆找平 20mm 厚	m^2	351.86	72.36	25462.15
2	020105003001	块料踢脚线 项目特征：瓷质釉面砖踢脚线水泥砂浆粘贴	m^2	11.14	60.36	672.37
3	020108001001	石材台阶面 项目特征：花岗石板 1：3 水泥砂浆铺贴	m^2	21.96	172.44	3786.69
4	020102001001	石材楼地面 项目特征：块料规格 600mm×600mm，水泥砂浆粘结(走廊)，1：3 水泥砂浆找平 30mm 厚	m^2	21.96	107.61	2363.14
5	020507001001	刷喷涂料 项目特征：内墙面刷仿瓷涂料二遍	m^2	165.52	7.23	1196.38
6	020207001001	装饰板墙面 项目特征：内墙裙木龙骨基层(25mm×30mm)中距 300，榉木板面层，油毡隔离层，木装饰线封条 30mm，木龙骨防火涂料二遍，榉木板清漆二遍	m^2	42.23	92.47	3905.01

工程量清单计价表

工程名称：_____　　　　　年　月　日

序号	清单编码	分项工程名称及说明	单位	工程数量	金　额（元）	
					综合单价	合　价
7	020209001001	隔断（带木柜 10mm 钢化玻璃） 项目特征:隔断 A 全玻不锈钢隔断 10mm 钢化玻璃；混凝土墩，木龙骨基层，柜面大芯板基层，水曲柳板面层，柜基层大芯板，榉木板面层，装饰线条，木龙骨、基层板面防火涂料二遍,饰面板清漆二遍	m²	19.99	581.20	11618.15
8	020210002001	全玻幕墙 项目特征:12 厚钢化玻璃　不锈钢玻璃夹　聚乙烯发泡条　硅酮结构胶固定	m²	65.44	442.13	28933.31
9	020208001001	柱面装饰 项目特征:400mm×500mm 方柱 40mm×50mm 木枋龙骨，间距 500mm×500mm，9 夹板基层，柱面大芯板基层（在九夹板上），榉木板面层，黑胡桃木线子，面砖踢脚线，木龙骨、基层板防火涂料二遍，榉木板面层刷清漆二遍	m²	80.3	172.76	13872.53
10	020205001001	石材柱面 项目特征:400mm×500mm 方柱,1：2.5 水泥砂浆底层,挂贴镜面花岗石板面层	m²	35.28	177.45	6260.47

工程量清单计价表

工程名称：_____　　　　　年　月　日

序号	清单编码	分项工程名称及说明	单位	工程数量	金　额（元）	
					综合单价	合　价
11	020208001002	柱面装饰 项目特征:A 轴柱内侧贴复合铝板	m²	8.1	68.22	552.56
12	020402006001	防盗门 项目特征:钢防盗门，木门拆除，门套，门框线子，门套板防火涂料,门套面清漆二遍	樘	1	674.30	674.30
13	020404006001	全玻自由门（无扇框）12 厚钢化玻璃 项目特征:镜面不锈钢包门框无框全玻地弹门、门框基层板面刷防火涂料	樘	2	5047.28	10094.56
14	020403002001	金属格栅门　项目特征:不锈钢格栅门,规格 4.2m×3.6m	樘	4	2595.51	10382.03
15	020403002002	金属格栅门　项目特征:不锈钢格栅门,规格 3.6m×3.6m	樘	2	2185.69	4371.38
16	020302001001	顶棚吊顶 项目特征:顶棚方木龙骨,五夹板基层,复合铝板面层,不锈钢压条(30m×30m×1.5m)灯槽,木龙骨,基层板防火涂料二遍	m²	349.86	151.58	53032.63
17	020606001001	平面、箱式招牌 项目特征:箱式招牌,600m×600m 1 厚铝板面层,雨篷底复合铝板面层,边柜 80mm 不锈钢压条	m²	53.216	342.30	18215.97

技术措施项目清单计价表

工程名称：某营业厅装饰工程　　　　200　年　月　日　　　　　　第1页　共1页

序号	项目名称	金额（元）
1	装修外脚手架	503.02
2	满堂脚手架	1914.12
3	改架工	125.67
	合　计	2542.81

7.2.5　装饰工程人工，材料，机械汇总及单价表

部分主要材料价格表

工程名称：＿＿＿＿＿＿＿＿＿＿　　　　200　年　月　日　　　　　　第1页　共1页

序号	材料名称	单位	数量	单价	合价	序号	材料名称	单位	数量	单价	合价
1	综合人工	工日		34.00		20	铝板（600mm×600mm）	m²		62.00	
2	花岗石板	kg		85.00		21	钢化玻璃10mm	m²		188.50	
3	瓷质地砖	m²		52.00		22	12厚钢化玻璃	m²		205.00	
4	釉面砖（踢脚）	m²		34.67		23	杉木锯材	m³		1458.45	
5	高档门拉手	付		200.00		24	松木锯材	m³		1307.16	
6	白水泥	kg		0.464		25	大芯板	m²		27.68	
7	水泥砂浆（1：2.5）	m³		259.17		26	水曲柳板	m²		11.30	
8	水泥砂浆（1：3）	m³		221.12		17	木质装饰线50×30	m		2.10	
9	素水泥浆	m³		704.99		28	木质装饰线19×6	m		1.05	
10	石料切割片	片		60.00		29	收口线	m		1.62	
11	合金钢钻头			38		30	收口线	m		1.05	
12	膨胀螺栓			0.48		31	榉木线50×10	m		2.10	
13	金属角线30×30×1.5	个		6.50		32	五夹板	m²		14.33	
14	不锈钢管φ50	套		64.30		33	九夹板	m²		20.87	
15	不锈钢方管35×38×1	m		6.00		34	黑胡桃木线子30mm	kg		34.75	
16	不锈钢球φ63	kg		30.00		35	复合铝板	m²		51.00	
17	不锈钢压条80mm	m		122.17		36	镜面不锈钢片（8K）	m²		149.83	
18	不锈钢卡口槽	个		12.60		37	角钢	kg		4.03	
19	钢板	kg		3.13		38	圆钢	kg		3.97	

7.2.6 装饰工程工程量清单分项综合单价分析表

工程量清单综合单价分析表

工程名称：工程量清单分项工程项目　　　　　　　　　　　　　　　　　　

序号	清单编码	清单项目		计量单位		清单项目工程量			综合单价（元）			
	020102002001	块料楼地面		m²		351.86			72.36			

序号	定额编号	定额子目名称	单位	工程量	子目综合单价分析								合价
					市场价				取费基价				
					单价	人工费	材料费	机械费	单价	人工费	材料费	机械费	管理费 35%
	1-066	室内地面瓷质地砖（600×600）	m²	348.94	68.98	9.49	58.92	0.57		6.14			2.15

子目综合单价分析列另含：利润 30% = 1.84，合价 = 25462.15

子目合价　　25462.15

备注：子目合价：综合单价＝子目合价／工程数量

序号	清单编码	清单项目		计量单位		清单项目工程量			综合单价（元）			
	020105003001	块料踢脚线		m²		11.14			60.36			

序号	定额编号	定额子目名称	单位	工程量	市场价 单价	人工费	材料费	机械费	取费基价 单价	人工费	材料费	机械费	管理费35%	利润30%	合价
	1-069	贴釉面砖踢脚线	m²	11.14	54.23	14.56	39.22	0.45		9.42			3.30	2.83	672.37

子目合价　　672.37

备注：子目合价：综合单价＝子目合价／工程数量

工程量清单综合单价分析表

工程名称：＿＿＿＿＿＿＿＿＿＿＿＿＿　　　　　　　　　　　　　　　

序号	清单编码	清单项目		计量单位		清单项目工程量			综合单价（元）			
	020108001001	石材台阶面		m²		21.96			172.44			

序号	定额编号	定额子目名称	单位	工程量	市场价 单价	人工费	材料费	机械费	取费基价 单价	人工费	材料费	机械费	管理费35%	利润30%	合价
	1-034	台阶贴花岗石	m²	21.96	164.43	19.04	142.45	2.93		12.32			4.31	3.70	3786.69

子目合价　　3786.69

备注：子目合价：综合单价＝子目合价／工程数量

序号	清单编码	清单项目		计量单位		清单项目工程量			综合单价（元）			
	020102001001	石材楼地面		m²		21.96			107.61			

序号	定额编号	定额子目名称	单位	工程量	市场价 单价	人工费	材料费	机械费	取费基价 单价	人工费	材料费	机械费	管理费35%	利润30%	合价
	1-008	地面贴花岗石（室外走廊）	m²	21.96	103.99	8.61	94.60	0.78		5.57			1.95	1.67	2363.14

子目合价　　2363.14

备注：子目合价：综合单价＝子目合价／工程数量

工程量清单综合单价分析表

工程名称：_____

清单编码		清单项目		计量单位		清单项目工程量			综合单价(元)			
020207001001		装饰板墙面		m²		42.23			92.47			

序号	定额编号	定额子目名称	单位	工程量	子目综合单价分析								合价
					市场价				取费基价				
					单价	人工费	材料费	机械费	单价	人工费	材料费	机械费	管理费 35%	利润 30%	

序号	定额编号	定额子目名称	单位	工程量	单价	人工费	材料费	机械费	单价	管理费 35%	利润 30%	合价
1	2-166	墙裙木龙骨基层	m²	42.23	20.83	3.99	16.41	0.44	2.58	0.90	0.77	950.34
2	2-209	内墙裙榉木板面层	m²	42.23	25.63	5.08	17.93	2.62	3.29	1.15	0.99	1172.60
3	2-191	墙裙油毡隔离层	m²	42.23	5.19	1.29	3.90	0	0.83	0.29	0.25	241.94
4	6-069	木装饰线条 300mm	m	56.3	3.42	1.01	2.41	0	0.66	0.23	0.20	216.64
5	5-160	木龙骨防火涂料二遍	m²	42.23	11.77	6.22	4.51	0	4.02	1.41	1.21	607.69
6	5-064	内墙裙榉木板清漆二遍	m²	42.23	12.94	9.52	3.42	0	6.16	2.16	1.85	715.80
子目合价												3905.01
备注		子目合价：综合单价＝子目合价/工程数量										

工程量清单综合单价分析表

工程名称：_____

清单编码	清单项目	计量单位	清单项目工程量	综合单价(元)
020210002001	全玻幕墙	m²	65.44	442.13

序号	定额编号	定额子目名称	单位	工程量	单价	人工费	材料费	机械费	单价(人工费)	管理费 35%	利润 30%	合价
	参 B-071	全玻幕墙	m²	65.44	438.14	9.50	416.79	11.85	6.15	2.15	1.85	28933.31
子目合价												28933.31
备注		子目合价：综合单价＝子目合价/工程数量										

清单编码	清单项目	计量单位	清单项目工程量	综合单价(元)
020507001001	刷喷涂料	m²	165.52	7.23

序号	定额编号	定额子目名称	单位	工程量	单价	人工费	材料费	机械费	单价(人工费)	管理费 35%	利润 30%	合价
1		内墙刷喷涂料	m²	165.52	5.63	3.81	1.82	0	2.46	0.86	0.74	1196.38
子目合价												1196.38
备注		子目合价：综合单价＝子目合价/工程数量										

工程量清单综合单价分析表

工程名称：＿＿＿＿＿＿＿＿＿＿

清单编码	清单项目	计量单位	清单项目工程量	综合单价(元)
020209001001	隔断	m²	19.99	581.20

序号	定额编号	定额子目名称	单位	工程量	市场价 单价	人工费	材料费	机械费	取费基价 单价	人工费	材料费	机械费	管理费35%	利润30%	合价
1	2-170	隔断A木龙骨基层	m²	12.96	20.73	3.44	16.92	0.36		2.22			0.78	0.67	287.40
2	4-082	隔断A柜上大芯板基层水曲柳板面层	m²	3.06	57.60	10.78	46.82	0		6.97			2.44	2.09	190.12
3	4-059	隔断木柜基大芯板	m²	5.25	67.27	8.48	58.79			5.49			1.92	1.65	371.89
4	4-060	隔断A木柜榉木板	m²	5.25	63.44	17.36	46.08			11.23			3.93	3.37	371.39
5	6-068	隔断木柜装饰线条	m	21	1.95	0.81	1.14	0		0.52			0.18	0.16	48.01
6	JD5-429	隔断A混凝土柱墩	10 m³	0.008	2667.5	1020	1558.75	88.75		660			231	198	24.77
7	2-248换	全玻不锈钢隔断	m²	14.69	653.00	28.79	618.94	5.26		18.63			6.52	5.59	9770.47
8	5-160	木龙骨防火涂料二遍	m²	12.96	11.77	6.22	4.51	0		4.02			1.41	1.21	186.49
9	5-163	基层板防火涂料二遍	m²	13.56	8.49	3.97	4.52	0		2.57			0.90	0.77	137.77
10	5-064	饰面板上清漆二遍	m²	13.56	12.94	9.52	3.42	0		6.16			2.16	1.85	229.84
子目合价															11618.1
备注	子目合价:综合单价＝子目合价/工程数量														

工程量清单综合单价分析表

工程名称：＿＿＿＿＿＿＿＿＿＿

清单编码	清单项目	计量单位	清单项目工程量	综合单价(元)
020208001001	柱面装饰(饰面板包柱)	m²	80.3	172.76

序号	定额编号	定额子目名称	单位	工程量	市场价 单价	人工费	材料费	机械费	取费基价 单价	人工费	材料费	机械费	管理费35%	利润30%	合价
1	2-273换	木龙骨九夹板衬里包方柱	m²	80.3	92.23	18.18	69.00	5.04		11.76			4.12	3.53	8020.20
2	2-190注	柱面大芯板基层(钉在九夹板上)	m²	56.64	34.26	2.82	31.44	0		1.82			0.64	0.55	2007.66
3	6-069	黑胡桃木线子(30mm)	m	22.00	7.51	1.02	6.49	0		0.66			0.23	0.20	174.64
4	6-069	黑胡桃木线子(50mm)	m	22.00	7.51	1.02	6.49	0		0.66			0.23	0.20	174.64
5	1-069	方柱面砖踢脚线	m²	3.3	54.18	14.53	39.20	0.45		9.4			3.29	2.82	198.96
6	5-168	方柱木龙骨刷防火涂料	m²	80.3	5.44	3.16	2.28	0		2.05			0.72	0.62	544.03
7	5-163	方柱基层板面刷防火涂料二遍	m²	56.64	8.49	3.97	4.52	0		2.57			0.90	0.77	1391.31
8	5-064	方柱榉木板面层上刷清漆二遍	m²	80.3	12.94	9.52	3.42	0		6.16			2.16	1.85	1361.09
子目合价															13872.5
备注	子目合价:综合单价＝子目合价/工程数量														

工程量清单综合单价分析表

工程名称：_____

序号	清单编码	清单项目	计量单位	清单项目工程量						综合单价(元)			
	020208001002	柱面装饰	m²	8.1						68.22			

定额编号	定额子目名称	单位	工程量	子目综合单价分析								管理费 35%	利润 30%	合价
				市场价				取费基价						
				单价	人工费	材料费	机械费	单价	人工费	材料费	机械费			
2-209 换	A轴柱内侧贴复合铝板	m²	8.1	66.08	5.08	58.35	2.65	3.29				1.15	0.99	552.56

子目合价　|　552.56

备注　|　子目合价:综合单价＝子目合价/工程数量

序号	清单编码	清单项目	计量单位	清单项目工程量						综合单价(元)			
	020205001001	石材柱面	m²	35.28						177.45			

定额编号	定额子目名称	单位	工程量	子目综合单价分析								管理费 35%	利润 30%	合价
				市场价				取费基价						
				单价	人工费	材料费	机械费	单价	人工费	材料费	机械费			
2-052	柱面挂贴镜面花岗石板	m²	35.28	161.55	37.82	120.70	3.03	24.47				8.56	7.34	6260.47

子目合价　|　6260.47

备注　|　子目合价:综合单价＝子目合价/工程数量

工程量清单综合单价分析表

工程名称：_____

序号	清单编码	清单项目	计量单位	清单项目工程量						综合单价(元)			
	020402006001	防盗门	樘	1						674.30			

序号	定额编号	定额子目名称	单位	工程量	子目综合单价分析								管理费 35%	利润 30%	合价
					市场价				取费基价						
					单价	人工费	材料费	机械费	单价	人工费	材料费	机械费			
1	4-047	钢防盗门安装	m²	1.89	263.35	12.95	250	0.40	8.38				2.93	2.51	508.02
2	6-184	木门拆除	m²	1.89	3.96	3.96	0	0	2.56				0.90	0.77	10.64
3	4-074	门窗套	m²	1.22	80.10	8.92	71.18	0	5.77				2.02	1.73	102.30
4	4-077	门框线子	m²	5.22	3.61	0.65	2.96	0	0.42				0.15	0.13	20.28
5	5-163	刷防火涂料	m²	1.22	8.48	3.97	4.51	0	2.57				0.9	0.77	12.38
6	5-064	门套清漆二遍	m²	1.22	12.94	9.52	3.42	0	6.16				2.16	1.85	20.68

子目合价　|　3905.01

备注　|　子目合价:综合单价＝子目合价/工程数量

工程量清单综合单价分析表

工程名称：＿＿＿＿＿＿＿＿

序号	清单编码		清单项目		计量单位		清单项目工程量				综合单价(元)			
	020404006001		全玻自由门（无扇框12厚钢化玻璃）		樘		2				5047.28			

序号	定额编号	定额子目名称	单位	工程量	子 目 综 合 单 价 分 析								管理费 35%	利润 30%	合价
					市场价				取费基价						
					单价	人工费	材料费	机械费	单价	人工费	材料费	机械费			
1	4-071	无框全玻地弹门	m²	9.36	452.81	51.00	401.81	0		33.00			11.55	9.9	4439.07
2	4-070	镜面不锈钢包门框	m²	17.76	294.42	32.99	260.04	1.40		21.34			7.47	6.40	5475.23
3	5-163	门框基层板面刷防火涂料	m²	17.76	8.48	3.97	4.51	0		2.57			0.9	0.77	180.26
子目合价															10094
备　注	子目合价:综合单价=子目合价/工程数量														

序号	清单编码		清单项目		计量单位		清单项目工程量				综合单价(元)			
	020403002001		金属格栅门（不锈钢）		樘		2				2185.69			

序号	定额编号	定额子目名称	单位	工程量	子 目 综 合 单 价 分 析								管理费 35%	利润 30%	合价
					市场价				取费基价						
					单价	人工费	材料费	机械费	单价	人工费	材料费	机械费			
1	4-049	不锈钢格栅门	m²	23.04	180.15	22.78	156.71	0.67		14.74			5.16	4.42	4371.38
子目合价															4371.38
备　注	子目合价:综合单价=子目合价/工程数量														

工程量清单综合单价分析表

工程名称：＿＿＿＿＿＿＿＿

序号	清单编码		清单项目		计量单位		清单项目工程量				综合单价(元)			
	020403002001		金属格栅门（不锈钢）		樘		4				2595.51			

序号	定额编号	定额子目名称	单位	工程量	子 目 综 合 单 价 分 析								管理费 35%	利润 30%	合价
					市场价				取费基价						
					单价	人工费	材料费	机械费	单价	人工费	材料费	机械费			
	4-049	不锈钢格栅门	m²	54.72	180.15	22.78	156.71	0.67		14.74			5.16	4.42	10382.03
子目合价															10382.03
备　注	子目合价:综合单价=子目合价/工程数量														

序号	清单编码		清单项目		计量单位		清单项目工程量				综合单价(元)			
	020606001001		平面、箱式招牌		m²		53.216				342.30			

序号	定额编号	定额子目名称	单位	工程量	子 目 综 合 单 价 分 析								管理费 35%	利润 30%	合价
					市场价				取费基价						
					单价	人工费	材料费	机械费	单价	人工费	材料费	机械费			
1	6-005	箱式招牌	m³	24.7032	440.96	108.37	331.17	1.41		70.12			24.54	21.04	12019.09
2	3-092	雨篷底复合铝板面层	m²	21.96	58.86	5.10	53.76	0		3.30			1.16	0.99	1339.78
3	3-117	600×600 1厚铝板	m²	53.22	74.96	4.08	70.88	0		2.64			0.92	0.79	4080.38
4	6-065 换	边柜不锈钢压条	m	57.68	12.67	1.89	10.77	0		1.22			0.43	0.37	776.72
子目合价															18215.97
备　注	子目合价:综合单价=子目合价/工程数量														

工程量清单综合单价分析表

工程名称：_____

清单编码	清单项目	计量单位	清单项目工程量	综合单价(元)
020302001001	顶棚吊顶	m²	349.86	151.58

序号	定额编号	定额子目名称	单位	工程量	子目综合单价分析								管理费 35%	利润 30%	合价
					市场价				取费基价						
					单价	人工费	材料费	机械费	单价	人工费	材料费	机械费			
1	3-019	方木顶棚龙骨	m²	351.86	39.06	5.44	33.58	0.04		3.52			1.23	1.06	14548.00
2	3-075	顶棚五夹板基层	m²	369.5	17.85	2.71	15.14	0		1.75			0.61	0.53	7016.81
3	3-117	顶棚复合铝板面层	m²	334.38	63.40	4.08	59.32	0		2.64			0.92	0.79	21772.15
4	6-061 换	不锈钢压条 (30mm× 30mm× 1.5mm)	m²	80.64	8.10	1.21	6.89	0		0.79			0.28	0.24	694.87
5	5-176	顶棚木龙骨刷防火涂料	m²	351.86	8.75	5.27	3.48	0		3.41			1.19	1.02	3857.44
6	5-163	基层板面刷防火涂料	m²	369.5	8.49	3.97	4.52	0		2.57			0.90	0.77	3750.43
7	3-148	灯槽	m	70.4	16.07	8.84	7.23	0		5.72			2.00	1.72	1392.93
子目合价															53032.63
备注					子目合价：综合单价＝子目合价/工程数量										

技术措施项目综合费用分析表

工程名称：措施项目(脚手架工程)

序号	项目名称	单位	数量	金额(元)								施工管理费 35%	利润 30%	小计
				市场价				取费基价						
				单价	人工费	材料费	机械费	单价	人工费	材料费	机械费			
1	装修外脚手架	m²	141.06	2.90	1.57	1.20	0.13		1.02			0.36	0.31	503.02
2	满堂脚手架	m²	351.86	4.10	3.18	0.86	0.06		2.06			0.72	0.62	1914.12
3	改架工	m²	202.69	0.44	0.44	0	0		0.28			0.10	0.08	125.67
	本页小计	元												2542.81
	合 计	元												2542.81

7.2.7 装饰工程工程量清单分项工、料、机分析表

工程量清单工料机分析表

工程名称：楼地面工程

序号										
清单编码			020108001001							
工程量清单项目			石材台阶面							
清单组项细目			台阶贴花岗石 1:3水泥砂浆铺贴						合价	
定额编号			1-034							
定额单位			m²							
工程数量			21.96							
工、料、机名称	单位	单价	定额	数量	金额(元)	定额	数量	金额(元)	金额(元)	
1	2	3	4	5	6	7	8	9	10	11
一	人工								270.60	
1	综合人工	工日	22	0.5600	12.3	270.60				
二	材料								3128.23	
1	白水泥	kg	0.464	0.1550	3.40	1.58				
2	花岗石板	m²	85.00	1.5690	34.46	2929.10				
3	石料切割片	片	60.00	0.0168	0.37	22.20				
4	棉纱头	kg	5.68	0.0150	0.33	1.87				
5	水	m³	2.12	0.0390	0.86	1.82				
6	锯木屑	m³	15.60	0.0090	0.20	3.12				
7	水泥砂浆	m³	221.12	0.0299	0.657	145.28				
8	素水泥浆	m³	704.99	0.0015	0.033	23.26				
三	机械								64.43	
1	灰浆搅拌机	台班	42.51	0.0052	0.114	4.846				
2	石料切割机	台班	28.00	0.0969	2.128	59.58				

编制：　　　　　　　　　　　复核：

工程量清单工料机分析表

序号	清单编码				020102001001					
	工程量清单项目				石材楼地面					合价
	清单组项细目				地面贴花岗岩块料规格 600mm×600mm 水泥砂浆粘结 1：3 水泥砂浆找平 30mm 厚					
	定额编号				1-008					
	定额单位				m²					
	工程数量				21.96					
	工、料、机名称	单位	单价	定额	数量	金额（元）	定额	数量	金额（元）	金额（元）
1	2	3	4	5	6	7	8	9	10	11
一	人工									122.32
1	综合人工	工日	22	0.2530	5.56	122.32				
二	材料									2077.49
1	白水泥	kg	0.464	0.1030	2.26	1.05				
2	花岗石板	m²	85.00	1.0200	22.40	1904.00				
3	石料切割片	片	60.00	0.0042	0.09	5.40				
4	棉纱头	kg	5.68	0.0100	0.22	1.25				
5	水	m³	2.12	0.0260	0.57	1.21				
6	锯木屑	m³	15.60	0.0060	0.13	2.03				
7	水泥砂浆	m³	221.12	0.0303	0.665	147.04				
8	素水泥浆	m³	704.99	0.0010	0.022	15.51				
三	机械									17.20
1	灰浆搅拌机	台班		0.0052	0.114	4.846				
2	石料切割机	台班		0.0201	0.441	12.35				

编制：　　　　　　　　　　　　　　　复核：

工程量清单工料机分析表

序号	清单编码		020102002001							
	工程量清单项目		块料楼地面							
	清单组项细目		室内地面瓷质地砖 （600mm×600mm） 1：3水泥砂浆找平20m厚							合价
	定额编号		1-066							
	定额单位		m²							
	工程数量		348.94							
	工、料、机名　称	单位	单价	定额	数量	金额（元）	定额	数量	金额（元）	金额（元）
1	2	3	4	5	6	7	8	9	10	11
一	人工									2142.58
1	综合人工	工日	22.00	0.2791	97.39	2142.58				
二	材料									20558.38
1	白水泥	kg	0.464	0.1030	35.94	16.68				
2	石料切割片	片	60.00	0.0032	1.117	67.02				
3	棉纱头	kg	5.68	0.0100	3.49	19.82				
4	水	m³	2.12	0.0260	9.07	19.23				
5	锯木屑	m³	15.60	0.0060	2.09	32.60				
6	水泥砂浆	m³	221.12	0.0202	7.049	1558.67				
7	素水泥浆	m³	704.99	0.0010	0.349	246.04				
8	瓷质地砖	m²	34.67	1.025	357.66	18598.32				
三	机械									199.43
1	灰浆搅拌机	台班	42.51	0.0035	1.221	51.90				
2	石料切割机	台班	28.00	0.0151	5.269	147.53				

编制：　　　　　　　　　　　　　　　复核：

工程量清单工料机分析表

清单编码		020105003001	
工程量清单项目		块料踢脚线	
清单组项细目		室内贴釉面砖踢脚线	
定额编号		1-069	
定额单位		m²	
工程数量		11.14	

序号	工、料、机名称	单位	单价	定额	数量	金额（元）	定额	数量	金额（元）	合价 金额（元）
1	2	3	4	5	6	7	8	9	10	11
一	人工									104.94
1	综合人工	工日	22.00	0.4280	4.77	104.94				
二	材料									436.94
1	白水泥	kg	0.464	0.1400	1.56	0.72				
2	石料切割片	片	60.00	0.0032	0.04	2.40				
3	棉纱头	kg	5.68	0.0100	0.11	0.62				
4	水	m³	2.12	0.0300	0.33	0.70				
5	锯木屑	m³	15.60	0.0060	0.067	1.05				
6	水泥砂浆	m³	221.12	0.0121	0.135	29.85				
7	素水泥浆	m³	704.99	0.0010	0.011	7.75				
8	釉面砖踢脚	m²	34.67	1.0200	11.36	393.85				
三	机械									4.98
1	灰浆拌合机	台班	42.51	0.0022	0.025	1.06				
2	石料切割机	台班	28.00	0.0126	0.140	3.92				

编制：　　　　　　　　　　　　　　复核：

工程量清单工料机分析表

工程名称：_____

序号	清单编码		020210002001							合价
	工程量清单项目		全玻幕墙 12 厚钢化玻璃　不锈钢玻璃夹　聚乙烯发泡条 硅酮结构胶固定							
	清单组项细目		全玻幕墙							
	定额编号		参 B-071							
	定额单位		m²							
	工程数量		65.44							
	工、料、机名称	单位	单价	定额	数量	金额（元）	定额	数量	金额（元）	金额（元）
1	2	3	4	5	6	7	8	9	10	12
一	人工									402.16
1	综合人工	工日	22.00	0.2793	18.28	402.16				
二	材料									27274.64
1	12 厚钢化玻璃	m²	205.00	1.3621	80.14	18273.70				
2	不锈钢玻璃夹	m	87.98	0.7263	47.53	4181.69				
3	聚乙烯发泡条	m	2.80	1.4526	95.06	266.17				
4	硅酮结构胶	支	49.00	1.4200	92.92	4553.08				
三	机械									775.62
1	起重机械	台班	254.30	0.0466	3.05	775.62				

编制：　　　　　　　　　　　　复核：

思考题与习题

1. 试说明工程量清单分项项目综合单价表的填制方法。

2. 何谓建筑工程清单分项综合单价，包括哪些内容？

3. 什么叫技术措施项目费？技术措施项目费包括哪些内容？

4. 措施项目费有哪几种计算方法？

5. 根据本地区建设行政主管部门制定的消耗量定额，确定第五章办公楼工程的脚手架费用和垂直运输费。

6. 按照"计价规范"和本地区建设行政主管部门制定的消耗量定额，根据课题 6 复习思考题 6 的内容，编制清单工程项目的综合单价表。

课题 8 建筑装饰工程量清单计价软件的应用

8.1 建筑装饰工程计价软件的概述

8.1.1 工程造价软件的应用意义

（1）应用工程计价软件编制工程造价的意义

1）应用工程造价软件编制建筑装饰工程造价文件可确保建筑装饰工程造价文件的准确性。计算机作为一种现代化的管理工具，应用它提高管理工作效率、提高社会劳动生产力水平系全人类的共同愿望。应用计算机编制工程造价文件，其结果的计算误差可降低到千分之零点几。

2）应用计算机编制建筑装饰工程造价文件可大幅度提高工程造价文件的编制速度。由于工程造价文件编制过程中问题处理较为复杂，数字运算量大，采用手工编制一是易出差错，二是编制速度慢，难以适应目前经济建设工作对工程造价文件编制速度的要求，应用计算机可提高造价文件编制速度几十倍，以保证造价文件编制工作的及时性。

3）应用计算机编制建筑装饰工程造价文件，可有效地实现工程造价文件资料积累的方便性和计价行为的规范性。

4）应用计算机编制建筑装饰工程造价文件可有效地实现建设单位与施工单位的工程资料文档管理的科学性和规范性。

（2）建筑装饰工程预算软件的特点

我国工程建设造价的电算化工作起步比较早，在这个领域的软件开发与应用方面发展迅速。特别是建筑装饰工程工程量自动计算软件的成功开发，为实现工程造价编制完全自动化提供了可靠的条件。

由于工程设计施工图所使用软件及习惯做法不同，各地工程量清单计价办法的实施未能完全统一，造成软件的版本也较多，加之企业的计算机应用程度不一，因而目前各地大部分企业对中、小工程项目的工程量计算工作还是以手工计算为主。一般造价事务所还是采用以手工输入数据计算工程量。

建筑装饰工程计价软件的应用目前已日渐普遍。其主要特点表现在以下几个方面：

1）适应性强

建筑装饰工程计价软件设计过程中，考虑到建筑装饰工程变化多、发展快的特点，加之装饰装修工程消耗量定额在不同地域和不同时期的应用具有一定的差别，所以计价软件系统中设置开放式接口，可任意接合内容，应用系统时可根据不同地域的消耗量定额和装饰工程材料价格的不同情况，任意重新录入、修改、补充或删除有关内容。

2）兼容性好

目前国内许多软件开发公司开发的工程造价软件系统的兼容性都比较好。如：中国建筑科学研究院建筑工程软件研究所研发的"土建工程量计算"系统软件、北京广联达慧中软件技术有限公司开发的"钢筋自动抽样"系统软件、清华斯维尔三维可视化工程量智能计算软件等，均可以把工程设计施工图电子文档输入计算机，以供计价（系统）软件联合应用，达到完全自动计算工程造价的目的。

3）使用方便

建筑装饰工程计价软件系统采用了与手工编制工程概预算相同的编制顺序，即工程数据录入→运算→输出，以适应人们的使用习惯。

在造价编制过程中的数据处理方法上，系统充分利用计算机的优势，尽量避免同一词组与数据的重复录入，减少多次录入的操作时间。

在上机操作方式上，采用"菜单式"提示，上机操作人员能比较轻松地选择完成过程的操作步骤，使系统使用起来显得更加人性化。

4）维护方便

建筑装饰工程预算软件系统为保证系统正常的运行状态，专门设置了相应的系统维护系统。一方面，系统设置正确操作方法提示和错误命令拒绝措施提示，同时还设置对原始数据（定额、价格表）的增加、修改、补充、删除等功能，使整个系统的维护极为方便。

8.1.2　工程计价软件系统设计模型

（1）装饰工程计价系统的基本程序

根据建筑装饰工程预算造价文件的资料组成，按照其编制程序，结合建筑装饰工程工程量自动计算软件与钢筋翻样软件的应用，建筑装饰工程造价的编制程序，如图 2-16 所示。

（2）装饰工程计价软件系统设计模型

应用计算机编制工程造价文件的基本思路，可根据手工编制工程造价文件的一般方法步骤，对整个造价编制软件系统进行并描述。通过对工程造价编制过程模型化分析，在工程造价编制软件系统程序设计过程中，关键问题是将工程造价编制中的数据处理算法程序化，并通过它实现人的思维或者语言的计算机语言化，同时通过程序设计展示一个良好的人机界面和简单的系统操作。为此，将工程造价编制过程进一步简化，建立计价软件系统基本模型，如图 2-17 所示。

在此基础上，通过再次编制过程的模块化，将得到计算机编制工程计价软件系统设计模型，如图 2-18 所示。工程计价软件系统中各功能模块如下图所示。

（3）文档管理系统的功能与维护

1）工程字典管理系统的功能

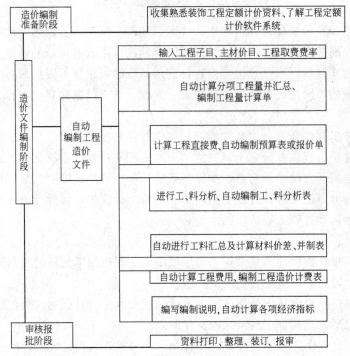

图 2-16 自动编制工程预算程序图

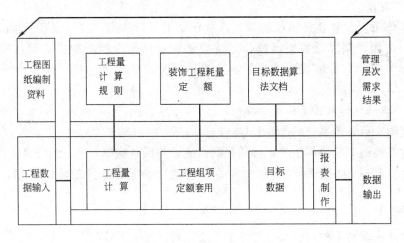

图 2-17 工程计价工作基本模型

（a）工程字典文档库。工程字典资料源，存储所有分项工程项目名称及工、料、机名称、规格、单位、单价等资料。

（b）工程字典文档库的功能。存储计价规范文档和消耗量定额文档；工、料、机价格文档和目标数据处理算法文档中可能出现的全部工程分项子目、工、料、机名称、品种、规格、单位、单价等资料信息，供系统运行过程中查询使用。如清单项目组项、消耗量定额套用与子目换算时，系统需查询工程子目名称，分项项目做法，工程材料品种名称、规格、质量等级、人工、材料、机械台班单价等，进行清单分项组项与换算。

2）工、料、机价格文档管理系统

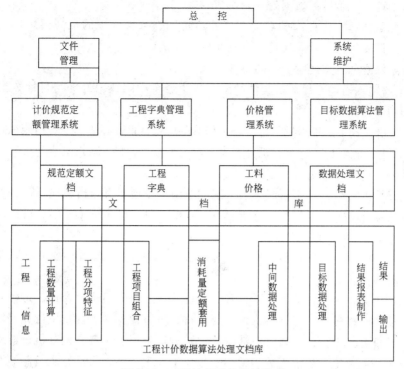

图 2-18　工程计价系统设计模型

（a）工、料、机价格文档库。工程价格资料库，其中所设内容为"全开放型"的资料源，系统运行过程中，可对工程所需工、料、机进行调出、增加、删除、调整材料价格等操作，以满足"工程造价全面放开"的造价管理模式的要求。

（b）工、料、机价格文档的功能。存储工程造价编制中所需各种工、料、机的价格资料信息，供计价系统运行（包括工程分项综合单价形成与工程材料价差调整）过程中查询、使用。

（c）工、料、机价格文档功能的表现形式为：

a）工、料、机价格的查询：包括人工工资单价；材料单价：工程材料取定价格与市场信息价格、材料名称、品种规格；机械台班费：机械名称、种类型号与台班费标准等的查询。

b）工、料、机价格表的修改：包括材料品种的增加、删除，材料市场价格的更改，机械型号与合班单价的调整等。

（d）应用工、料、机价格库时应注意的问题

a）在系统工、料、机价格库中，工、料的单位设置是既定的，使用时必须采用与工、料、机价格库文档中所取定的相同的单位。

b）系统中所设置的工程字典文档库，是其他文档库应用的基础。因此，工料价格文档中的工料名称必须与工程字典文档中列入的工料名称相同。若工程中出现了系统不予接受的材料名称时，应采用"无定额材料名"的形式来处理。

3）目标数据算法文档管理系统

（a）目标数据算法文档库。系统过程数据处理信息库，其主要内容包括两个模块，一

是中间数据处理、二是目标数据处理与生成。

(b) 目标数据算法文档库的功能。存储造价编制数据处理的全部信息，为系统运行过程中，提供计算目标、计算内容、计算步骤、方法。

(c) 目标数据算法文档库功能的表现形式：

a) 过程描述。描述工程造价文件编制过程中各个中间数据处理与目标数据最终生成的全过程，例如：

在定额计价方式中：工程量汇总表→工程分部分项造价计算表→工程措施项目计价表→工程分部分项与措施项目工、料、机分析表→单位工程工、料、机汇总表→单位工程主要材料价差计算表→单位工程造价费用计算表。

在清单计价方式中：工程量清单表→工程量清单分项项目与措施项目工、料、机分析表→工程量清单分项项目综合单价分析表→工程量清单计价表→工、料、机汇总表→单位工程造价汇总表。

b) 过程处理。在系统运行过程中，供建筑装饰工程造价编制时各个目标数据最终生成的处理过程，如：

在定额计价方式中：分项工程项目直接费计算→工程分项子目套价、定额基价换算→工程分项工、料、机分析→工、料、机汇总→材料价差计算→工程费用计算等等。

在清单计价方式中：工程量清单计价→清单分项工程工、料、机分析→清单分项项目综合单价分析→单位工程造价汇总表编制→单位工程工、料、机汇总表编制等等。

4) 文档系统的管理与维护

(a) 文档系统的管理。工程造价软件系统的管理，一是按照各个文档库的功能要求，通过功能设计采用建立、删除、修改、补充和显示打印、退出等一系列指令来实施系统管理的各项措施；二是根据用户对系统的要求，方便系统操作，系统中采用菜单提示、命令驱动方式，通过命令交互式进行操作，实现对系统的全面管理。

(b) 文档系统的维护。工程造价软件系统的维护，主要依靠系统中设置的维护措施来实现。通常是在软件设计时就考虑系统的容错能力和安全措施，例如系统运行过程中的错误提示、报警、抵触命令等，同时造价系统中还采用了操作提示，其意亦在如此。

8.1.3 工程计价软件基本操作方法

(1) 计价软件程序的操作方式

所谓操作方式是指上机人员使用某一程序实现工作任务的方式。目前，建筑装饰工程计价软件采用的操作程序均为"菜单式"，即以菜单的形式在显示屏上显示，以供上机人员选择性的进行操作，从而实现工作任务。此种方式，人机对话性很强。操作人员能按照工作任务要求，轻松选择相关命令，使用灵活方便。

(2) 应用计算机编制工程计价基本操作方法

正如前面所述，目前在市面上流通的建筑装饰工程计价软件的版本很多，在此只能按照综合情况就建筑装饰工程计价软件应用进行讨论。

1) 软件安装

进入操作系统后，插入工程预算软件安装光盘，点击软件安装程序，按安装程序中提示安装"工程计价软件"选取"建筑装饰工程计价程序"即可自动安装，并能自动建立快捷方式。

2）程序启动、退出

在 Windows 系统"开始"菜单下的"程序"子菜单中选择"建筑装饰工程计价软件"主菜单，或直接点击"建筑装饰工程计价软件"快捷键，即可进入建筑装饰工程计价系统。当工作任务完成后（或停止），点击"退出"再选择文件管理中的关闭，即先关闭程序，后关机。

3）建立工程管理文件

工程管理窗口下设原有工程资料目录、新建工程、选中工程、删除工程"菜单"。

新建工程项目：选择"新增工程"，弹出工程资料首页，输入工程编号及有关名称，存盘退出，即为工程项目列入账号，保存在软件目录中。

删除工程：在工程目录框中，选中需要删除的工程名称后，选择"删除工程"，退出窗口，工程内容被删除。

4）工程资料录入

当进入工程资料录入菜单下设：添加子目、插入子目、修改子目，配比换算、材料换算、台班换算等内容。

录入工程量：

选择数据录入。屏幕弹出录入菜单及工程量录入表，造价编制操作人员可按工程内容、选项录入。

添加子目：选取本页框，按子目编号顺序查找子目查询方式录入工程量。已知子目编号的直接输入编号即可，子目号或分项名称尚不明确者可先查询目录，后选定子目。

插入子目：将光标移至某工程子目，选定需插入子目的编号位置，点击插入子目，输入被插入子目编号或名称和内容即可。

修改子目：子目需要更换时，可先删除原分项内容子目再插入新子目。对于已输入的工程内容则可直接修改。

5）协商项目的处理

协商项目通常是指某些按实际发生的数量计算的费项，对于此类项目可按以下办法处理：

（a）修改费用取费公式：在修改取费公式时，将该项费用计算公式栏填入"按实计算"，算法系数栏填入"o"，结果栏内填入实际金额数。

（b）选择录入工程量：在工程量录入时，选择无定额项目，录入独立费费项，分部分项序号应按要求另列，取费公式应录入"特定"，必要时应标明计算式。

6）工程造价计算

（a）工程项目费用计算：点击"工程计价"，运行系统中各步过程，系统自动进行各步计算。

（b）工程总造价计算：先点击取费程序与计费公式，选择［工程费用计算］，过程自动进行取费。

7）报表打印

建筑装饰工程造价文件编制完成后，可先分部分页浏览待打印的各种报表，通过浏览，达到审查建筑装饰工程造价文件的目的，发现问题，再进行修改，最后打印。工程计价软件系统中设置了多种不同格式的表格，以供操作人员按计价文件资料的要求进行选择性输出。

8.2 定额计价系统软件的应用

8.2.1 编制资料的准备

（1）建立工程管理文档

工程管理窗口下设：原有工程目录、新建工程、选中工程、删除工程"菜单"。

新建工程项目：选择"新建工程项目"，弹出工程资料首页，输入工程编号及有关工程资料，存盘退出，即为工程项目列入账号，保存在软件目录中，建立新建工程项目目录。

删除工程：在工程目录框中，选中需要删除的工程名称后，选择"删除工程"退出窗口，工程内容被删除。

（2）选择计价方式与选择模板

工程计价软件系统中设置了定额计价方式与工程量清单计价方式两种系统形式，并设有多个模板接口，以连接不同工程或不同地区的消耗量定额和地方计价文件，用于多种状态下选择使用。

选择计价方式：进入系统，选择定额计价方式或工程量清单计价方式。

选择模板：进入系统，选择不同工程或不同地区的消耗量定额模板。

（3）查询与修改费用标准

工程计价软件系统设置中，在进行工程造价计算时，取费程序和计费公式均可由用户选定和修改，以适应不同用户和不同工程的要求。

1）查询费用标准：点击查询费用，输入取费项目的相关资料，如项目名称，确定。

2）修改费用项目：选定需进行修改费用项。点击修改项目，由用户修改取费项目名称、标记号、计算公式、取费标准（系数），并可重新编排打印的先后顺序。

3）增加费用项目：当工程中需新增费用项目时，先选择需增加费用在费用项目表中的位置，在指定的费用项目下增加一空格，供操作人员填写新的费项，包括费用项目名称、标志号、计算公式、取费费率，并重新编排打印顺序。

4）删除费用项目：当调整费用项目时，某些费项需要删除，将光标移至需要删除的取费项目后，选择［删除项目］，光标所指费项即被删除。

（4）形成工程人、材、机价格表

1）建立与修改材料价格库

建立材料价格库：先选择增加材料库，建立新的材料价格库文件名（操作方法与建立工程档案雷同）然后选择该材料库名称，点击［输入材料价格］，输入材料市场价格，保存，退出。

修改材料价格库：选择需要修改的价格库名称，点击进行修改。

2）主材设定：在材料价格库中，点击材料名称，空格内将显示"＊＊"标记，以此表示主材。在工、料、机分析表打印时，可按指定材料输出。

3）调差材料设定：在材料调差表格中，用鼠标双击需调差材料的标记空格，标记空格栏显示"＃＃"，表示为经常需要进行调差的材料。在输入材料市场价格时，可进行选择性的输入。

4）材料价格库的修改：由于材料价格是随市场变化的，在使用价格库时，应根据市场变化情况经常性地修改变化了的材料市场价格。对于新材料应及时引入市场价格，以建立一个反映现行市场价格状况的价格表。

5）补充材料库：进行材料换算时，材料库里可能没有需要换算的材料名称，此时必须补充材料库。应当注意的是：输入新材料时，其材料的代号不能与原材料库中已有的材料代号相同。补充完毕，存盘，退出。

8.2.2 定额计价文件编制的操作方法

（1）输入分项工程量

工程造价编制操作人员根据工程内容，在进入系统后选择数据录入。当屏幕弹出录入菜单及工程量表时，选项录入。

1）选择添加子目：对于已知工程分项子目编号的工程分项，直接输入分项子目编号即可；对于分项子目编号或分项名称尚不明确者，可先查询目录，按照分项子目编号顺序查找子目查询方式，然后选定子目。

2）录入工程量：将光标移至某工程子目栏，选定需录入数据的子目编号位置，在已输入工程子目编号、名称和内容的工程量栏目中，直接输入工程数量即可。

（2）计算分部分项直接工程费

1）选择子目换算

在分部分项工程直接费计算时，由于工程设计的变化和做法上的不同，每个工程总有些子目需要换算。

子目换算：当子目需要进行换算时，选择需要换算的子目，选取换算方式，屏幕上弹出分项需要换算的有关内容。再用光标指示需要换算的具体内容，选取换算，确认即可进行自动换算。例如：

配比换算：当子目需要进行配比换算时，选择指定需要换算的子目，选取配比换算，显示屏弹出分项材料配比。光标指示需要换配比的材料，再选取配比换算，并选择配比，指定新的材料配比，确认即可。

机械台班换算：当子目需要进行机械台班换算时，先将光标指定需要换算的子目，选取台班换算。屏幕显示分项的各种机械台班用量。再将光标指定需要换算的机械栏，点击台班换算，选择插入机械台班名称后，确认，存盘，退出。

应当指出的是上述换算各步，换算操作完成后均需点击存盘，退出，否则所进行的操作不能被保存。

2）计算分部分项直接工程费

进入主菜单，选择［定额单价套用］，进行分部分项工程直接工程费计算。

（3）进行分部分项工程工、材、机分析

1）分项工程工、料、机分析。

进入主菜单，选择［工、料分析］，过程进行分部分项工程工、料、机分析统计计算。

2）单位工程材料价差计算。

进入主菜单，选择［材料价差计算］，过程进行单位工程工、料、机需用量汇总，并计算材料价差。

（4）材料价差调整

选择主菜单价格计算：在材料价格库中选定某期材料市场价格表，点击选中后，材料价差调整过程自动进行。

注：若工程不需调整材料价差，应选择不调价差。

值得注意的是：每次选择不同的工程时，均需重新分析、计算，然后再选择材料调差，进行价差计算。

（5）单位工程造价费用的计算

1）修改取费公式

进入主菜单，选择［取费公式］，先点击浏览，查看工程取费程序、计费公式和相关费率，再点击取费程序，过程进行工程费用计算。

2）协商项目的处理

对于工程中某些需要按实际发生的数量来进行计算的费项，应按协商项目费用的处理办法处理。

3）计算工程造价

进入主菜单：选择［费用计算］，自动进行取费，计算各项工程费用，并汇总工程造价。

4）输出、打印定额计价文件

建筑装饰工程定额计价文件编制完成后，先点击［浏览］。通过浏览，审查待打印的文件，发现问题，再进行修改，并确认；选择打印工程计价文件，自动进行输出、打印定额计价文件。建筑装饰定额计价文件打印包括：工程量表，装饰工程概预算表，工、料分析表，工、料汇总表，价差计算表，计费表，封面等。

通常计价软件中均设置有不同排序形式。按建筑装饰工程预算表格式打印，可区分不同顺序编排：

（a）按定额顺序打印：选择［定额顺序］，并确认，过程自动按各分部分项工程的定额编号排序，并打印表格。

（b）按编制习惯顺序打印：选择［编制习惯顺序］，并确认，过程自动按人工编制工程计价习惯编排各分部分项工程的顺序，并打印表格。

一般来说，工、料分析表只打印设定为主材的材料分析结果。价差表只打印允许调差的材料的价差汇总。另外，对于编制说明，由于不同工程的差别很大，目前暂无统一格式，故均需编辑好后才能打印。

8.3　装饰工程量清单计价软件的应用

8.3.1　编制资料的准备

（1）建立工程管理文档

工程管理窗口下设：原有工程目录、新建工程、选中工程、删除工程"菜单"。

新建工程项目：选择"新建工程项目"，输入工程编号及相关工程资料，存盘退出，即建立、保存新建工程项目目录。

（2）选择计价方式与选择模板

点击计价方式：进入系统，选择工程量清单计价方式；

点击选择模板：进入系统，选择不同工程或不同地区或企业的消耗量定额模板。

（3）查询与修改费用标准

点击费用项目，选定需进行修改费用的项目，查询、修改费用项目。由用户自行选取取费项目名称、选定工程费用标准、确定取费费率（系数）、计算公式，必要时进行修改，并可重新编排打印顺序。

（4）形成工程人、材、机单价表

1）建立材料价格库

建立材料价格库：先选择增加材料库，建立新的材料价格库文件名（操作方法与建立工程档案雷同）然后选择该材料库名称，点击［输入材料价格］，输入材料市场价格，保存，退出。

2）材料价格库的修改：由于材料价格是随市场变化的，在使用价格库时，应根据市场变化情况经常性地修改变化了的材料市场价格。对于新材料应及时引入市场价格，以建立一个反映现行市场价格状况的价格表。

（5）建筑装饰工程消耗量定额维护

1）定额库修改：选择定额维护，指定需要修改的工程项目，进行浏览、修改。修改内容包括：工、料名称，材料规格、品种和质量要求等。

2）参照编制定额：参照某定额分项的标准，通过子目修改的办法来制定新定额子目。其操作步骤：选择子目输入，先输入一条已有定额（相近子目），再删除配合比、材料等，并将基价、机械费改为零，然后按新子目要求输入工、料、机名称、编号等，存盘，退出。

8.3.2　工程量清单项目填制

（1）工程量清单分部分项工程项目的填制

进入系统后，选择数据录入。当屏幕弹出录入菜单及工程量清单表时，即可选项录入。

1）分部分项工程量清单项目的填制

清单工程量录入：选定数据录入，将光标移至工程量清单分项项目栏，按照业主提供的工程量清单所反映的工程内容，在栏内逐项填入工程量清单分部分项工程项目编码、清单项目名称、单位、工程数量。

2）工程量清单项目特征的填写

在工程量清单计价过程中，选择工程量清单项目，将光标移至工程量清单项目特征栏目内，填写工程量清单分部分项工程项目的特征。

工程造价编制操作人员必须根据工程量清单所确定的工程内容，按照工程量清单计价对建筑装饰分部分项工程清单项目的要求，对工程量清单项目的特征进行具体描述。

（2）技术措施项目清单填制

选择工程量清单技术措施项目：将光标移至工程量清单技术措施项目栏目内，填写相应项目名称及其具体特征。

（3）其他项目清单填制

选择工程量清单其他项目：将光标移至工程量清单其他项目栏目内，按照业主或承包商的想法分别填入其他项目名称和相应的金额。

8.3.3　工程量清单计价文件编制

（1）单位工程造价的计算

进入工程量清单计价系统后，选择工程计价。当屏幕弹出录入主菜单时，则可选项进行造价计算。

选择工程量清单组价：当屏幕弹出工程量清单综合单价分析表时，将光标移至清单项目组价细目栏内，根据工程量清单项目的特征，逐项填入装饰工程消耗量定额子目编号、分项名称、计量单位、工程数量，录入完毕，保存，退出。

选择单位工程报价：系统根据先前所录入的工程资料、价格资料，按照建筑装饰工程计价文件编制程序及各项工程费用计算程序与计算方法，系统自动完成整个建筑装饰工程工程量清单计价过程。包括：

1) 工程量清单项目工、料、机分析；

2) 分部分项工程清单项目综合单价分析；

3) 工程量清单项目费用计算表，包括：

(a) 工程量清单分项项目费用计算；

(b) 工程量清单技术措施项目费用计算；

(c) 工程量清单其他项目费用计算。

4) 单位工程各项工程费用计算。

工程费用除上述费用以外的有关工程费项，如综合措施费、规费、税金等，即按既定程序与方法计算单位建筑装饰工程总造价。

(2) 工程量清单计价文件的打印

1) 打印工程量清单项目工、料、机分析表；

2) 打印分部分项工程清单项目综合单价分析表；

3) 打印工程量清单项目费用计算表，包括：

(a) 工程量清单分项项目费用计算表；

(b) 工程量清单技术措施项目费用计算表；

(c) 工程量清单其他项目费用计算表。

4) 打印单位工程各项工程费用计算表。

思考题与习题

1. 试说明应用计算机编制装饰工程计价的意义。

2. 试说明应用计算机编制装饰工程报价时，你所希望打印出什么结果。

3. 试说明应用计算机编制装饰工程清单计价软件系统设计的基本思路。

4. 试说明装饰工程计价"计价软件系统"的基本维护措施。

5. 试说明装饰工程计价"计价软件系统"的基本操作步骤。

6. 试应用某建筑装饰工程工程量清单，上机操作、并打印建筑装饰工程工程量清单计价文件。

主要参考文献

1. 陶学明. 工程造价计价与管理. 北京：中国建筑工业出版社，2004
2. 袁建新. 建筑装饰工程预算. 北京：科学出版社，2003
3. 田永复. 建筑装饰工程预算. 北京：科学出版社，2003
4. 王武齐. 建筑工程计量与计价. 北京：中国建筑工业出版社，2004
5. 袁建新. 建筑工程预算. 第2版. 北京：中国建筑工业出版社，2005
6. 但霞. 建筑装饰工程预算. 北京：中国建筑工业出版社，2004
7. 李文利. 建筑装饰工程概预算. 北京：机械工业出版社，2003